W0256750

Über die teilungsfähigen Drüseneinheiten oder Adenomeren, sowie über die Grundbegriffe der morphologischen Systemlehre

Zugleich Beitrag V zur synthetischen Morphologie

Von

Martin Heidenhain
Tübingen

Mit 82 Textabbildungen

Springer-Verlag Berlin Heidelberg GmbH 1921

ISBN 978-3-662-31812-6   ISBN 978-3-662-32638-1 (eBook)
DOI 10.1007/978-3-662-32638-1

Wilhelm Roux

zugeeignet

Vorwort.

Mit der synthetischen Theorie des tierischen Körpers beschäftige
ich mich bereits seit den Anfängen meiner wissenschaftlichen Lauf-
bahn, also etwa seit drei Jahrzehnten. Ihr zu Liebe habe ich bei der
Struktur der Zelle angefangen, weil ich der Meinung war, man müsse
sich auf diesem Gebiete von den Formbestandteilen der Gewebe angefangen heraufarbeiten. Damals, anfangs der 90er Jahre, beschäftigte
mich das Problem der Orientierung der Zellen innerhalb der ihnen
zugehörigen Systeme. Ich gedachte eine wahre Strukturachse der
Zelle aufzufinden und an der Hand derselben wünschte ich zunächst
festzustellen, ob die Epithelien einfachster Art, die einschichtigen,
Systemcharakter besitzen. Denn es lag die Vermutung nahe, daß
die in Frage stehenden Achsen oder Hauptleitstrahlen der Zellen bei
der Flächenbetrachtung der Epithelien eine ganz bestimmte systematische Orientierung würden erkennen lassen.

Obwohl diese Arbeiten in Ansehung des erstrebten Zieles nicht
gänzlich ohne Erfolg waren, so führten sie doch zu keinem schlagenden
Resultate, da das Prinzip der Untersuchung lediglich aus einer Idee,
nicht aber aus einer Summe bereits vorliegender Beobachtungen entnommen worden war. In diesem Zusammenhange kam auch die Arbeit
über die Struktur der Darmepithelzellen zustande (Arch. f. mikr. Anat.,
Bd. 54, 1899), in welcher festgestellt wurde, daß diese bilateralsym-
metrische, mithin der Orientierung fähige Gebilde sind. Jedoch erwies
sich die Aufgabe, ihre besondere Aufstellung innerhalb des Darm-
epithels zu ermitteln, wegen der technischen Schwierigkeiten als un-
durchführbar.

Ein gleichzeitiges eindringendes Studium der Geschichte unserer
Wissenschaft hatte mich inzwischen darin bestärkt, daß die mikrosko-
pische Anatomie unseren Körper bisher lediglich analysiert, in seine
Bestandteile zerlegt hatte, ohne an seinen theoretischen Wiederaufbau
zu denken. Daher konnte ich mich in dem Aufsatze über »Schwann,
Schleiden und die Gewebelehre« von 1899, also vor nunmehr 22 Jahren.
in vollkommen klarer Weise darüber aussprechen (S. 13 und S. 19 d,
Sep -Abd.), daß die Schwannsche Zellentheorie zu ihrer Ergänzung

einer synthetischen Theorie der Gewebe bedürfe. Was damals
gesagt wurde, könnte ich heute kaum besser zum Ausdruck bringen.

Erst die Arbeiten über die Muskulatur (1899 ff.) brachten mich auf
den richtigen Weg (Nr. 7 des Lit.-Verz. S. 82 ff.) und im Jahre 1907
(Plasma und Zelle, I, S. 82 ff.) konnte ich die Grundzüge der »Teilkörpertheorie« entwickeln. Sie bezieht sich auf den Bauplan des Körpers im ganzen ebenso wie auf die Struktur der Zelle, der Muskelfaser,
des Neurons usw. und führt in letzter Linie zu einer Theorie der kleinsten Lebenseinheiten oder Protomeren, welche als Teilkörper niederster
Ordnung definiert wurden. Auf der Anatomenversammlung zu Mün-
chen 1913 habe ich ferner in einem längeren Referate eine vorläufige
Übersicht über das ganze Gebiet und seine Zusammenhänge gegeben,
konnte mich aber nicht entschließen, diese Ausarbeitung dem Drucke
zu übergeben, da bei derartig weit ausschauenden Unternehmungen,
welche im Grunde genommen mehr erfordern als ein einzelnes Leben
zu geben imstande ist, ein einsichtsvoller Autor immer unter der drük-
kenden Erkenntnis stehen wird, daß seine Arbeiten lediglich von einem
Provisorium zum anderen fortschreiten.

Seitdem habe ich mannigfache Unternehmungen auf diesem Gebiete
mit gutem Erfolge in Gang gebracht, aber bisher nur wenig veröffentlichen können, da der deutsche Anatom von heute unter einer außerordentlichen Überlastung im Unterrichte leidet. Von der »Teilkörpertheorie«, welche einer der Angriffspunkte auf diesem Felde ist, bin ich
jedoch inzwischen durch folgerechte Verallgemeinerungen zur synthetischen Morphologie oder Synthesiologie fortgeschritten, welche ein
Gegenstück zu der älteren Anatomie oder Zergliederungskunst ist.

Was die mikroskopische Anatomie anlangt, so ist es meiner Meinung
nach höchste Zeit, die ausschließlich analytische, zergliedernde, zer-
setzende Bewirtschaftung dieses Gebietes aufzugeben und an die Ausarbeitung synthetischer Begriffe heranzutreten, durch welche wir den
Bauplan und zugleich auch die Formen der Entwicklung unseres Körpers
begreifen können. Denn auf mikroskopischem Gebiete haben wir eine
unsägliche Verbreiterung unseres Wissens erlebt, aber keine dement-
sprechende Vertiefung. Wir unsererseits wünschen nicht Extensität,
sondern Intensität, nicht histologische Kenntnisse in Unzahl, welche
sich über alle nur erdenklichen Tierformen erstrecken, sondern Er-
kenntnisse, welche die durchgreifenden Regeln der Zusammensetzung
unseres Körpers im Groben und Feinen sowie die synthetische Arbeits-
weise der Natur während der Entwicklung betreffen. Obwohl nun
diese vorliegende Arbeit zusammen mit den früheren nur ein Anfang
ist, sollte sie aus den erwähnten Gründen doch nicht allein nach dem
vorliegenden Tatsachenmaterial, sondern auch nach der Begriffsbildung
gewertet werden. Denn ohne neue Grundbegriffe synthetischer Art,

welche Handhaben für spätere Untersuchungen sein können, kommen wir nicht weiter, trotz der fortschreitenden Ausbreitung unseres morphologischen Wissens, besonders aus dem Grunde nicht, weil die ältere Histologie eine große Anzahl antiquierter Begriffe seit Jahrzehnten mit sich fortschleppt, weil sie nicht in der Lage war, sich aus Eigenem in den Prinzipien fortzubilden.

Diese nunmehr fertig vorliegende Arbeit über die Speicheldrüsen wurde im Frühjahr 1918 begonnen und mit Unterbrechungen bis zum heutigen Tage fortgeführt. Im Jahre 1918 lagen lediglich die Beobachtungen über die Speicheldrüsen des Erwachsenen vor. Im Jahre 1919 folgte die Bearbeitung der Embryologie der Submaxillaris sowie der erste Teil der Untersuchungen über die Entwicklung der Glandula Stenonis (frühe Stadien). Im Jahre 1920 wurde der zweite Teil der Beobachtungen über die gleiche Drüse (späte Stadien) fertiggestellt und der theoretische Teil nach meinen Aufzeichnungen hinzugefügt.

Was die Aufmachung der Arbeit anlangt, so habe ich mich bemüht, Beobachtungen und Theorie möglichst auseinander zu halten. Daher habe ich, wie früher bei anderer Gelegenheit, die aus der Analyse sich ergebenden Daten vorangestellt und die theoretische Ausarbeitung nachfolgen lassen. Es hat sich aber dabei wiederum herausgestellt, daß eine reinliche Trennung von Theorie und Beobachtung nicht möglich ist, weil Einteilung und Beschreibung des Stoffes, Auffindung und Bewertung vieler an sich unscheinbarer Tatsachen von der Theorie abhängig sind.

Tübingen, im November 1920.

Martin Heidenhain.

Inhaltsangabe.

1

I. Theoretische Einleitung und Fragestellung.

In der vorliegenden Arbeit soll der Versuch gemacht werden, die Lehre vom Bau der Speicheldrüsen nach den Gesichtspunkten der synthetischen Morphologie zur Darstellung zu bringen. Über die Prinzipien dieser neuen Lehre, welche bestimmt ist, die Hilfsmittel für eine allgemeine Theorie der Organisation tierischer Geschöpfe an die Hand zu geben, habe ich mich bereits an verschiedenen Orten geäußert. Ich verweise auf »Plasma und Zelle«, Bd. I, ferner auf meinen Aufsatz über die Geschmacksknospen in der Münchener med. Wochenschr. (1918), welcher die Theorie der Organisation behandelt, sowie außerdem auf eine kleinere Arbeit über die Speicheldrüsen im Anat. Anzeiger (1920), in welcher ich einige Resulate der vorliegenden Arbeit vorweg genommen habe.

Eine allgemeine Strukturtheorie unseres Körpers läßt sich in keiner anderen Weise fördern als dadurch, daß man zunächst aus einer kleineren Reihe sicherer Beobachtungen einige allgemeine Begriffe oder Grundanschauungen ableitet und mit diesen wieder an die Natur herantritt, um an der Hand derselben bei verschiedenen Objekten eine nunmehr größere Reihe von vornherein unter sich zusammenhängender Daten aufzusammeln, welche es ermöglichen, die Theorie einerseits zu stützen, andererseits zu korrigieren. Dieser letzteren Tätigkeit habe ich mich seit einer längeren Reihe von Jahren hingegeben; ich habe viele Stichproben bei vielen Organen auf die Gültigkeit, bzw. Nutzbarkeit der Theorie gemacht und hoffe in den kommenden Jahren die betreffenden Arbeiten der Reihe nach veröffentlichen zu können. Jeder Versuch, auf diesem Felde weiter zu kommen, hat mir massenhafte neue Beobachtungen an alten Objekten eingetragen und ich nehme an, daß mit der Fülle des Materiales auch die Theorie sich so zurechtrücken lassen wird, daß sie für die weiteren Kreise der Anatomen, Pathologen und Zoologen annehmbar erscheint. In der vorliegenden Schrift werde ich nun zeigen, daß auch das seit einem halben Jahrhundert reichlich oft behandelte Objekt der Speicheldrüsen unter meiner Bearbeitung ein wesentlich neues Bild ergeben hat und ich hoffe danach, daß wenigstens der heuristische Wert der Theorie ebenso wie auch die Notwendigkeit, den neuen Tatsachen eine entsprechende theoretische Geltung zu verschaffen, klar zum Ausdruck gelangen wird.

Was die Grundbegriffe der synthetischen Theorie des tierischen Körpers anlangt, so will ich hier dem Leser zu seiner Bequemlichkeit einstweilen nur einige kurze Erläuterungen an die Hand geben und werde dann im zweiten Teile dieser Arbeit den theoretischen Faden ausführlicher wieder aufnehmen. Wie bekannt, ist die Anatomie bisher, jahrhundertelang, im wesentlichen eine analytische Wissenschaft gewesen, insofern sie den Körper nach allen Richtungen hin analytisch in seine Bestandteile zerlegt und einen besonderen Wert darauf gelegt hat, bis zu den letzten lebendigen Elementarteilen der Gewebe vorzudringen. Auf Grund dieser Analyse erscheint uns der Körper noch jetzt als ein Aggregat, bestehend aus vielerlei morphologischen Formbestandteilen, wie Zellen, Bindegewebsbündeln, elastischen Fasern usf. Es muß nun versucht werden, über diesen Zustand unserer Wissenschaft hinauszukommen; denn aus der Analyse allein läßt sich keine Theorie des tierischen Körpers machen (vgl. M. Heidenhain 1899). Man muß vielmehr versuchen, diesen in seiner Totalität, in seiner Wesenheit als Formerscheinung, zu begreifen, ein Problem, das sich bei seiner Zerlegung in die einzelnen Organe und Teile bei jedem derselben, sofern eine typische Formgestaltung wahrnehmbar ist, in gleicher Art, wenn auch in geringerem Umfange, wiederholt. Wie die analytische Chemie durch die synthetische ergänzt wird, welche die Atome in aufsteigenden Ordnungen von wachsender Größe zusammenlegt, so müssen auch wir nach meiner Überzeugung zum Zwecke der Erklärung der tierischen Formwelt eine synthetische Theorie begründen, welche nachweist, daß die »elementaren Formbestandteile« der Histologie durch wahre Synthese sich zu einem Aufbau in Systemen von aufsteigender Größenordnung vereinigen. Oder aber anders ausgedrückt: es ist notwenig, von den Aggregaten der Histologie zu einer morphologischen Systemlehre fortzuschreiten und den Nachweis zu führen, daß die in Frage stehenden Systeme als solche (nicht etwa die in ihnen enthaltenen Einzelbestandteile) die Träger der Formen sind.

Hier ist die Gelegenheit, einen Grundfehler der bisherigen morphologischen Betrachtungsweise zu korrigieren. Wir sind nämlich durch unsere mathematische Schulbildung so sehr gewöhnt, alle sich darbietenden Gestaltungen der Umwelt durch Linien, Kurven und Flächen begrenzt zu sehen, daß wir diese Auffassungsweise auch auf die Morphologie unbewußt übertragen haben. Es fehlte mithin die richtige Klarlegung der Beziehung zwischen Inhalt und Form. Während es doch vollkommen einleuchtend ist, daß die Gestaltungen der lebendigen Wesen im ganzen und in allen einzelnen Teilen der Sache nach identisch sein müssen mit gewissen materiellen lebendigen Systemen, deren äußere Begrenzung als morphologische Form in die Erscheinung tritt.

Um diese Systeme, welche in den Formen der Tier- und Pflanzenwelt zum Ausdruck gelangen, handelt es sich. Sie entstehen nach unserer Auffassung während der Entwicklung durch Akte einer wahren Synthese und es muß sich ermöglichen lassen, dieser im Geiste zu folgen. Ehe man nun an eine solche Untersuchung herantreten kann, ist es notwendig, die Frage aufzuwerfen, wie sich diese Systeme wenigstens von ungefähr näher charakterisieren lassen. Hier ist nun die auffallendste Tatsache, welche die analytische Methode kennen lehrte, die, daß im Aufbau unseres Körpers auffallenderweise gewisse Formstücke in ständiger Wiederholung, manche in ungeheuerer Menge auftreten. Hierzu gehören in erster Linie die Zellen und deren Abkömmlinge, die Neuronen und Muskelfasern; weiterhin gewisse spezialisierte Zellenkomplexe oder kleinere gewebliche Systeme, wie z. B. Zotten und Drüsen des Dünndarms, welche bei jedem größeren Säuger in einer Auflage von mehreren Millionen auftreten, ferner die Zungenpapillen, die wohl zu Tausenden vorhanden sind, ebenso wie die Geschmacksknospen, ferner die Acini der traubenförmigen Drüsen, die Alveolen der Lunge, die Läppchen der Leber usf. Aber auch solche Gebilde, wie die Phalangen an Hand und Fuß, die Wirbel und die Zähne wären hier zu nennen. Diese Aufrechnung bringt natürlich nur Beispiele, ohne im entferntesten vollständig zu sein, aus welchen jedoch entnommen werden kann, was gemeint ist.

Was nun die Zellen und deren Abkömmlinge anlangt, so wissen wir genau, daß ihr millionenfaches Auftreten darauf beruht, daß sie während der Entwicklung durch Teilung sich fortpflanzen bzw. aus teilbaren Mutterzellen hervorwachsen. Im Sinne der synthetischen Theorie des tierischen Körpers ergab sich daher die Mutmaßung, daß auch jene zusammengesetzten Formstücke typischer Art, welche in vielfacher Wiederholung auftreten, sämtlich entweder »effektiv« oder »in der Anlage« durch Teilung, Spaltung, Knospung usw. vermehrbar sind und daß gerade in dieser ihrer Eigenschaft ihr Systemcharakter zum Vorschein kommt. Dies würde in Kürze besagen, daß nicht nur Zellen durch Teilung sich fortpflanzen und dadurch ihre Eigenschaften, besonders ihre Entwicklungspotenzen, auf die Nachkommen übertragen, daß vielmehr während der Entwicklung auch systematisierte Zellenkomplexe entstehen, welche in gleicher Weise die Fähigkeit besitzen, auf irgendeine Weise eine Mehrzahl von Nachkommen zu erzeugen, welche die gleichen Formeigenschaften besitzen bzw. zu entwickeln vermögen. Es würde demnach unsere Theorie zugleich auch eine Theorie der vermehrbaren Anlagekomplexe in sich einschließen.

Diese in Frage stehenden Systeme bezeichnete ich als Histosysteme und machte darauf aufmerksam, daß nach der synthetischen Vorstellung es Systeme solcher Art von verschiedener Größenordnung geben muß, wobei die kleineren in den größeren enthalten sind. Demnach kann man die kleineren Systeme der niederen Ordnungen im Verhältnis zu den größeren, in welchen sie eingeschlossen sind, als Histomeren bezeichnen, ein Ausdruck, welcher lediglich relativer Natur ist.

Diese theoretischen Mutmaßungen hingen nicht von vornherein gänzlich in der Luft. Vielmehr hatten sie ihr Vorbild in der ungeschlechtlichen Fortpflanzung bei wirbellosen Tieren; denn die Vorgänge der letzteren Art sind beweisend dafür, daß unter Umständen auch hochkomplizierte gewebliche Systeme durch Spaltung sich vervielfältigen. Bei der ontogenetischen Teilung komplizierter Anlagekomplexe würde es sich also um eine entwicklungsphysiologische Analogie zu den Akten der ungeschlechtlichen Fortpflanzung handeln.

Es ergab sich daher die Aufgabe, zu untersuchen, ob und in welchem Umfange derartige Histosysteme vorkommen und inwieweit diese identisch sind mit den in der Anatomie bekannten, durch besondere Formgebung hervortretenden, in ständiger Wiederholung vorkommenden Teilen. Dabei erscheint als möglich, daß bei weitem mehr solcher teilbarer Systeme tatsächlich vorhanden sind, als jetzt irgendwie vermutet werden kann. Jedenfalls gehören nach meinen bisherigen Untersuchungen die Geschmacksknospen, die Schilddrüsenfollikel, die Dünndarmzotten und aller Wahrscheinlichkeit nach auch die Dünndarmdrüsen zu diesen Teilkörpersystemen. Unter diesen sind beispielsweise die Geschmacksknospen »effektiv«, die Schilddrüsenfollikel nur »der Anlage nach« teilbar, weil letztere nicht an sich teilungsfähig sind, wohl aber aus je einer teilungsfähigen Urmutterzelle hervorgehen.

Der Vorgang der Synthese während der Entwicklung ist meiner Meinung nach darin enthalten, daß bei Gelegenheit der Teilung (Spaltung, Knospung) des Systems diese nicht vollständig wird, vielmehr die Nachfahren in anatomischem Zusammenhange verbleiben. Also haben wir ein Verhalten, ähnlich wie bei einem Polypenstock, dessen Wachstum dadurch zustande gebracht wird, daß die Einzelindividuen sich durch Spaltung vermehren, aber dabei in körperlichem Zusammenhange verbleiben. Auf diese Weise kommen gewebliche Stockbildungen zustande, für welche ich den Namen eines Histokormus eingeführt habe.

Die Teilungsfähigkeit ist meiner Meinung nach allen eigentlich so zu nennenden Histosystemen immanent, wenngleich sie oft in praxi nicht realisiert wird. So sind z. B., wie wir aus den Versuchen von Braus wissen, die Extremitäten in der Anlage spaltbar und es können demnach aus einer einzigen durch Transplantation überpflanzten Extremitätenknospe zwei — spiegelbildliche — Extremitäten hervorgehen. Eine Unzahl von Doppelbildungen mikroskopischer Natur, welche gelegentlich in allen möglichen Organen und Teilen vorkommen, weist auf diese immanente Spaltbarkeit besonderer Histosysteme hin.

In physiologischer Hinsicht möchte ich erwähnen, daß die Vorgänge der Fortpflanzung der geweblichen Systeme auf dem Wege der Spaltung eine besondere Korrelation aller in ihnen enthaltenen geweblichen Einzelbestandteile voraussetzen und daß daher jedes derartige System auf einer besonderen histodynamischen Verfassung beruht, welche in dem Ganzen enthalten ist. Die histodynamischen Wirkungen jedoch, welche von dem einen Gewebebestandteil auf den anderen fortpflanzbar sind, sind uns so gut wie unbekannt. Nur das scheint mir aus meinen weitschichtigen Untersuchungen über die Darmdrüsen hervorzugehen, daß die in Rede stehenden Wirkungen innerhalb der Epithelien über weite Strecken hin übertragbar sind.

Was die Durchführbarkeit der Theorie anlangt, so bieten die erwähnten bei mikroskopischen Formbestandteilen massenhaft vorkommenden Doppelbildungen eine gute Handhabe der Untersuchung. Denn diese weisen immer auf Spaltbarkeit hin. Solche Doppelbildungen bzw. Mehrlingsbildungen treten teils gelegentlich auf, teils bilden sie in größter Zahl den normalen Bestand der Organe. So zeigte sich bei den Zotten im Darm der Katze, daß etwa ein Drittel aus Mehrlingsbildungen bestand und ebenso waren sie unter den Geschmacksknospen massenhaft vertreten.

Nunmehr sind wir so weit, daß wir die Fragestellung betreffend die synthetische Morphologie der Speicheldrüsen näher präzisieren können. Diese gehören bekanntlich zu den tubuloacinösen Drüsen, d. h. sie besitzen sezernierende Endabschnitte von kugeliger bis ovoider Gestalt, welche an den feineren ableitenden Drüsenröhrchen hängen wie die Weinbeeren an ihrem Stiele. Es läßt sich nun leicht zeigen, daß bereits bei den embryonalen Speicheldrüsen auf einem frühen Zustande der Entwicklung an den blinden Enden der sämtlichen Drüsenzweige kugelige Anschwellungen gefunden werden, welche die allgemeine Form der Acini haben und auch so von den Autoren bezeichnet wurden. Bei dieser Sachlage ist nicht ohne weiteres verständlich, wie sich die typische Modellierung der Drüse, die Traubenform, über die ganze Dauer der Entwicklung hin aufrecht erhalten werden kann, während die Zahl der Endbeeren gleicherzeit fortwährend vermehrt wird. Denn nach einer allgemein gangbaren Vorstellung vergrößert sich die Drüse und vermehrt ihr Geäste durch Knospung und Sprossung; wachsen aber die Drüsenzweige an ihren Enden in die Länge, so sollte man meinen, daß die Form der Acini nichts Bleibendes sein könnte, daß diese vielmehr, wenn schon in einem bestimmten Momente vorhanden, im nächsten Momente in die Form verlängerter Tubuli übergehen müßte. Aus der Tatsache der dauernden Erhaltung und massenhaften Vermehrung der Acini kann also schon geschlossen werden, daß die Entwicklungsvorgänge an den Scheitelenden der wachsenden Drüsenzweige durchaus spezifischer Natur sein müssen.

Es hat sich nun im Laufe der Untersuchung gezeigt, daß die Acini die teilbaren Drüseneinheiten sind und demgemäß in erster Linie überhaupt nicht in die Länge wachsen, sondern in die Breite und sich darauf in der Längenrichtung durchteilen, während das Längenwachstum der Zweige in zweiter Linie nachfolgt und zwar aus einer Region heraus, welche an der Basis der Acini gelegen ist.

Die wachsende Speicheldrüse stellt sich daher als eine typische gewebliche Stockbildung dar, als ein Histokormus, welcher durch Synthese entstanden ist und durch Synthese vergrößert wird. Aber es haben sich darüber hinaus noch besondere Beobachtungen über die synthetische Zusammensetzung des ausführenden Kanalsystemes ergeben, welche darauf schließen lassen, daß letzteres dem Ursprunge nach eine primitive Art der Quergliederung oder Metamerie besitzt, worüber weiter unten Näheres mitgeteilt werden wird. Im Gesamtresultat schließt sich jedenfalls diese neue Untersuchung zur morphologischen Systemlehre in bester Weise den

früheren an und geht über letztere insofern hinaus, als sie bei weitem
einleuchtendere Resultate geliefert hat.

Diese Untersuchungen in der Gruppe der Speicheldrüsen haben
sich durch mehrere Jahre hindurchgezogen und ich lege sie dem
Leser genau in der Reihenfolge vor, wie sie entstanden sind. Ich
begann 1. mit der Durcharbeitung der Speicheldrüsen des Erwachsenen,
fand mich dann 2. veranlaßt, eine Untersuchung über die Entwicklung der Submaxillaris hinzuzufügen, um die Vorgänge der Synthese,
welche aus dem ersteren Materiale nur erschlossen werden konnten,
auch am Objekte selbst zu verfolgen, und stieß dann bei weiterem
Studium verschiedener Objekte auf die zur Gruppe der »serösen«
Speicheldrüsen gehörige 3. Glandula lateralis nasi (Stenonis), welche
wunderbar klare Bilder ergeben hat und ein klassisches Objekt für
derartige Studien zu werden verspricht.

II. Untersuchungen an den Glandulae submaxillaris und sublingualis des Menschen.

A. Histologisch-analytischer Teil.

1. Material und Methode.

In bezug auf die Technik verweise ich zunächst wiederum auf
Nr. 13. Dort habe ich ausgeführt, daß ich seit Jahrzehnten eine sehr
große Anzahl von Präparaten der drei großen Speicheldrüsen des
Menschen und verschiedener Säuger aufgesammelt habe, welche tech-
nisch in der verschiedensten Weise vorbehandelt waren. Also hat mir
im allgemeinen ein sehr großes Anschauungsmaterial vorgelegen. Zum
Zwecke dieser Untersuchung jedoch waren mir am dienlichsten einige
neu geschnittene Serien der Submaxillaris des Menschen, welche von
Sublimatstücken stammten und mit meiner Azokarmin-Phosphorwolfram-
säure-Anilinblaumethode (Nr. 5) behandelt worden waren. Ferner unter-
suchte ich eine größere Anzahl von Präparaten älteren Datums, stam-
mend von einer Sublingualis des Menschen, welche nach Flemming-
scher Flüssigkeit mit Eisenhämatoxylin und Chromotrop gefärbt worden
waren. Diese letzteren Präparate hatte ich ehedem ebenfalls als Serie
geschnitten, aber nicht als solche aufbewahrt; daher lagen die Schnitte
zwar auf den einzelnen Objektträgern als Serie beisammen, die Objektträger selbst ließen sich aber nicht mehr als Serie zusammenordnen.
Dieser Umstand war mitunter der Beobachtung hinderlich; da aber
Objekt und Färbung besonders günstig waren, so kamen diese Störungen
im ganzen nicht weiter in Betracht. Von diesem eben genauer beschriebenen Materiale sind dann die sämtlichen Abbildungen der Arbeit
genommen worden.

Ohne die erwähnte Azokarmin-PWS-Anilinblau- oder »Azanmethode« wäre die Arbeit kaum durchführbar gewesen. Sie ergibt eine karminrote Färbung der Zellenleiber und Kerne, sowie eine elektive tintenblaue Färbung des Bindegewebes, welche vor allen Dingen auch die Basalmembranen der Epithelien überall in scharfer Weise hervortreten läßt. Dieser letztere Umstand hat die Untersuchung sehr wesentlich erleichtert, da das gesamte Geäst der Drüsen auf Präparaten dieser Art wie mit einer scharfen blauen Linie umrissen erscheint und dadurch eine besondere Deutlichkeit der Formen sowohl wie aller Zusammenhänge der epithelialen Bestandteile gewährleistet wird. Demnach ist es z. B. verhältnismäßig leicht, auf solchen Schnitten die Verzweigungen der feinen Schaltstücke beim Durchmustern der Serie über längere Strecken hin zu verfolgen. Von den

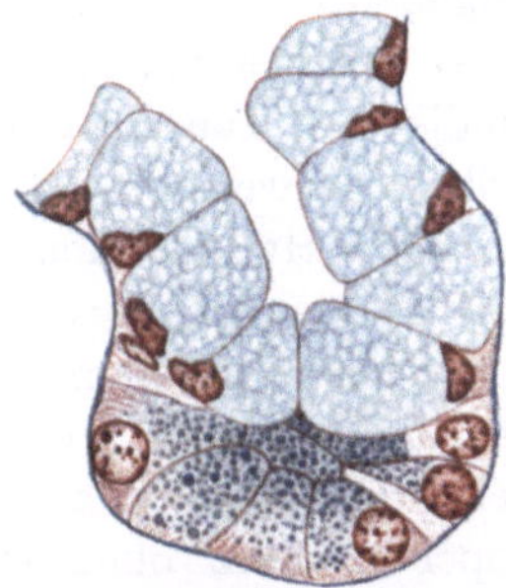

Abb. 1. Submaxillaris. Vergr. 635. Schleimtubulus mit Halbmond und amphitroper Reaktion der Granula.

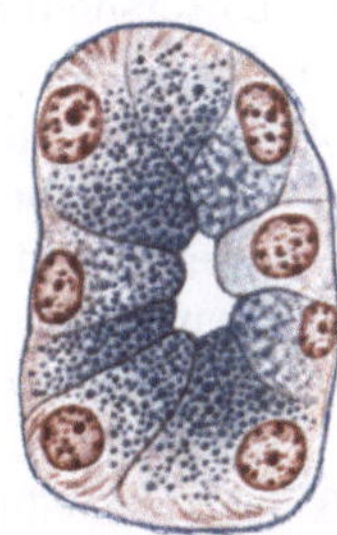

Abb. 2. Submaxillaris. Vergr. 635. Schnitt durch eine seröse Endbeere mit amphitroper Reaktion der Granula.

besonderen Färbungseffekten dieser Methode kommt für die vorliegende Arbeit ferner in Betracht, daß sie innerhalb der Zellenleiber lediglich die Schleimstoffe blau färbt. Diese Schleimreaktion ist, wie ich mich hinterdrein überzeugt habe, nicht ganz sicher und hängt, wie es scheint, von allerlei Zufälligkeiten der Fixierung ab; tritt jedoch die Reaktion in Erscheinung, so erweist sie sich als in ungemeinem Grade empfindlich und läßt schleimige Stoffe auch an solchen Orten erkennen, wo sie sonst kaum auffindbar sind.

Es hat sich nun gezeigt, daß bei einigen »serösen« Drüsen der Speicheldrüsengruppe die bekannten in EH gut färbbaren albuminoiden Granula zugleich auch eine bald schwächere, bald stärkere Schleimreaktion ergeben (vgl. Abb. 1 und 2). Hierher gehören unter anderem die serösen Acini und die Halbmonde in der Submaxillaris des Menschen; dagegen konnte ich von der Sublingualis des Menschen die in Frage stehende Reaktion einstweilen nicht erhalten und, da es mir an frischem Material gebrach, konnte ich der Sache auch einstweilen nicht näher treten, nehme aber an, daß die Sublingualis dem Typ der

Submaxillaris folgt. Wir haben also im sezernierenden Parenchym der Speicheldrüsengruppe außer serösen und Schleimzellen auch noch solche zu unterscheiden, welche gewissermaßen einen Januscharakter an sich tragen, indem ihr Sekretmaterial die Färbungsreaktionen einerseits der serösen, andererseits der Schleimzellen aufweist. Ich spreche in diesem Falle von einer »amphitropen« Reaktion, »amphitropen Drüsenzellen« usf. (vgl. im übrigen Nr. 13 über die weite Verbreitung der amphitropen Reaktion). Schaffer hatte, wie ich bemerke, bei den Speicheldrüsen der Insektivoren schon früher ähnliche Beobachtungen gemacht. Die in Rede stehende empfindliche Anilinblaureaktion des Schleims wurde später für die Untersuchung der Submaxillaris in besonderem Grade wertvoll, denn mit ihrer Hilfe ließ sich ermitteln, daß die Schaltstücke sich durch Verschleimung in die Schleimröhren verwandeln, wobei die »amphitropen« Acini in die Halbmonde übergehen.

Was das Untersuchungsmaterial angeht, so möchte ich noch erwähnen, daß die Präparate aus der Sublingualis des Menschen histologische Bilder wechselnder Art liefern. Gewöhnlicherweise findet man viele reich verzweigte Schleimröhren mit kleineren Halbmonden und in diesem Falle erscheint das mikroskopische Bild reichlich verwickelt. In anderen Fällen bekam ich aus der Drüse Abschnitte mit auffallend großen schönen Halbmonden und leicht übersichtlicher Struktur heraus; diese habe ich dann mit Vorliebe untersucht. Wieder in anderen Fällen stieß ich auf völlig verschleimte Läppchen ganz ohne Halbmonde oder auf seröse Läppchen verschiedener Größe. Kurz, ich möchte darauf aufmerksam machen, daß man bei Gelegenheit einer Untersuchung an diesem Objekte den Verschiedenheiten des Aufbaues Rechnung tragen und sich das Material entsprechend dem gerade vorliegenden Zwecke aussuchen muß.

Die Abbildungen wurden sämtlich von Herrn Universitätszeichner Dettelbacher in bekannter Güte hergestellt.

2. Aufgaben der histologischen Untersuchung.

Wie schon ausgeführt, stellte sich als Hauptproblem der Untersuchung die Aufgabe, festzustellen, auf welche Weise während der Entwicklung die ungeheure Vermehrung der Drüsenbeeren zustande kommt und ob diese teilungsfähige Gebilde sind. Die nämliche Frage bestand in gleicher Weise auch betreffs der Lunulae, da letztere ebenso wie die Acini überall an den Endverzweigungen des Drüsengeästes liegen und die Stellung von Scheitelknospen[1]) haben. Die endständige

----

[1]) In dieser Arbeit werden durchgehends Scheitelknospen, laterale Knospen und adventive Knospen unterschieden. Als Scheitelknospen bezeichne ich alle diejenigen, welche endständig an den Drüsenzweiglein sitzen. Die lateralen Knospen gehen zwar aus den Scheitelknospen hervor, geraten aber in seitliche

Lage der Lunulae ist durchaus nicht immer erkannt, doch aber schon öfters von den Autoren in richtiger Weise hervorgehoben worden (R. Krause usw.). Man erkennt sie leicht auf sorgfältigen Schnittpräparaten, besonders gut aber, wenn die Golgische Chromsilbermethode in Anwendung gebracht und die Ausführungsgänge bis in die feinsten Verästelungen hinein imprägniert wurden. Ich möchte diese Beobachtungen noch unterstreichen und sagen: In den verschleimten Teilen der Submaxillaris und in den typisch ausgebildeten Teilen der Sublingualis befindet sich an jedem Zweigende ein Halbmond und umgekehrt: wo ein Halbmond sichtbar ist, da haben wir unter allen Umständen das blinde Ende eines Drüsenzweigleins, wenn dieses auch oft nur rudimentär ist.

Demgemäß haben Acini und Lunulae die nämliche topographische Lage und befinden sich gleicherweise an den Zweigenden des Drüsenbäumchens. Also mußte neben der Frage nach ihrer Teilbarkeit auch noch im besonderen untersucht werden, ob und welche verwandtschaftlichen Beziehungen zwischen ihnen bestehen. Unsere Beobachtungen beziehen sich entsprechend in erster Linie auf den morphologischen und entwicklungsgeschichtlichen Charakter der Acini und Lunulae, weniger auf ihre physiologischen Leistungen, während bisher letztere bei fast allen Untersuchern im Vordergrunde des Interesses standen. Bei den Lunulae hat ihre eigenartige Form von jeher Veranlassung gegeben, anzunehmen, daß sie einem besonderen physiologischen Zwecke dienen müßten und über diesen sind verschiedene Meinungen laut geworden (Ersatzzellentheorie von R. Heidenhain und Phasentheorie von Hebold-Stöhr-Metzner). Aber nicht jede besondere morphologische Form dient einem besonderen physiologischen Zwecke und es wird sich weiter unten zeigen, daß hier die Erklärung nach dem Zwecke unzureichend ist, während die kausale Betrachtung unter entwicklungsgeschichtlichem Gesichtspunkte die volle Erklärung über ihre heute noch rätselhafte Existenz bringt.

Sobald nun die Untersuchung über die Acini und die Halbmonde von mir in Gang gebracht worden war, fanden sich auch schon zahlreiche Teilungszustände, Doppelbildungen usf. Das Resultat erschien also im allgemeinen als gesichert; aber es zeigte sich weiterhin, daß der Gegenstand nicht gründlich bearbeitet werden konnte ohne eine vergleichende Untersuchung über das gesamte Geäste der beiden in Frage stehenden Drüsen. Ich wurde dahin geführt, zunächst von den endständigen Teilen auf die präterminalen Verzweigungen, id est Schaltstücke und Schleimröhren, später auch auf die Speichelröhren und

---

Stellung. Adventive Knospen sind lediglich solche, welche aus einzelnen Gangzellen durch Zellvermehrung und besondere Entwicklung entstehen.

Ausführungsgänge überzugehen. So zog Eines das Andere nach sich. Demgemäß gliedert sich der histologisch-analytische Teil dieser Arbeit in die Abschnitte a) über die Ausführungsgänge und Speichelröhren, b) über die Schaltstücke und Schleimröhren und c) über die teilbaren Drüseneinheiten oder Adenomeren. Da die Beobachtungen über die gröberen Teile des Gangsystemes der Hauptaufgabe dieser Arbeit ferner stehen und ich auf diese auch bereits in meiner vorläufigen Mitteilung näher eingegangen bin, kann ich mich betreffs ihrer nunmehr kürzer fassen. Was die Schaltstücke und Schleimröhren anlangt, so habe ich sie gleichfalls schon früher in Kürze abgehandelt, allerdings ohne Abbildungen zu geben. Da jedoch die Endverästigungen des Gangsystemes zugleich die unmittelbaren Träger der Scheitelknospen sind und zwischen beiden Teilen sehr wichtige Beziehungen bestehen, so werde ich auf diesen Gegenstand an der Hand der Abbildungen noch einmal ausführlicher zurückkommen müssen. Die Hauptaufgabe des analytischen Teils wird jedoch sein, die teilungsfähigen Drüseneinheiten und die aus ihnen hervorgehenden polymeren Bildungen in allen Einzelheiten zu beschreiben.

Am Objekte selbst gingen meine Bemühungen in erster Linie auf eine sorgfältige Vergleichung aller Teile des Drüsengeästes hinaus mit dem Ziele, die Homologien festzustellen. Sehr nutzbringend war mir die Parallele zwischen der »serösen Seite« und der »Schleimseite« der Submaxillaris, weil man auf den nämlichen Schnitten die zu vergleichenden Teile so schön beieinander liegen hat. Die Sublingualis hingegen war mir wertvoll wegen ihres Reichtumes an einfachen und zusammengesetzten Halbmonden aller Arten.

Was die Nomenklatur anlangt, so sei mir eine kurze Ausführung erlaubt, welche dazu dienen soll, den Begriff des Acinus noch einmal in das rechte Licht zu rücken.

Ich finde, daß noch immer viele Autoren (Maziarski, Szymonowicz, Kopsch u. a.) die Speicheldrüsen als alveoläre Drüsen bezeichnen. Dies kann aber nicht als richtig zugegeben werden. Meiner Meinung nach muß man sich bei der Verwendung der Ausdrücke tubulös, alveolär, acinös usf., genau an die Wortbedeutung der betreffenden Bezeichnungen halten. Nun beziehen sich aber die Ausdrücke tubulös und alveolär auf die Form der Drüsenlichtungen, denn Tubulus ist ein Röhrchen und Alveolus eine kleine bauchige Höhlung. Daher können die Speicheldrüsen niemals als alveolär bezeichnet werden, weil die sezernierenden Endabschnitte sich nicht durch weiträumige bauchige Lumina charakterisieren. Wir haben in diesem Wortverstande überhaupt nur eine typisch alveoläre Drüse im menschlichen Körper, nämlich die Milchdrüse, in deren erweiterten Endkammern das Sekret gespeichert wird. Eventuell könnte an dieser Stelle auch die Schilddrüse genannt werden, da die Form ihrer Bläschen dem Begriffe des Alveolus entspricht. Jedenfalls kann man aber bei einer Bezeichnungsweise, welche vom Lumen ausgeht, die Speicheldrüsen nur »tubulös« nennen.

Der Ausdruck Acinus bezieht sich jedoch nicht auf das Lumen, sondern auf die äußere Gestalt der Drüse; das Wort »acinus« bedeutet »Beere« und als acinöse Drüsen sind daher lediglich die traubenförmigen Drüsen zu bezeichnen, bei denen die sezernierenden Endabschnitte die allgemeine Form rundlicher Körperchen haben, welche an ihrem ausleitenden Röhrchen hängen wie die Weinbeeren an ihrem Stiele. Typische Beispiele dieser Art sind die serösen Speicheldrüsen, also die Parotis, die serösen Anteile der Submaxillaris, die Tränendrüse, das Pankreas usf. Dagegen können die verschleimten Teile der Submaxillaris und der Sublingualis allerdings nicht mehr im strengen Sinne des Wortes als acinös bezeichnet werden, da die Halbmonde in ihrer typischen Gestalt lediglich die blinden Enden der Drüsenröhrchen decken. Wenn nun aber bei diesen genannten Objekten dennoch viele Zweigenden tatsächlich kolbig angeschwollen sind, so daß bei Modellierung der Drüse allenfalls eine annähernde Traubenform herauskommen würde, so hat dies darin seinen Grund, daß die Enden der verschleimten Röhrchen häufig in stark angeschwollene Mehrlingsbildungen übergehen. Demnach wäre die Traubenform der Schleimdrüsen mit Halbmonden von anderer Art als wie bei den acinösen Drüsen. Wenn wir aber dem Begriff »acinös« eine andere Wendung geben und ihn dahin bestimmen, daß er nun nicht mehr allein die bloße Form einer Beere bedeuten soll, sondern das bestimmte embryodynamische System, welches dieser Form zugrunde liegt, so können wir auch die Halbmonddrüsen acinös nennen, weil sich zeigen wird, daß die Halbmonde entwicklungsgeschichtlich identisch sind mit den Acini.

Als eine literarische Merkwürdigkeit verdient erwähnt zu werden, daß Schaffer (Histologie 1920, S. 90) die Existenz der Acini und damit auch die Traubenform der großen Speicheldrüsen leugnet, — trotz der von Maziarski angefertigten Plattenmodelle. Diese Darstellung sei falsch; in Wirklichkeit handele es sich um lange verästelte, gewundene oder geknickte Schläuche, die reichlich mit rundlichen Ausbuchtungen versehen seien. Demgegenüber verweise ich darauf, daß 1. bei vollkommener Zertrümmerung von Drüsenteilen, die in geeigneter Weise mazeriert wurden, träubchenförmige Aggregate in jeder Größe erhalten werden bis herab zur Isolation einzelner Acini; 2. daß bei Verfolgung dünn geschnittener Serien die terminale Verästigung der Schaltstücke zusamt den anhängenden Drüsenbeeren bestens kontrolliert werden kann; 3. daß bei den embryonalen Drüsen die Acini frühzeitig auftreten und wegen des reichlich vorhandenen interstitiellen

Gewebes hier gleichsam im isolierten Zustande beobachtet werden können. Hierzu kommen dann noch die Einzelresultate der vorliegenden Arbeit, die Entdeckung der Teilungszustände der Acini sowie der polymeren Bildungen, welche auf Grund unvollständiger Teilungen zur Entwicklung gelangen.

3. Die Speichelröhren und die gröberen Ausführwege.

Die Speicheldrüsen zeigen bekanntlich eine typische Läppchenbildung, welche den Verzweigungen des Gangsystemes entsprechend ist. Irgendein Drüsengang mit allen seinen Verzweigungen und den anhängenden sezernierenden Endabschnitten wird ein Läppchen irgendeiner Ordnung bilden. Daher kann es sich in den Läppchen nicht um morphologische Systeme oder Einheiten einer ganz bestimmten Größenordnung handeln. Wenn man will, kann man jedoch das Parenchym einer größeren Speicheldrüse in Lobuli majores und minores einteilen: die ersteren würden der Verzweigung eines Speichelrohres, die letzteren lediglich der Verzweigung eines Schaltstückes entsprechen. Zerstört man das Bindegewebe auf chemischem Wege, so erhält man zunächst die Lobuli majores mit den Speichelröhren als Axengebilden; werden diese auf dem Objektträger weiterhin zertrümmert, so brechen von den Speichelröhren die Lobuli minores herunter, welche in sich durch die Verästelungen der Schaltstücke zusammengehalten werden.

Zwischen den Lobuli majores ist Bindegewebe in etwas größeren Beträgen vorhanden und in diesem ziehen die gröberen Ausführwege entlang, häufig begleitet von kleineren Gefäßen und Nerven. Von den Ausführwegen zweigen die Speichelröhren ab, welche sogleich in die Lobuli majores eintreten, um in diesen sich zu verästeln.

Das Epithel der Ausführwege ist, wie bekannt, sehr charakteristisch gestaltet, indem es nämlich außer den das Lumen des Ganges begrenzenden Zylinderzellen auch noch basale Zellen aufweist, die aber nicht in kontinuierlicher Schichte zu liegen kommen. Was diese basalen Zellen anlangt, so ist über ihre biologische Bedeutung bisher nichts bekannt geworden. Eine physiologische Funktion im Sinne der Betriebsphysiologie kann ihnen nicht zukommen; wohl aber ist es möglich, daß sie eine besondere entwicklungsgeschichtliche Rolle zu spielen berufen sind. In dieser Hinsicht ist als eine bemerkenswerte Tatsache hervorzuheben, daß schon die Gangwerke der embryonalen Drüsen, von frühen Zuständen angefangen, die basalen Zellen aufweisen und daß sie hier in der Richtung auf die Peripherie des Drüsenbäumchens bis in die Scheitelknospen hinein verfolgbar sind, während sie beim Erwachsenen schon auf der Übergangsstrecke zwischen Ausführwegen und Speichelröhren allmählich verschwinden und innerhalb der Läppchen nicht mehr gefunden werden. Nun ist bekannt, daß beim

Erwachsenen im Umfange der Acini abermals eine besondere Art basaler Zellen auftritt, nämlich die Korbzellen der Autoren. Da diese zwischen Basalmembran einerseits und Drüsenepithel andererseits zu liegen kommen, so haben sie in der Tat »basale« Stellung und es war der Gedanke nahe liegend, daß sie ein Überrest der beim Embryo sehr viel weiter ausgedehnten analogen Zellenschichte sein möchten. In diesem Falle wären die Korbzellen mit von Ebner als Epithelzellen zu deuten. Von dieser Annahme bin ich jedoch nachträglich wieder zurückgekommen, da die sämtlichen Zellen, welche ich auf meinen Schnittpräparaten zwischen Basalmembran und Epithel nachweisen konnte, sich bei Gelegenheit der Vermehrung der Drüsenbeeren auf dem Wege der Teilung, lediglich verhalten wie Bindegewebszellen.

Wendet man sein Augenmerk den zylindrischen Zellen der Ausführwege zu, so bemerkt man ohne Schwierigkeit, daß überall, wo in den Lücken, welche die basalen Zellen hier und dort zwischen sich lassen, die untere Hälfte der Zylinderzellen gut zur Anschauung kommt in dieser die wohlbekannte Pflügersche Stäbchenstruktur sichtbar wird. Es ist daher nicht möglich auf Grund des Merkmals der Stäbchenstruktur die Ausführwege und die Speichelröhren in bestimmter Weise gegeneinander zu begrenzen.

Nunmehr komme ich auf eine Reihe von Beobachtungen zu sprechen, welche die äußere Gestaltung oder die Gesamtform der ausleitenden Kanäle betreffen. Beginnt man bei den großen interstitiellen Ausführwegen, so bemerkt man schon an diesen häufig ein merkliches wechselweises An- und Abschwellen des Kanalquerschnittes, welches sich in der Richtung auf die Peripherie des Drüsenbäumchens immer stärker andeutet, um schließlich an den Speichelröhren in eine exquisite Knotung der Gänge überzugehen, welche auch als eine unregelmäßige Rosenkranzform beschrieben werden kann. Diese auffallende Erscheinung ist bisher noch kaum wahrgenommen worden. Nur Maziarski hat darüber gewisse Andeutungen gemacht und Laguesse hat offenbar die nämliche Formengebung an den Gängen des embryonalen Pankreas auf gewissen Entwicklungsstadien in weiter Ausbreitung vorgefunden. Ich habe diese Erscheinung in der voraufgehenden Schrift schon ausführlich besprochen und fasse hier die wesentlichsten Resultate an der Hand von Abb. 3 und 4 noch einmal kurz zusammen.

Wie unsere Abbildungen (von der Submaxillaris des Menschen) zeigen, weisen die intralobulär verlaufenden Speichelröhren gewöhnlicherweise von Stelle zu Stelle knotenartige Anschwellungen auf, welche durch entsprechende Einfurchungen voneinander abgesetzt sind. Die Knoten oder Kammern werden in unterschiedlicher Größe getroffen, variieren in der Gestalt und sind bald durch enge, bald durch weite

Verbindungsgänge miteinander in Zusammenhang. Der Gestalt nach kann man kugelige, spindelige, ovoide Formen unterscheiden und, was die Größe anlangt, so kann man blasig aufgetriebene Glieder mit rudimentär erscheinenden wechselnd finden. Die Einfurchungen zwi-

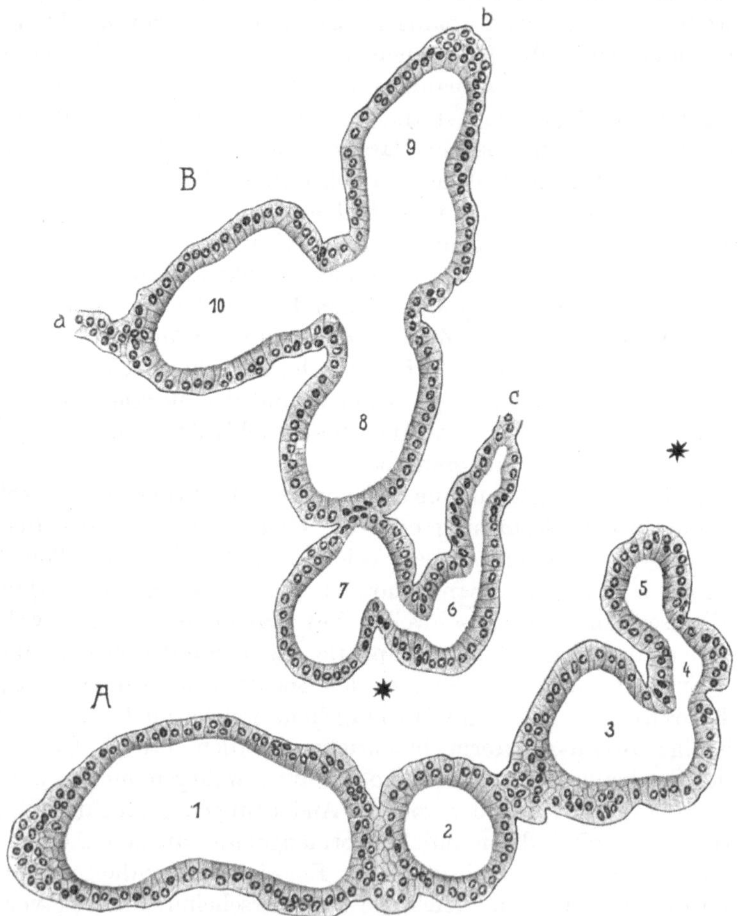

Abb. 3. Kammerung der Speichelröhren von der Submaxillaris des Menschen. Vergr. 182. Die Kammern sind teils tangential, teils axial durchschnitten. Bei *1—10* Kammern verschiedener Form und Größe.

schen diesen sind oft so stark zusammengezogen, daß der lichte Durchgang von einer Kammer zur anderen nur etwa den Durchmesser eines Zellenkernes erreicht, während in anderen Fällen bei flacher Trennungsfurche weite Übergänge vorhanden sind. Oft findet man die Knotung bis zur Grenze der Schaltstücke in auffälligster Weise entwickelt, während sie in anderen Fällen gegen die Enden der Speichelröhren hin mehr und mehr verschwindet. Hierzu kommt nun, daß die Kammern sehr häufig winklig gegeneinander abgeknickt sind, so daß die Gänge nur selten über längere Strecken hin im axialen Schnitte erhalten werden. Unter diesen Umständen ergeben sich komplizierte, wechselnde, oft schwer verständliche Bilder. Unsere Abb. 3 zeigt zwei Abschnitte *A* und *B* ein und desselben Gangsystemes, welche in der Zeichnung gegeneinander verschoben wurden, um Raum zu sparen (das ursprüngliche Lageverhältnis ist leicht wieder herstellbar, wenn man sich den Teil *B* in paralleler Lage nach rechts und aufwärts verschoben denkt, bis die beiden Sterne sich decken). Bei Verfolgung der Serie zeigte sich erstlich, daß die kleine Kammer *5* mit der Kammer *6* durch einen sehr schmalen Gang in Verbindung stand, und ferner, daß es sich eigentlich um die beiden Gabeläste eines Speichelrohres handelte, dessen Teilungsstelle in einem entfernteren Schnitte, etwa in der Gegend der Ziffer *3*, gelegen war. Man sieht in dieser Figur ein Konvolut von kleineren und größeren Kammern, welche teils axial, teils tangential getroffen, teils besser, teils schlechter gegeneinander abgesetzt sind, und, wie die Betrachtung der Serie zeigte, teils durch engste, teils

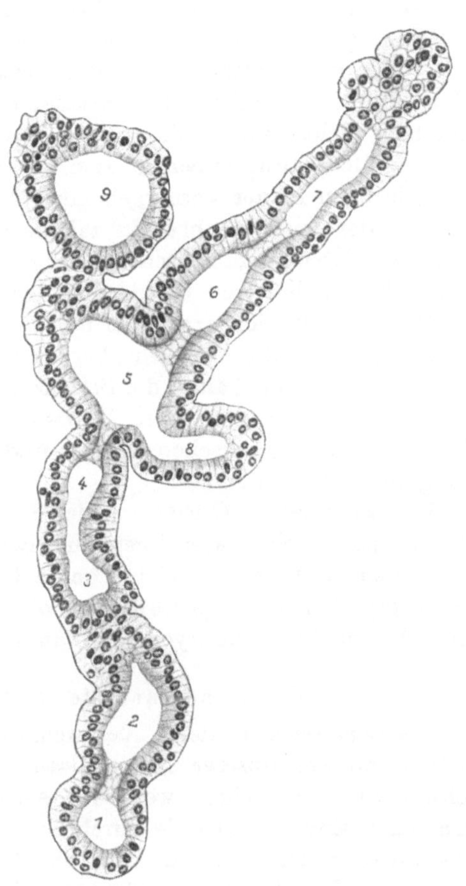

Abb. 4. Kammerung der Speichelröhren von der Submaxillaris des Menschen. Vergr. 182. Gegenbeispiel zu Abb. 3. Die Aufschwellungen oder Kammern sind in diesem Falle nur angedeutet.

durch sehr weite Öffnungen miteinander in Verbindung waren (vgl. auch die genauere Beschreibung in Nr. 13). Der Übergang in die Schaltstücke war in *a*, *b* und *c* und ferner bei weiterer Verfolgung der Serie auch von Kammer *1* aus nachweisbar.

Die Abb. 4 ist ein Gegenstück zu der vorigen, da hier die Kammerung weniger ausgesprochen ist. Auch diese Abbildung wurde schon früher beschrieben und ich füge hinzu, daß ich nachträglich die Verbindung mit dem ableitenden interstitiellen Gange mit voller Sicherheit nachweisen konnte. Er schloß sich durch Vermittelung einiger kleiner Kammern bei *1* an. Bei *8* und *9* entwickelten sich in der Richtung peripheriewärts Seitenäste und über *7* hinaus war der Anschluß an ein Schaltstück direkt bemerkbar. Das Beispiel der vorliegenden Abbildung ist zweifellos nicht so günstig wie das andere, aber ich kann mit voller Bestimmtheit versichern, daß die hier sichtbaren schwachen Einziehungen zwischen den besonderen Gliedern des Speichelrohres durchaus nicht etwa zufälliger Natur sind, sondern die nämliche morphologische Bedeutung haben müssen, wie die zum Teil so scharfen Trennungsfurchen in der vorhergehenden Abbildung. Ich habe die Kammerung der Speichelröhren in zahllosen Beispielen durchmustert und finde alle Übergänge zwischen einer scharf ausgesprochenen und einer schwach angedeuteten Gliederung der Gänge.

Noch möchte ich erwähnen und besonders darauf aufmerksam machen (vgl. unten die Angaben über die Entwicklung des Gangsystemes), daß in zahlreichen Fällen die Seitenäste der Speichelröhren gegen den Hauptgang durch eine tiefe Einziehung abgesetzt sind, so daß der lichte Durchgang zwischen Haupt- und Seitenrohr auf eine enge Öffnung reduziert sein kann.

Die beschriebene Gliederung der Speichelröhren kann im Sinne der Betriebsphysiologie kaum irgendeine Bedeutung haben. Dagegen wäre es möglich, daß ihr irgendeine entwicklungsgeschichtliche Notwendigkeit zugrunde liegt, da ja Laguesse die gleiche Erscheinung in weitester Ausdehnung beim embryonalen Pankreas beobachtet hat.

4. Die Schaltstücke und Schleimröhren.

Die Schaltstücke, deren Verzweigungen als Achsengebilde zu den Lobuli minores unserer Nomenklatur gehören, sind im allgemeinen schwer zu untersuchen, weil ihre Astwerke ungemein stark winklig gebrochen sind, so daß sie durch das Messer in viele kleine Einzelabschnitte zerlegt werden. Jedoch durch unsere Methode der Färbung, welche die Gangwerke in scharfen Umrißlinien erscheinen läßt, wird die Untersuchung erheblich erleichtert und es gelingt, besonders durch Verfolgung in der Serie, sich eine klare Vorstellung von dem Verlauf und der Verästigungsweise der Schaltstücke zu bilden.

Nach meinen Erfahrungen sind die Verzweigungen der Schaltstücke und mit ihnen die Lobuli minores von sehr unterschiedlicher Größe. Die von den Enden des Speichelröhren sich fortsetzenden Kanälchen verzweigen sich oft bäumchenartig in reicher Weise und liegen Komplexen von bedeutender Ausdehnung zugrunde, während andererseits gewisse seitlich abzweigende Kanälchen sich nur wenig verästeln und zu allerkleinsten Läppchen gehören.

Was die gegenseitige Begrenzung von Speichelröhren und Schaltstücken anlangt so fand ich sie mitunter ziemlich scharf (Abb. 5), während in anderen Fällen wiederum eine lange Übergangsregion vorhanden war (Abb. 6), in deren Verlaufe die Zylinderzellen der Speichelröhren allmählich bis auf die Höhe des Kubenepithels der Schaltstücke heruntergingen. In welcher Weise hierbei das Merkmal der Stäbchenstruktur zum Schwinden kommt, konnte nicht näher festgestellt werden.

Die Schaltstücke der Autoren dehnen sich nun in der Richtung peripherwärts bis an die Basis der Acini bzw. bis zum Beginn der Schleimröhren aus, wobei die Autoren erwähnen, daß in den verschleimten Teilen der Submaxillaris diese Röhrchen auffallend kurz sind. Bei der genaueren Beschäftigung mit diesem Kanälchensysteme ist mir dann bald klar geworden, daß der Name Schaltstücke nicht recht passend ist und geeignet, falsche Vorstellungen über die mor-

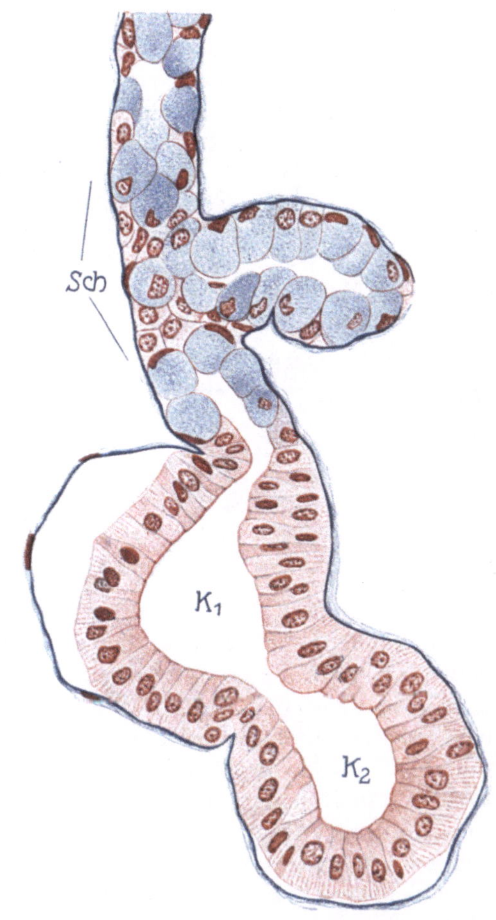

Abb. 5. Submaxillaris. Vergr. 446. Verschleimtes Schaltstück unmittelbar aus einem Speichelrohr hervorgehend. K_1 u. K_2 zwei Kammern des Speichelrohres. *Sch* Schaltstück.

phologischen Homologien zu erwecken. Der Name leitet sich lediglich davon her, daß die gemeinten Gangwerke zwischen die Speichelröhren einerseits und die sezernierenden Endabschnitte andererseits eingeschaltet sind. Haben wir also keine Speichelröhren, wie im Pankreas und der Tränendrüse, so dürfen wir eigentlich nicht von »Schaltstücken« reden, obwohl auch in solchen Fällen viele Autoren die gleiche Bezeichnung

gewählt haben, weil die unmittelbar vor den Acini liegenden Teile des
Drüsengeästes überall als einander morphologisch homolog angesehen

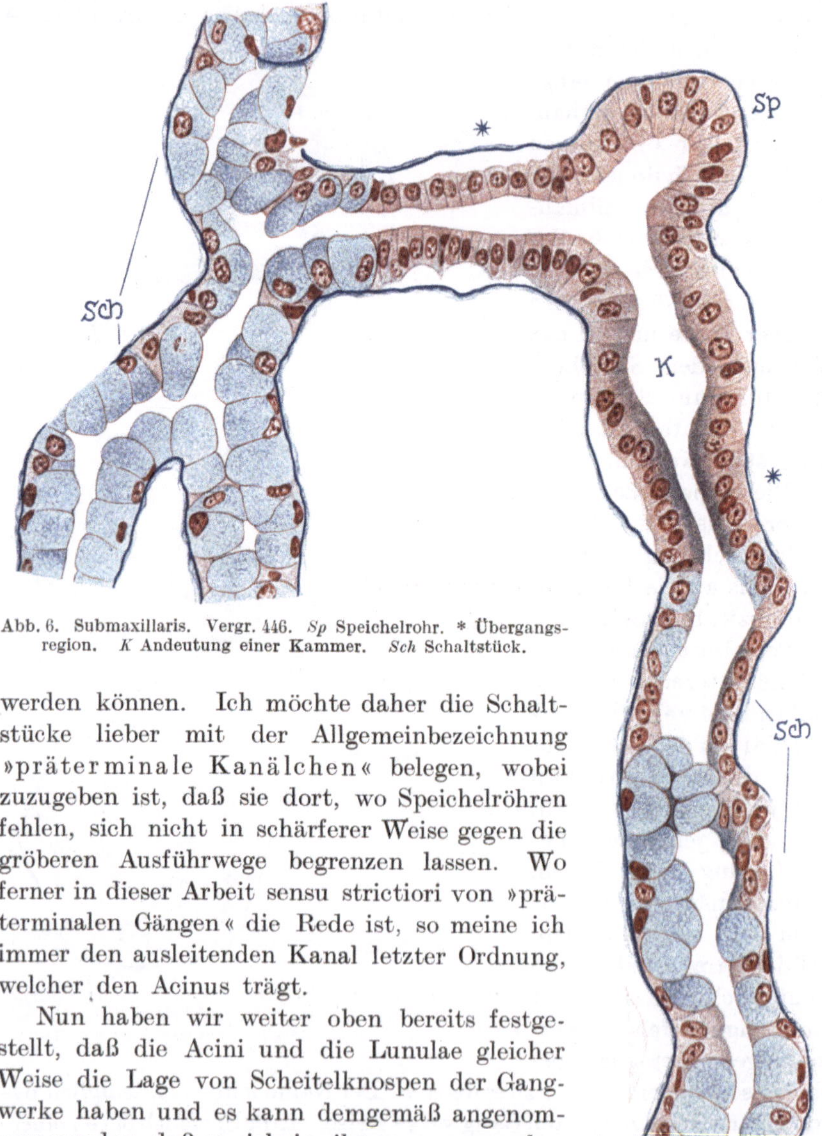

Abb. 6. Submaxillaris. Vergr. 446. *Sp* Speichelrohr. * Übergangsregion. *K* Andeutung einer Kammer. *Sch* Schaltstück.

werden können. Ich möchte daher die Schaltstücke lieber mit der Allgemeinbezeichnung
»präterminale Kanälchen« belegen, wobei
zuzugeben ist, daß sie dort, wo Speichelröhren
fehlen, sich nicht in schärferer Weise gegen die
gröberen Ausführwege begrenzen lassen. Wo
ferner in dieser Arbeit sensu strictiori von »präterminalen Gängen« die Rede ist, so meine ich
immer den ausleitenden Kanal letzter Ordnung,
welcher den Acinus trägt.

Nun haben wir weiter oben bereits festgestellt, daß die Acini und die Lunulae gleicher
Weise die Lage von Scheitelknospen der Gangwerke haben und es kann demgemäß angenommen werden, daß es sich in ihnen um morphologisch homologe Gebilde handelt. In diesem
Falle aber müssen wiederum die präterminalen Gangwerke der serösen
Drüsenteile und die vielverzweigten Schleimröhren einander gleich ge-

setzt werden, weil sie in identischer Lage befindlich sind. Mithin wären dann die Schleimröhren keineswegs als »sezernierende Endabschnitte« zu bezeichnen, vielmehr hätten wir in ihnen lediglich verschleimte Teile des ausführenden Kanalsystemes zu erblicken.

Zu der gleichen Schlußfolgerung gelangt man, wenn man in der Betrachtung der Dinge von den Speichelröhren her gegen die Peripherie hin fortschreitet. Denn man mag auf der serösen oder auf der Schleimseite der Submaxillaris dem Gangsysteme peripheriewärts folgen, immer gelangt man gleicherweise in ein System verästelter Röhren, welche, ob sie nun verschleimt sind oder nicht, als Achsengebilde zu den von mir sogenannten Lobuli minores gehören.

Weiterhin schließen in der Submaxillaris wie in der Sublingualis die Schleimröhren oft ohne Dazwischenkunft eines noch so kurzen Schaltstückes direkt an das Speichelrohr an, so daß in diesem Falle die Verzweigungssysteme der Schleimtubuli an der Stelle der Schaltstücke stehen und diese ersetzen.

Schließlich haben sich dann bei genauerem Zusehen die sämtlichen Stadien der schleimigen Metamorphose der Schaltstücke auffinden lassen, wobei gleicherzeit festgestellt werden konnte, daß dieser Vorgang der Regel nach in der Peripherie der Gangwerke unterhalb der Acini zuerst in die Erscheinung tritt und von dort nach abwärts (basalwärts) fortschreitet. Die auffallend kurzen »Schaltstücke«, welche die Autoren in der Submaxillaris zwischen den Speichelröhren einerseits und den Schleimröhren andererseits auffanden, sind somit weiter nichts als geringe unverschleimte Reste der präterminalen Gangwerke.

Nunmehr haben wir das Gesagte an der Hand einiger Beispiele zu erläutern und genauer zu besprechen. Ich bitte zunächst Abb. 7 und Abb. 8 zu vergleichen; sie gehören zusammen und zeigen in zwei durchaus ähnlich gelagerten Fällen, gewissermaßen in Beispiel und Gegenbeispiel, den verschleimten und unverschleimten Zustand der präterminalen Gangwerke, wobei die Identität der serösen Acini und der Lunulae deutlich hervortritt. Weiterhin haben wir in Abb. 9 (Sublingualis) und ebenso auch in Abb. 5 (Submaxillaris) den Fall, daß die Verschleimung oralwärts (basalwärts) fortschreitend das Speichelrohr erreicht. Das scheinbare Verschwinden des Schaltstückes zeigt in solchen Fällen deutlich an, daß die Schleimtubuli mit den Schaltstücken der Natur nach identisch sind. Bleibt ein kleiner Rest der präterminalen Gangwerke von der Verschleimung verschont, so haben wir den Fall der Abb. 10; hier halte ich die kurze Wegstrecke heller Zellen, welche oralwärts auf das Schleimrohr folgt, für einen Teil des unverschleimten Schaltstückes. An letzteres schließt sich in dieser Abbildung eine Art Übergangsregion an, d. h. es folgt ein kleiner Ab-

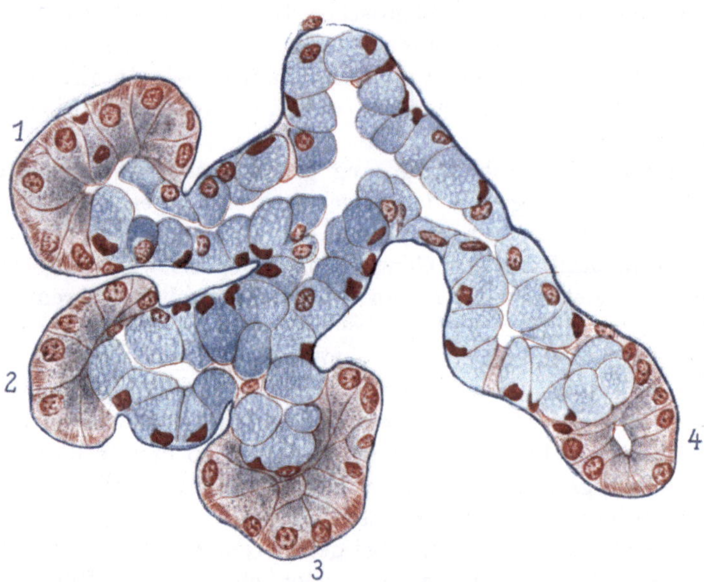

Abb. 7. Submaxillaris. Vergr. 446. Teil eines verschleimten Läppchens. Die Tubuli sind parallel zur Achse geschnitten. Mit vier Halbmonden Nr. *1—4*. Nr. *2—4* mit starker seitlicher Ausladung.

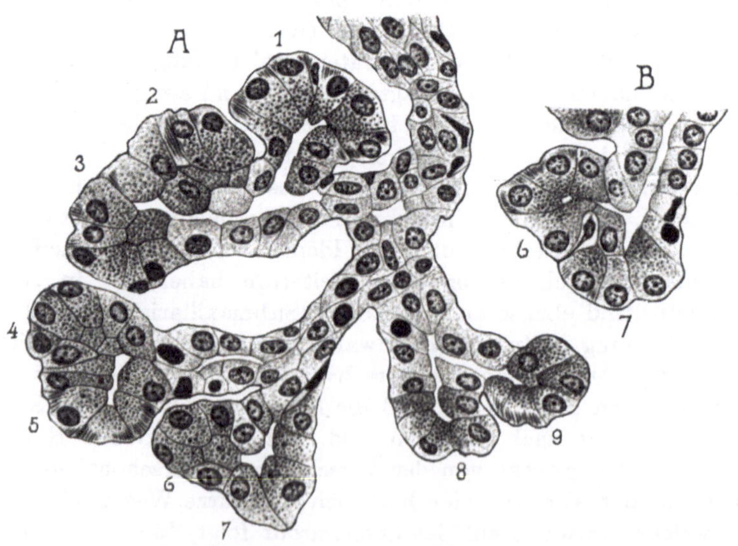

Abb. 8. Submaxillaris. Vergr. 446. Teil eines serösen Läppchens mit den Adenomeren. Bei *8—9* monomere Adenomeren. Bei *1* transversales Wachstum der Adenomere. Bei *2 + 3, 4 + 5, 6 + 7* dimere Formen bzw. fixierte Teilungszustände. (Vgl. S. 30 f.)

schnitt, welcher die Angleichung der Speichelrohr- und der Schalt-
stückepithelien vermittelt. Die in Frage stehende Strecke ist hier nur

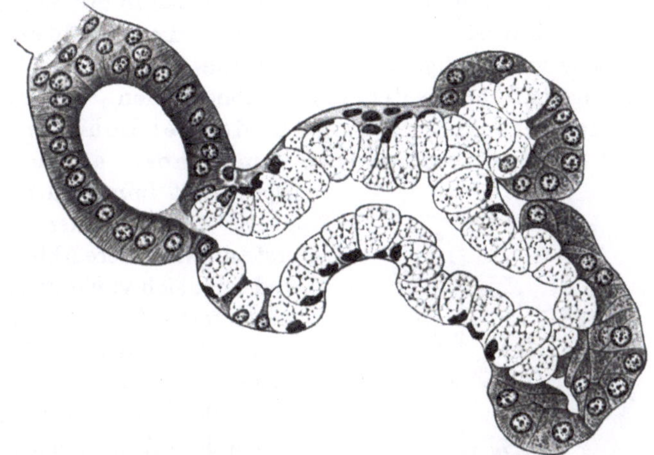

Abb. 9. Sublingualis des Menschen. Vergr. 446. Einschaltung eines Schleimtubulus
zwischen Speichelrohr (links) und Halbmonden (rechts).

kurz, oft aber sehr viel weiter ausgedehnt, wie man aus unserer Abb. 6
ersehen kann. Hier ist es in der Tat ganz unmöglich zu sagen, wo das
Speichelrohr aufhört und die präterminalen Gangwerke anfangen. Der

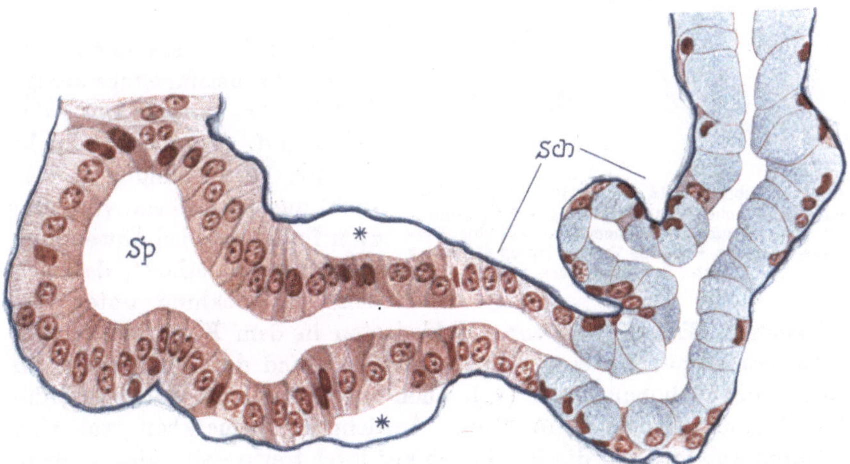

Abb. 10. Submaxillaris. Vergr. 446. *Sp* Speichelrohr. * Übergangsregion. *Sch* Schaltstück.

Übergang ist hier ein ebenso allmählicher, wie in der Grenzregion
zwischen den Speichelröhren einerseits und den interstitiellen Ausführwegen andererseits.

Die schleimige Metamorphose der Gangwerke läßt sich durch Vergleichung der verschiedenen präterminalen Röhrchen in der Submaxillaris leicht verfolgen, während die geeigneten Stellen in der Sublingualis im allgemeinen schwerer aufzufinden sind, da die Verschleimung in dieser Drüse sehr vollständig zu sein pflegt und die vorwiegend serösen Läppchen demgemäß nur selten angetroffen werden. Jedoch ich habe in beiden Drüsen prächtige Bilder der Lobuli minores im Beginne der schleimigen Metamorphose aufgefunden.

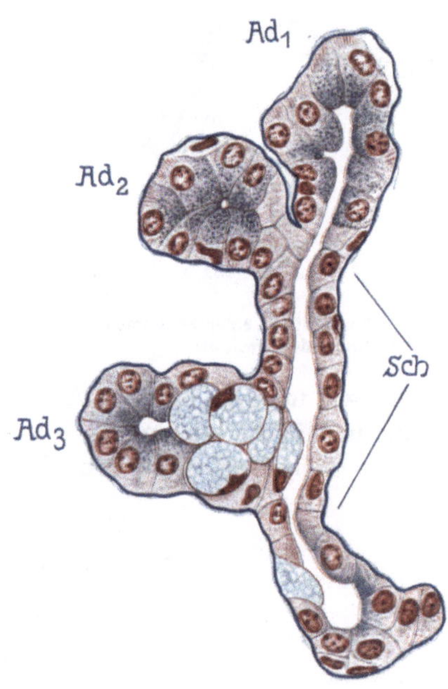

Abb. 11. Submaxillaris. Vergr. 446. Teilstück eines serösen Läppchens mit Beginn der Verschleimung. *Ad₁* und *Ad₂* normale Adenomeren. *Ad₃* eine Endbeere, an deren Basis die Verschleimung eingesetzt hat. *Sch* Schaltstück.

Diese tritt immer in der Peripherie unterhalb der Acini zuerst auf, wie unsere Abb. 11 zeigt, und setzt sich von dort aus oralwärts fort. Sehr demonstrativ sind unter anderem Läppchen, welche in dem nämlichen Gesichtsfelde die Verzweigungen einunddesselben Schaltstückes einerseits im Urzustande, andererseits im Beginne der Verschleimung aufweisen, weil man auf diese Weise dann die Identität der in Rede stehenden Teile unmittelbar vor Augen hat.

Wie Abb. 11 erkennen läßt, treten zunächst nur einige wenige Schleimzellen an der Basis des Acinus auf. Von da ab schiebt sich die Verschleimung in der Richtung basalwärts vor und zwar findet man bei Anwendung unserer Azanmethode, daß sich diese Entwicklung unter verschiedenen Bildern vollzieht. Bald treten in dem Kubenepithel der Schaltstücke nur einzelne Schleimzellen hier und dort auf, welche an Zahl allmäblich zunehmen (vgl. auch unsere Abb. 12), bald wird die Verschleimung sogleich in weiter Ausdehnung bemerkbar, was sich dadurch anzeigt, daß die Epithelien auf ihrer freien Seite über größere Strecken hin angebläut werden. In diesem Falle sind die Kerne vorerst noch rundlich und die Zellen im ganzen niedrig. Nimmt die Verschleimung weiterhin zu, so schwellen die Zellen immer mehr und mehr und der Kern wird gegen ihre Basis gelagert. Erreicht die Verschleimung der präterminalen Gangwerke die Speichelröhren nicht ganz, so erhalten wir die von den Autoren erwähnten kurzen »Schaltstücke«, deren wir bereits gedacht haben.

Auf Grund der vorstehend mitgeteilten Beobachtungen erklärt sich die Tatsache, daß die Submaxillaris des Menschen in verschiedenen Regionen in sehr wechselndem Grade verschleimt ist. Man bekommt aus dieser Drüse leicht Stücke heraus, die nur bei genauestem Nachsuchen einige wenige Schleimzellen erkennen lassen. Andere Stücke weisen wenigstens einige verschleimte Läppchen auf und wieder andere zeigen den viel selteneren Fall einer ausgedehnteren Verschleimung über weite Flächen der Schnitte hin. Demnach ist die Verschleimung in der Submaxillaris des Menschen lediglich ein akzidenteller Vorgang und man kann sich etwa dahin ausdrücken, daß diese Drüse ihrem wesentlichen Charakter nach zu der serösen bezw. amphitropen Gruppe gehört, mit der Maßgabe jedoch, daß ihre präterminalen Ausführwege einer wechselnden, jedoch niemals allgemein werdenden Verschleimung zuneigen.

Da Metzner und sein Schüler Arima die alte Hebold-Stöhrsche Lehre wieder aufgenommen haben, daß die Halbmondzellen als Vorstufen zu den Schleimzellen gehören, so möchte ich nochmals bestimmt feststellen, daß bei meinem Objekte die Halbmonde und die Schleimröhren topographisch verschiedenen Abschnitten des Gangsystemes zuge-

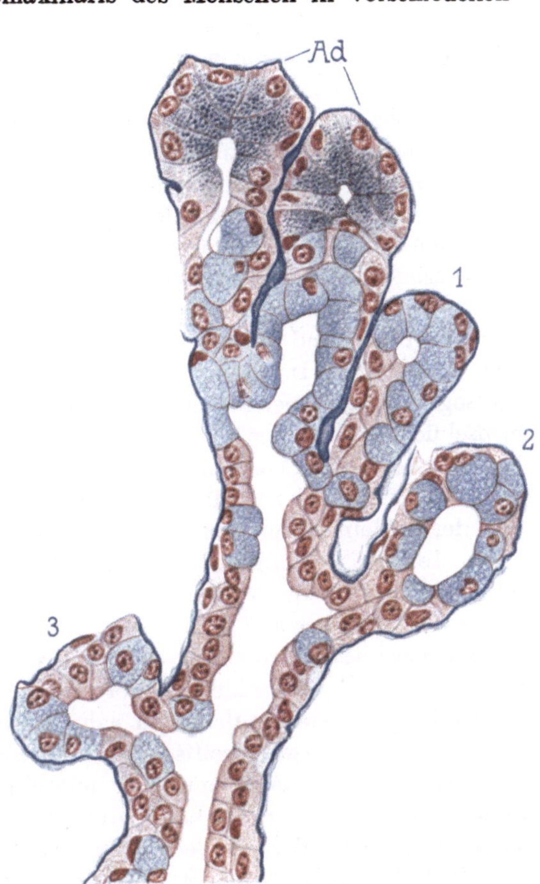

Abb. 12. Submaxillaris. Vergr. 446. Teil eines längeren Schaltstückes mit fünf Auszweigungen. Bei zweien sind die Endknospen *Ad* in den Schnitt gefallen, bei drei anderen (*1—3*) ist das Ende weggeschnitten. Die Verschleimung ist am stärksten ausgeprägt unterhalb der Endbeeren und schreitet von da in der Richtung basalwärts fort. Der weitaus größte Anteil des Schaltstückes ist unverschleimt, bzw. enthält nur vereinzelte Schleimzellen.

hören und miteinander nichts zu schaffen haben. Zwar ergeben die Granula der Halbmonde bei günstiger Anilinblaufärbung eine schwache Schleimreaktion, aber diese ist auch dem »serösen« Gewebe der Submaxillaris zu eigen. Auch treten in den präterminalen Gängen vor der Verschleimung keinerlei albuminoide Vorstufen des Mucins auf und es fehlen ihnen weiterhin, wie ich mit der größten Mehrzahl der neueren Autoren konstatiere, die spezifischen Sekretkapillaren, während sie dem gesamten serösen bzw. amphitropen Gewebe der Submaxillaris und Sublingualis einschließlich der Lunulae eigentümlich sind. Die protoplasmatischen Vorstufen der Schleimzellen werden vielmehr in beiden Drüsen lediglich durch die indifferenten Deckepithelien der Ausführwege vorgestellt und man kann, wenn man will, als Vergleich hierzu, das Verhalten der Schleimabsonderung in den Epithelien des gesamten Magendarmkanales herbeiziehen, da sie auch hier im großen und ganzen lediglich als eine Begleiterscheinung von wechselnder Intensität auftritt. Meiner Erinnerung nach habe ich sogar in den meist vollständig verschleimten Deckepithelien des menschlichen Magens stellenweise schleimfreie, nur mit einem Bürstenbesatze versehene Strecken aufgefunden.

Durch den Nachweis der vollkommenen Identität der Schaltstücke und der Schleimröhren ist nun auch die morphologische Identität der Acini und der Lunulae gesichert. Sobald die präterminalen Gänge in die Verschleimung eintreten, gehen die Acini eo ipso in die Lunulae über und es läßt sich diese Metamorphose auch mit aller wünschenswerten Deutlichkeit einwandsfrei beobachten. Daher kommen auch hunderterlei verschiedene Formen der Lunulae vor, welche sich einerseits den Gestalten der Acini näher anschließen, andererseits in die Formen einer gewissen spezifischen Fortentwicklung übergehen. Lunulae und Acini können daher nunmehr mit einem gemeinsamen Klassennamen belegt werden und so habe ich sie unter Berücksichtigung ihrer entwicklungsphysiologischen Bedeutung bereits in der vorangegangenen Schrift als Adenomeren oder teilbare Drüseneinheiten bezeichnet.

5. Zusammenfassung über die Resultate am ausleitenden Kanalsystem.

1. Die interlobulären Ausführwege der Speicheldrüsen sind durch die Gegenwart der basalen Zellen ausgezeichnet. Diese verlieren sich nur sehr allmählich beim Übergang in die Speichelröhren, so daß eine bestimmte Grenze zwischen diesen beiden Gangabschnitten auf Grund des Merkmales der basalen Zellen nicht angegeben werden kann.

2. Die zylindrischen, das Lumen begrenzenden Zellen der Ausführwege zeigen gleich denen der Speichelröhren in ihren basalen Teilen die Stäbchenstruktur.

3. An den Speichelröhren der Submaxillaris wurde eine sehr auffallende Knotung oder Kammerung bzw. eine Rosenkranzform der Gänge aufgefunden. Die Einzelkammern sind sehr unregelmäßig gestaltet und auch von sehr verschiedener Größe. Sie stehen untereinander durch bald weite, bald schmale Öffnungen in Zusammenhang, welche gelegentlich bis auf die Breite eines Zellenkernes reduziert sein können. Oft sind die Seitenäste der Speichelröhren an ihrer Basis von dem voraufgehenden Gange durch eine tiefe Einschnürung abgesetzt. In der Richtung basalwärts, an den interlobulären Gängen, schwindet die Kammerung allmählich; in entgegengesetzter Richtung kann sie bis zur Grenze der Schaltstücke gut ausgebildet sein, was aber nicht immer zutrifft.

4. Die Knotung oder Kammerung hängt offenbar mit besonderen entwicklungsgeschichtlichen Vorgängen zusammen, denn sie wurde von Laguesse beim Embryo des Schafes in der Entwicklung des Pankreas in weitester Ausdehnung auf gewissen Stadien beobachtet.

5. Die Schleimröhren der Submaxillaris und der Sublingualis gehen aus der sekundären Verschleimung der Schaltstücke hervor. Diese beginnt in der Peripherie an der Basis der Acini und setzt sich in der Richtung auf die Speichelröhren fort.

6. Bei der Submaxillaris ist die Verschleimung lediglich akzidentell, bald mehr bald weniger ausgebildet. Auch verschleimt meist nicht das ganze Schaltstück, sondern es bleibt vor den Speichelröhren ein gewisser Teil im ursprünglichen Zustande bestehen.

7. Bei der Sublingualis findet sich die Verschleimung in größter Ausdehnung. Die Zahl der serösen, nur teilweise verschleimten Läppchen ist der Regel nach gering. Auch betrifft die Verschleimung meist das ganze Schaltstück zwischen Speichelrohr einerseits und den Halbmonden andererseits.

8. Infolge der Verschleimung der präterminalen Gänge gehen die Acini in die Form der Lunulae über. Demgemäß finden sich die sämtlichen Übergangszustände zwischen den Acini einerseits und den Lunulae andererseits. Beiderlei Bildungen müssen als schlechthin identisch angesehen werden.

9. Acini und Lunulae befinden sich an dem Geäste der Drüsen gleicherweise in endständiger Lage, also in der Lage von Scheitelknospen. Wir fassen sie unter dem Namen der Adenomeren zusammen, da sie zu den teilungsfähigen Histomeren des Körpers gehören und bei dem synthetischen Aufbau der Drüsen während der Entwicklung eine durchaus hervorragende Rolle spielen, wie der nächste Abschnitt zeigen wird.

6. Die teilungsfähigen Drüseneinheiten oder Adenomeren.

a) Die serösen Acini.

Seitdem Maziarski verdienstlicherweise eine größere Reihe von Drüsen des menschlichen Körpers an der Hand von Plattenmodellen untersucht hat, sind uns auch die äußeren Formen der Speicheldrüsen näher bekannt geworden. Aber ich bin verpflichtet hinzuzufügen, daß der Autor bei der Darstellung der serösen Drüsenläppchen in gewisser Weise schematisiert hat. Es ließ sich das nicht anders machen. Denn in Wahrheit liegen die Endbeeren ungemein dicht beieinander und sind innerhalb der Läppchen nur durch ein sehr geringes Bindegewebe voneinander getrennt, während man, um ein brauchbares Modell zu erhalten, zwischen den Beeren einigermaßen breite Zwischenräume haben muß. Der Autor hat diese Zwischenräume gewonnen, indem er die oft stark gegeneinander abgeplatteten Beeren abrundete und dabei auch offenbar die größeren unter ihnen etwas verkleinerte, so daß nun die Acini im ganzen gleichartiger erscheinen, als dies wirklich der Fall ist. Doch fehlen bei Maziarski durchaus nicht alle Einzelangaben über besondere Formen der Acini. Bei der Beschreibung der Submaxillaris des Menschen z. B. sagt der Autor, die Endbeeren seien in der Größe sehr verschieden, der Form nach gewöhnlich kugelig oder schwach oval gestaltet, manchmal auch unregelmäßig infolge des Seitendruckes der Nachbarn usf.

Wegen der Kleinheit der Drüsenbeeren und der starken Wölbung ihrer Oberfläche ist es nun überhaupt sehr schwierig, durch das Studium der Schnitte, sei es mit oder ohne Plattenmodell, eine genauere Vorstellung über die Form der Acini sich zu verschaffen. Ich habe daher versucht die Drüsenläppchen durch Isolation darzustellen, eine Aufgabe, die nicht ganz leicht ist, bin aber bei einer Parotis vom Hunde vom Glück begünstigt gewesen. Es gelang mir vor vielen Jahren durch Fixierung in Trichloressigsäure, Aufkochen in destilliertem Wasser und Aufbewahren in 10%igem Alkohol erhebliche Teile dieser Drüse in einen Zustand zu versetzen, in welchem sie sich durch Zerschütteln in zahllose Läppchen von etwa Hirsekorngröße auflösen ließen. Diese konnten nun unter dem Deckglas mit Leichtigkeit weiterhin zertrümmert werden und erwiesen sich dabei als Lobuli majores, d. h. als solche Läppchen, welche im Inneren durch ein gemeinschaftliches System verästigter Speichelröhren zusammengehalten werden. Die kleineren Trümmer des Präparates, welche ein traubenförmiges Aussehen hatten, entsprachen den Lobuli minores oder Teilen von solchen. Die Oberfläche dieser Träubchen ließ nun die Form der Drüsenbeeren bei starker Vergrößerung in trefflicher Weise erkennen und wir haben versucht, ein solches Objekt in unserer Abb. 13 wiederzugeben. Wie man sieht, sind die Beeren von verschiedener Größe, die einen viele Male so groß wie die anderen. Außerdem sind sie aber auch in der Form stark verschieden, denn es finden sich rundliche, rundlich eckige, ovale, vor allen Dingen aber auch solche Formen, welche oberflächlich in verschiedener Weise eingeschnitten oder eingefurcht sind und sich auf diese Weise als Mehrlingsbildungen zu erkennen geben.

Die Acini dieser letzteren Art erweisen sich als in außerordentlichem Grade formenreich. Teils handelt es sich um Gebilde, welche bei erhaltener Gesamtform nur leichte Einfurchungen an der Oberfläche aufweisen, teils wiederum finden wir komplizierte Gestaltungen mit deutlich hervortretender Lappung oder Buckelung und tief einschneidenden Furchen. Eine einzelne Abbildung kann aber unmöglich die verschiedenen Variationen der Drüsenbeeren in genügendem Grade illustrieren. Erst wenn man ein derartiges Isolationspräparat mit seinen Hunderten von Bruchstücken kleiner Drüsenläppchen aufmerksam durchmustert hat, gewinnt man eine zureichende Vorstellung von dem außerordentlichen Formenreichtum der Acini. Wir kommen mithin zu dem Resultate, daß die Isolationspräparate in leichter Weise massenhafte, unzweideutige Mehrlingsbildungen erkennen lassen, und, wie

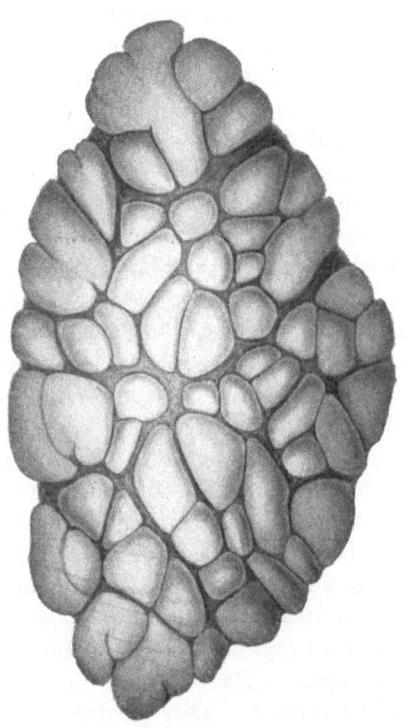

Abb. 13. Parotis vom Hunde. Isoliertes Drüsenläppchen von der Oberfläche her gesehen. Vergröß. 448. Verschiedene Form und Größe der Drüsenbeeren, welche zum Teil als Mehrlingsbildungen auftreten.

in anderen gleichartig gelagerten Fällen, schließen wir daraus, daß den Mehrlingsbildungen teilbare gewebliche Systeme besonderer Art, hier also besondere vermehrungsfähige Drüseneinheiten oder Adenomeren zugrunde liegen.

Während also die Acini bisher fast ausschließlich unter dem Gesichtspunkte der Funktion untersucht wurden, betrachten wir sie nunmehr zum ersten Male in eingehender Weise als Objekte der Entwicklung, als teilungsfähige Organe, welche in der Form spezifischer Scheitelknospen das gesamte Geäste der wachsenden Drüse bedecken und bei unvollständiger Teilung jene beobachteten Mehrlingsbildungen liefern. Letztere können zugleich als Hemmungsbildungen bezeichnet werden, indem sie nämlich im allgemeinen den fixierten Teilungszuständen der Scheitelknospen entsprechen.

Die Untersuchung auf Schnitten gestaltet sich vergleichsweise schwierig. Der Grund hierfür ist die Kleinheit der Acini, die starke Wölbung ihrer Oberfläche, die Variabilität ihrer Zusammensetzung und nicht zum wenigsten die besondere Mannigfaltigkeit ihrer Durchschnittsfiguren, welche sich mit Notwendigkeit aus der wechselnden Schnittrichtung ergibt. Brauchbar für die Untersuchung und Illustration sind in erster Linie die axialen Durchschnitte, welche zugleich mit der Adenomere das Lumen des präterminalen Drüsenzweiges, also des Schaltstückes zeigen. Letztere liegen wegen der starken winkligen Brechung ihrer Astwerke nur selten über größere Strecken hin im Schnitt und man kann vollauf befriedigt sein, wenn das Lumen des ableitenden Kanälchens so weit sichtbar ist, daß dadurch zugleich die Achse der Adenomere in der Richtung von ihrem Scheitelpunkte bis zu ihrer Basis bestimmt wird (z. B. Abb. 15). Fast alle meine Abbildungen zeigen derartige axiale Schnitte. In zweiter Linie sind für die Untersuchung auch solche Durchschnittsfiguren geeignet, welche die Achse der Drüsenbeere in transversaler Richtung durchqueren; aber ich muß hinzufügen, daß die Bilder dieser Art, wenn es sich um Mehrlingsbildungen handelt oft schon recht schwer auflösbar sind. Daher wird man auf die Mitbenutzung von schiefen Durchschnitten, welche noch bei weitem schwieriger sind, gern ganz verzichten.

Ich verweise zunächst auf das Objekt unserer Abb. 14, welches in der Schnittserie mikroskopiert wurde und ein in allen Teilen einwandfreies Bild ergab. Man sieht hier ein Schaltstück mit mehrfachen Verzweigungen. Das Lumen des Hauptstämmchens lag allerdings im Nachbarschnitte, aber in der Richtung peripheriewärts kam dasselbe an allen Endästchen zum Vorschein und wir sind unter Mitbenutzung der Nachbarschnitte in der Lage bestimmt aussagen zu können, daß die zugehörigen Drüsenbeeren überall annähernd parallel ihrer Hauptachse durchschnitten wurden.

Betrachten wir die Acini der Reihe nach, so bemerken wir eine durchaus typische Formengebung. Bei 1 haben wir ein Gebilde von gedrückter Gestalt, welches sich in charakteristischer Weise nach beiden Seiten hin hervorwulstet. Das gleiche Verhalten tritt bei der nächsten Drüsenbeere, welche mit den Ziffern *2 + 3* bezeichnet ist, noch deutlicher hervor; hier ist die seitliche Ausladung bei weitem größer und es fand sich außerdem eine geringe oberflächliche Einfurchung. Sicher ist dies Gebilde zweiteilig, vielleicht sogar dreiteilig, was sich jedoch nicht feststellen ließ, da die genaue Verfolgung des Lumens und seiner Auszweigungen nicht möglich war. Bei den beiden folgenden Drüsenbeeren (*4 + 5* und *6 + 7*) handelte es sich ferner um zwei fast ganz gleichartig geformte Bildungen und zwar sicherlich um Zwillingsfiguren. Der Körper *4 + 5* zeigte ebenso wie *6 + 7* im Nachbarschnitte eine tiefe Einfurchung entlang der Symmetrieebene und zugleich die entsprechende Gabelung des Lumens (siehe in *B* den Nachbarschnitt zu *6 + 7*). Bei *8 + 9* sieht man den Teilungsvorgang vollendet und an Stelle einer großen Drüsenbeere, deren längste Ausdehnung zuvor senkrecht zur Achse des präterminalen Ganges orientiert war, stehen nunmehr deren zwei entsprechend kleinere.

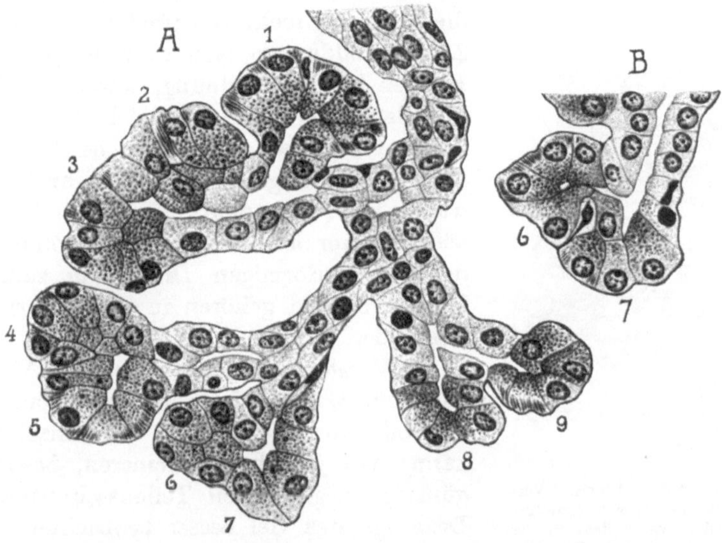

Abb. 14. Submaxillaris. Vergr. 446. Teil eines serösen Läppchens mit den Adenomeren. Bei *8—9* monomere Adenomeren. Bei *1* transversales Wachstum der Adenomere. Bei *2 + 3, 4 + 5, 6 + 7* dimere Formen bzw. fixierte Teilungszustände.

Betrachtet man den Teilungswinkel des Schaltstückes bei *8* und *9*, so gewahrt man in demselben eine hellere Zelle indifferenter Natur von der nämlichen Beschaffenheit, wie die Kubenzellen des präterminalen Ganges. Sie liegt genau in der Tiefe der Einfaltung zwischen den beiden kleinen Adenomeren und scheidet diese voneinander. Tatsächlich gehört sie zu dem ausleitenden Gangsystem und räumlich gedacht entspricht sie einer Folge von mehreren Zellen, welche in der Tiefe der Trennungsfalte zwischen den benachbarten Drüsenbeeren liegend nach vorwärts und rückwärts hin den Anschluß an das Epithel des Ausführungsganges gewinnen. Diese indifferenten Zellen finden sich häufig auch in den Zwillingsbildungen, also in Fällen, wo die Basalmembran der von außen her eindringenden Einfurchung noch nicht gefolgt ist, sondern glatt über letztere hinweg geht (Abb. 31). Sie erscheinen dann unter dem Bilde der bekannten zentroacinären Zellen, wie sie beim Pankreas allgemein bekannt sind. Später werden wir Gelegenheit haben, auf diesen Punkt noch ausführlicher zurückzukommen.

Darf ich noch einmal das wesentliche aus der vorstehenden Beschreibung unserer Abb. 14 hervorheben, so ist es erstlich in dem Umstande enthalten, daß die Drüsenbeeren die Neigung zeigen, in einer Richtung transversal zur Achse des präterminalen Drüsenzweiges sich zu verbreitern und dann zweitens sich entsprechend der Symmetrieebene in zwei Tochterindividuen zu zerlegen. Wird die Zerlegung nicht vollständig, so entstehen Zwillingsbildungen oder eventuell polymere Formen höherer Ordnung, wenn mehrfache unvollständige Teilungen sich folgen. Es leuchtet ein, daß wir in den beschriebenen Mehrlingsbildungen, wie schon angedeutet wurde, fixierte Stadien der ausgehenden Entwicklung vor uns haben. Diese kommen in den traubenförmigen Drüsen in zahlloser Menge vor und gehören zu ihrem normalen Bestande.

In Vorstehendem hatte ich an Abb. 14 angeknüpft, weil wir in ihr ein schönes Gesamtbild vor uns haben. Die Einzelheiten kann man jedoch an kleineren, besonders günstig ausgewählten Teilausschnitten des Drüsengeästes viel besser beobachten.

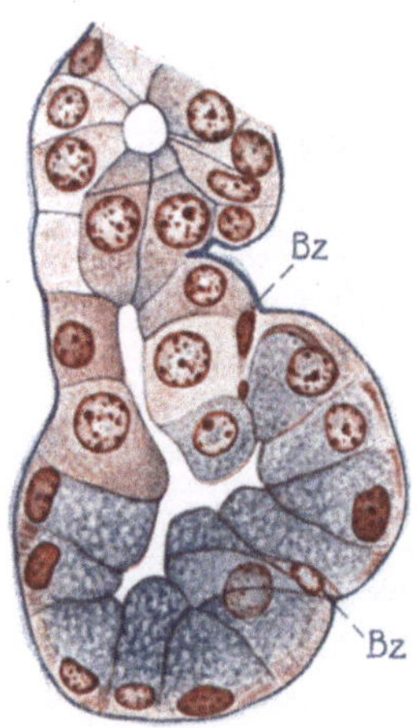

Abb. 15. Submaxillaris. Vergröß. 635. Bei *Bz* Bindegewebszellen; die untere liegt in der Symmetrieebene der Teilungsfigur.

Ich lege zunächst dem Leser unsere Abb. 15 vor, welche ein typisches Zwillingsgebilde oder eine »Dimere« in den prächtigen Farben des Originalpräparates zur Darstellung bringt. Hier fällt zunächst die Basalmembran auf, welche das epitheliale System im ganzen einscheidet und die Drüsenbeere als eine einheitliche Bildung erscheinen läßt, obwohl der Struktur nach bereits eine Zweiteilung vorliegt. Weiterhin sind die folgenden bereits besprochenen Eigenschaften gut kenntlich: erstlich die Verbreiterung der Drüsenbeere in einer Richtung (nahezu) transversal zur Achse des ausleitenden Kanales, zweitens die Gabelung des Lumens entsprechend den Halbteilen der Zwillingsbildung und drittens deren äußerliche Trennung durch eine Einfurchung, welche als eine geringe Kerbe am Scheitelpunkte der Figur kenntlich wird. Hierzu tritt noch eine weitere Einzelbeobachtung: wir bemerken nämlich je eine besondere schmale Zelle (*Bz*) einerseits in der präsumptiven

Trennungsebene der beiden Tochterindividuen und andererseits zwischen Adenomere und Schaltstück dort, wo das sezernierende Epithel sich von außen her auf das Schaltstück aufgelagert hat. Diese besonderen Zellen, welche ich, um nichts zu präjudizieren, als Schaltzellen bezeichnen möchte, sind in gleicher Lagerung befindlich wie die Korbzellen der Autoren und, nach dem Verhalten auf unseren feinen Schnitten zu urteilen, handelt es sich um Bindegewebszellen. Diejenige, welche in der Symmetrieebene (besser: Äquatorialebene) der Teilungsfigur aufgetreten ist, halte ich für den Vorläufer der Basalmembran. Ihre Erscheinung an diesem Orte beweist, daß ebendort die zwischen den benachbarten Epithelzellen gewöhnlicherweise vorhandenen Interzellularbrücken sich bereits zurückgebildet haben. Die Teilung der Adenomere befindet sich demnach bereits in einem fortgeschrittenen

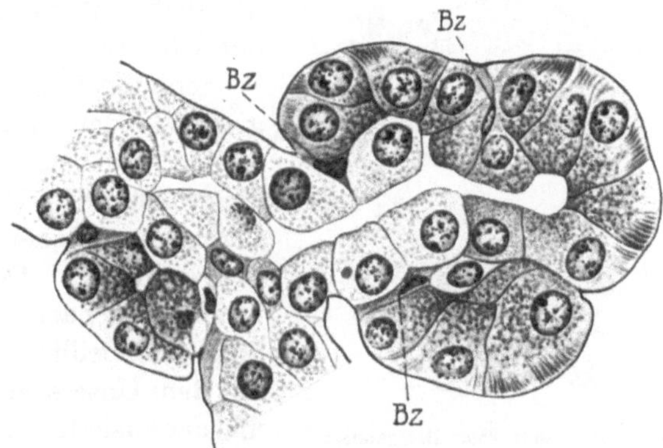

Abb. 16. Submaxillaris. Vergr. 635. Drillingsende. Überwallung des Schaltstückes. Bei *Bz* Bindegewebszellen.

Stadium und das Eintreten der Bindegewebszelle in die Symmetrieebene der Teilungsfigur ist das Merkzeichen der bevorstehenden vollständigen Sonderung der Tochteradenomeren.

Zur Frage der Bindegewebszellen lege ich weiterhin in Abb. 16 ein Drillingsende vor. Die allgemeinen Verhältnisse dieses Objektes sind wie folgt zu verstehen: die am Scheitelpunkte der Figur liegende Unterabteilung ist axial, die beiden anderen sind extraaxial geschnitten; ferner sind die infolge der mehrfachen, wenngleich unvollständigen Teilung der Adenomere stark vermehrten Zellmassen in seitlicher Richtung hervorgequollen und haben das Ende des präterminalen Ganges überwallt. Die Ausbreitung der wuchernden Drüsenzellen geht also, wie früher schon hervorgehoben wurde, in erster Linie transversal zur Achse des präterminalen Drüsenzweiges, in zweiter Linie aber auch in der Richtung basalwärts, indem sich die sezernierenden Epithelzellen dem Schaltstück von außen her auflagern. Dadurch

werden, wie man sieht, einige Zellen der Gänge (Zellen des Schaltstückes) in den »Acinus« aufgenommen und erscheinen nun als »zentroacinäre« Zellen. Dieses beschriebene Bild ist ungemein typisch; typisch
besonders die seitliche und weiterhin nach abwärts (oralwärts) gerichtete
Ausbreitung der wuchernden Drüsenzellen.

Was nun die in Frage stehenden flach geformten Schaltzellen (*Bz*)
anlangt, so sieht man die eine zwischen den beiden in der Figur nach
aufwärts gelegenen Abteilungen des Drillings, über welche die Basalmembran glatt hinwegzieht. Zwei andere befinden sich genau an den
Stellen der Überwallung des präterminalen Ganges, zwischen diesem
einerseits und den Drüsenepithelien andererseits. Auffallend ist dabei,
daß die Basalmembran an den letzteren beiden Stellen nicht ein-
gefaltet ist, sondern in ober-
flächlicher Weise über den Ort
der Überwallung hinwegzieht.

Schließlich bitte ich vorausgreifend den Halbmond der
Abb. 17 zu betrachten, welcher
eine vollständige Parallele zu der
vorher besprochenen Figur erkennen läßt. Denn es liegt
wiederum, nach Ausweis der
Serie, ein Drillingsende vor, nur
mit dem Unterschiede, daß diesmal der ausleitende präterminale
Gang verschleimt ist. Wegen der
starken Überwallung des letzteren befinden sich einige Schleim-

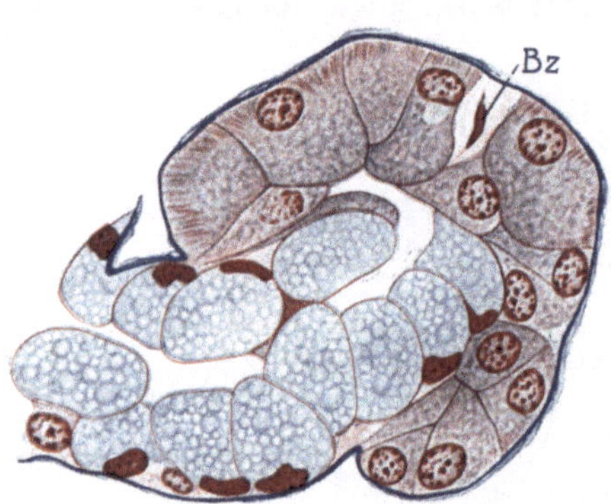

Abb. 17. Submaxillaris. Vergr. 635. Dreigeteiltes
Zweigende mit Intubation des Schleimrohres in
den Halbmond. Bei *Bz* eine Bindegewebszelle
zwischen zwei Teilmonden.

zellen in der Lage von zentroacinären Zellen und die serösen Zellen
bilden insgesamt einen »napfförmigen« Halbmond. Von den drei Unterabteilungen ist die nach oben gelegene annähernd axial, die scheitelwärts gerichtete und die untere nur tangential angeschnitten, was der
Deutlichkeit des Bildes abträglich ist. Zwischen den beiden oberen
Abteilungen sieht man nun in einer Schrumpfungslücke ein flach ge-
formtes stark gefärbtes Schüppchen liegen (*Bz*), welches hier wie in
vielen anderen ähnlichen Fällen als eine interepitheliale Bindegewebszelle zu deuten ist. Der Kern solcher Zellen ist meist abgeflacht, stark
färbbar und von dem ebenfalls stark gefärbten Plasma manches Mal
nicht deutlich zu unterscheiden. An den Überwallungsstellen waren
diesmal die eingeklemmten Bindegewebszellen nicht zu bemerken.

Ich habe die Schaltzellen an den beiden typischen Orten, in der
Trennungsebene der Tochteradenomeren einerseits und andererseits
dort, wo das basalwärts sich vorschiebende Drüsenepithel über den

ausleitenden Gang hinüberwächst, recht häufig gefunden. Aber eine Konstanz des Vorkommens konnte bisher nicht festgestellt werden. Ich vermute jedoch, daß, wenn es gelingt, eine hervorhebende Färbung für diese Zellenart aufzufinden, sie sich aller Wahrscheinlichkeit nach dem Auge in sehr viel größerer Zahl darbieten werden. Ich nehme einstweilen ihre Identität mit den in gleicher Lage befindlichen Korbzellen der Autoren an, obwohl es sehr auffallend ist, daß sie an anderen Stellen als' an den beiden erwähnten charakteristischen Orten auf unseren Schnittpräparaten nicht aufgefunden werden konnten.

Was den Teilungsvorgang der Adenomere anlangt, so muß nach den vorkommenden Bildern vorläufig dahin geurteilt werden, daß 1. eine Wucherung und seitliche Ausbreitung der Epithelzellen statthat und daß 2. die hochgeformten Drüsenepithelien in der Trennungsebene der Tochteradenomeren teilweise »gespalten« werden (**Epithelioschise**), wodurch dann 3. das Eindringen der Bindegewebszellen und die Anlage der Basalmembran an gleichem Orte sich erklären würde. Eine nähere Vorstellung über die Teilungsvorgänge kann sich erst ergeben, wenn wir unser gesamtes Material vorgelegt haben werden.

Schließlich noch ein Wort über die Häufigkeit des Vorkommens der Mehrlingsbildungen unter den serösen Adenomeren. Was die Dimeren und Trimeren anlangt, so wurden sie in der Submaxillaris in großer Zahl getroffen; aber auch die komplizierten vielteiligen höheren Homologen der einfachen Drüsenbeeren konnten öfters beobachtet werden. Letztere sind jedoch von so verwickeltem Bau, daß sie einer genaueren Untersuchung sehr schwer zugängig sind. Was die Sublingualis anlangt, so war sehr auffallend, daß in den sparsam eingestreuten serösen Läppchen dieser Drüse die mehrteiligen Formen aller Arten ungemein häufig sind und daß unter diesen sehr viele hochkomplizierte Formen vorkommen.

b) Zusammenfassung über die Acini.

1. Kleinere Teile der Drüsenläppchen von einer Parotis des Hundes ließen im isolierten Zustande ohne weiteres die wechselnde Form und Größe der Acini erkennen. Die größeren Drüsenbeeren zeigten allerhand oberflächliche Einfurchungen und erwiesen sich auf diese Weise schon bei äußerer Betrachtung als Mehrlingsbildungen.

2. Untersucht man die Acini der Submaxillaris im axialen Schnitte, so findet man, daß sie ein Bestreben haben, in seitlicher Richtung, transversal über die Achse des präterminalen Drüsenastes, sich zu verbreitern. Die größeren dieser Bildungen sind ferner häufig in der Symmetrieebene eingefurcht und erweisen sich dadurch deutlich als Zwillingsbildungen. Diese kommen in größerer Zahl in der normalen

Drüse vor und sind nichts anderes als fixierte Stadien der ausgehenden Entwicklung, in specie fixierte Teilungszustände. Neben den Zwillingen kommen auch Drillinge und Vierlinge vor, ferner die durch mehrfache unvollständige Teilung entstandenen Polymeren oder Homologen der höheren Ordnungen. Diese ergeben komplizierte Schnittbilder, sind aus diesem Grunde nur schwierig zu untersuchen und haben mir weder in der Submaxillaris noch in der Sublingualis übersichtliche Bilder ergeben.

3. Da bei der Größenzunahme der Acini die Ausbreitung der Zellenmasse durchaus nicht in der Richtung scheitelwärts, sondern lediglich in der seitlichen Richtung erfolgt, so pflegen bei den größeren mehrteiligen Bildungen die Drüsenepithelien allmählich das Ende des präterminalen Ganges zu umfassen (Umwallung). Hierdurch werden die letzten Gangzellen gewissermaßen in den Acinus hineinverlegt und sie erscheinen dann als »zentroacinäre« Zellen. Die Basalmembran pflegt glatt über dieses ganze epitheliale System hinwegzuziehen.

4. Zwischen Basalmembran und Drüsenzellen treten gewisse Bindegewebszellen, Schaltzellen, auf, welche wahrscheinlich mit den Korbzellen der Autoren identisch sind. Diese findet man an typischen Orten, nämlich erstlich in der Symmetrieebene der Teilungsfigur bzw. in der Trennungsebene der Tochteradenomeren und zweitens in dem Spaltraum, welcher bei mehrteiligen Figuren zwischen dem Überwallungsringe einerseits und dem präterminalen Gange andererseits gelegen ist. Die in der Trennungsebene auftretende Zelle kann als der Platzmacher der Basalmembran angesehen werden, deren Auftreten die vollständige Scheidung der Tochteradenomeren herbeiführen würde.

c) Die Halbmonde oder Lunulae.

aa) Einleitung.

Halbmonde und Acini sind nach unseren Auseinandersetzungen lediglich zwei verschiedene Spielarten der Adenomeren. Beide Objekte sind überall gleicherweise in entwicklungsphysiologischer Hinsicht als die wachsenden Scheitelknospen der Drüsenzweiglein zu betrachten und sie zeigen daher in ihrem morphologischen Verhalten prinzipielle Übereinstimmung. Aber es verlohnt sich dennoch aus der Besprechung der Lunulae ein besonderes Kapitel zu machen und zwar aus einem doppelten Grunde. Erstlich sind sie ungemein viel leichter zu beobachten als die serösen Acini und man kann daher aus ihrem genauen Studium auch sehr viel leichter ein reiches Material über die Natur der teilungsfähigen Drüseneinheiten, über ihre Formengebung, ihr Wachstum und ihre Übergänge in polymere Bildungen gewinnen, und zweitens kommen ihnen im Verhältnis zu den serösen Acini auch eine Reihe spezifischer Merkmale zu, welche besonders besprochen werden müssen.

Was die Beobachtungsmöglichkeit anlangt, so heben sich zunächst die Halbmonde in scharfer Weise von den verschleimten Schaltstücken ab und man hat daher das Untersuchungsobjekt immer in einer sehr bestimmt begrenzten Form vor sich; weiterhin ist das ableitende Schleimrohr im Verhältnis zu den Schaltstücken sehr viel breiter und meist mit einem weiten Lumen versehen, was zur Folge hat, daß man von den halbmondförmigen Adenomeren in leichter Weise die axialen Schnitte erhält, bzw. imstande ist, solche in größerer Zahl ausfindig zu machen. Man gewinnt mithin von den Halbmonden ohne besondere Mühe viele Objekte, welche scharf begrenzt und bestimmt im Raume orientiert sind.

Was die beiden untersuchten Drüsen anlangt, so ist die Submaxillaris, weil in ihr die verschleimten Teile von geringerer Ausdehnung sind, zweifellos bei weitem ungünstiger als die Sublingualis und daher bezieht sich die Mehrzahl meiner Beobachtungen auf die letztere Drüse. Ich füge jedoch hinzu, daß die Übereinstimmung der Befunde hier und dort im Prinzip eine ganz und gar vollständige ist.

bb) Monomere Lunulae.

Unseren Ausgang nehmen wir nunmehr von unserer Abb. 18, an welcher erkennbar ist, daß bei der Verschleimung der Schaltstücke die Adenomeren gelegentlich die primitive Beerenform bewahren. Derartige Beispiele findet man viele, sowohl in der Submaxillaris wie in der Sublingualis. Da nun das Schaltstück bei der Verschleimung sehr wesentlich an Querschnitt zunimmt, so besteht die nächste und gewöhnlichste Veränderung darin, daß die Beerenform der Acini aufgehoben wird, welche ja durch die dünne stielartige Beschaffenheit des unveränderten Schaltstückes sehr wesentlich mitbedingt ist. Die Adenomere wird in diesem Falle an ihrer Basis gewissermaßen aufgebogen und bildet nunmehr lediglich den blinden kuppelartigen Abschluß am Ende des Schleimrohres. So sehen wir es in Abb. 19 von

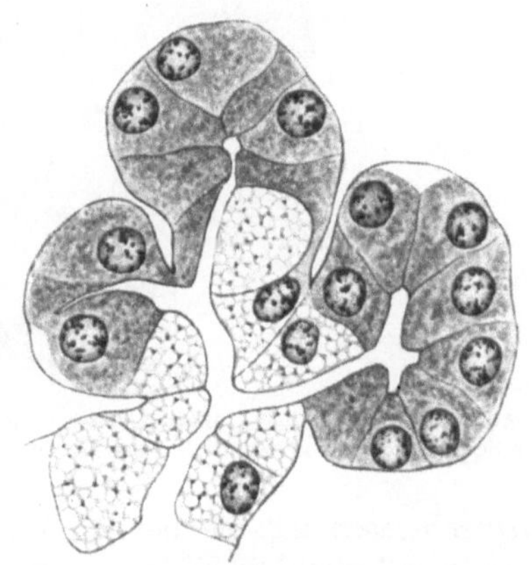

Abb. 18. Sublingualis. Vergr. 635. Schleimtubulus mit drei Adenomeren oder Endknospen, welche noch nicht in die Form der Lunulae übergegangen sind.

der Submaxillaris bei *1* und *5*. Dies sind die einfachsten Formen der Halbmonde. Tritt nun eine Zellvermehrung ein, so beginnen die Monde, sich in einer Richtung transversal zur Achse des Schleimrohres auszubreiten und, wenn die Zellvermehrung erheblich ist, so umgreifen sie das Ende des Schleimrohres, woraus dann die typischen Formen hervorgehen.

In Abb. 20 und 21 sieht man von der Submaxillaris zwei dieser charakteristischen Bilder, welche in den Speicheldrüsen in zahlloser Menge vertreten sind, ein ähnliches ferner von der Sublingualis in Abb. 22. Die transversale Ausdehnung der Adenomere fällt ohne weiteres ins Auge und ist auch an der queren Ausziehung ihres Lumens erkenntlich. Man sieht auch leicht ein, daß, wenn ein Wachstum der Endbeere in der Verlängerung des terminalen Drüsenzweiges

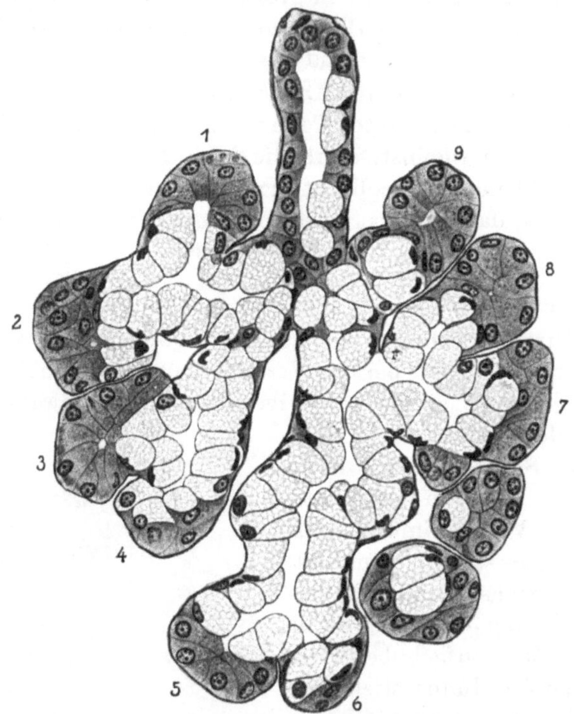

Abb. 19. Submaxillaris, Mensch. Vergr. 356. Axialer Schnitt durch ein Drüsenläppchen. Das Schaltstück ist größtenteils verschleimt. Die Halbmonde (*1—9*) sind sämtlich endständig.

ausgeschlossen ist, sie bei stärkerer Zellvermehrung sich in der Richtung basalwärts ausdehnen und das Ende des Schleimrohres von außen her umhüllen muß. Von der Seite des Schleimrohres aus betrachtet nimmt es sich so aus, als sei dasselbe in den Acinus hineingestülpt worden. Ursprünglich glaubte ich diese anscheinende Intubation darauf zurückführen zu müssen, daß das Schaltstück bei völliger Verschleimung nicht nur an Querschnitt, sondern auch an Länge erheblich gewinnt, und ich stellte mir demgemäß vor, daß die Endbeere durch Pressung zu einem kugelschalenförmigen Gebilde umgestaltet wird. Es mag sein, daß ein auf diese Weise sich ableitender Gewebedruck bei der Erklärung der Form der Lunulae mit in Frage kommt. Für wichtiger halte ich aber die Erkenntnis, daß das eigene Wachs-

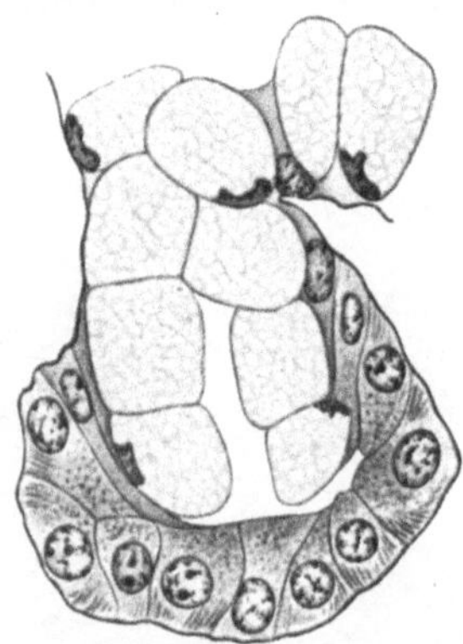

Abb. 20. **Submaxillaris. Vergr. 635. Großer Halbmond mit Invagination des Schleimrohres. Die Lage der eingeklemmten Zellen ist deutlich zu ersehen, ebenso die Form der Randfalte.**

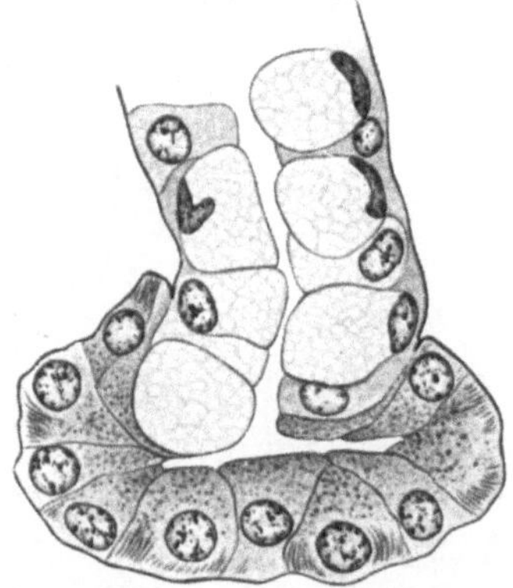

Abb. 21. **Submaxillaris. Vergr. 635. Der Halbmond ist stark in der Richtung der Transversalen verbreitert. Mäßige Invagination.**

tumsbestreben der Lunulae auch bei reichlichster Zellvermehrung lediglich zu einer Ausbreitung ihrer Masse in der Richtung senkrecht zur Achse des präterminalen Drüsenzweiges führt.

Somit gleicht die Lunula anfänglich einem Gewölbe, welches mit seinem freien Rande sich dem Ende des Schleimrohres verbindet, während später bei weiterem Wachstum jenes Gewölbe das Ende des Schleimrohres zu umfassen bestrebt ist. Dies geschieht in extremen Fällen mitunter deutlich in der Weise, daß der Rand der Lunula eine nach außen hervortretende Falte bildet (Randfalte), welche sich auf die Außenfläche des Schleimrohrendes auflagert. Hierbei ist das Verhalten der Basalmembran besonders bemerkenswert. Denn der basalwärts fortschreitende Rand der Lunula hebt die Basalmembran ausnahmslos von dem Ende des Schleimrohres ab, so daß nun mehrere epitheliale Formationen direkt übereinander zu liegen kommen, wie es das umstehende Schema andeutet (Abb. 23;

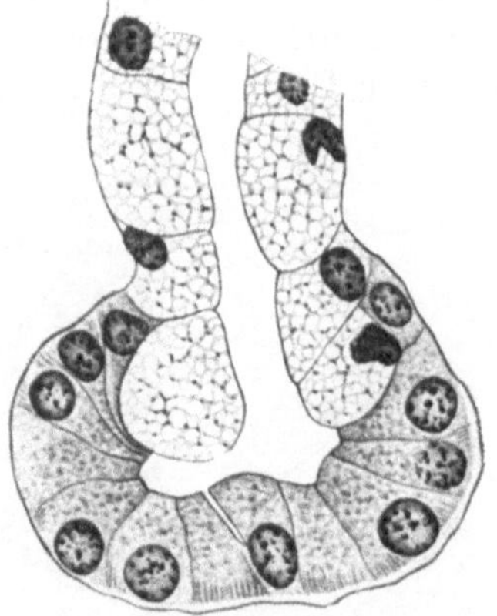

Abb. 22. **Sublingualis. Vergr. 635. Halbmond mit beginnender Breitenentwicklung, was auch an der queren Ausdehnung des Lumens erkenntlich ist. Mäßige Invagination.**

vgl. auch die Abb. 16 von der Submaxillaris). Man hat im typischen Falle an der Stelle der Faltung entsprechend der Form der Intubation drei übereinanderliegende Epithellamellen, nämlich außen die des Halbmondes, innen die des Schleimrohres und in der Mitte ein Häutchen platter, dünner, indifferenter Zellen, welche den Eindruck machen, als seien sie zwischen die serösen und Schleimzellen eingeklemmt. Die Form der

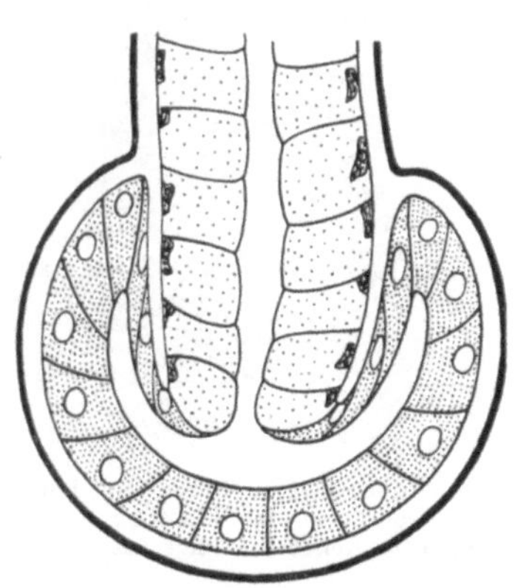

Abb. 23. Schema eines Halbmondes mit Randfalte und Überwallung des Schleimrohres. Die Basalmembran umgibt das Konvolut in kontinuierlichem Zuge. Vgl. Abb. 24.

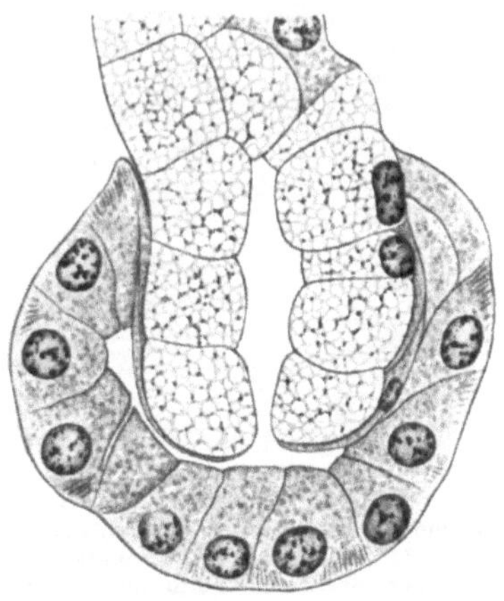

Abb. 24. Sublingualis. Vergr. 635. Fingerhutförmiger Halbmond mit Intubation des Schleimrohres und deutlicher Randfalte.

gemeinten Falte erkennt man mehr oder weniger gut an mehreren unserer Abbildungen, wobei in Rechnung zu ziehen ist, daß ihre typische Ausbildung immer ein besonderer Einzelfall sein wird, der dem Ende einer ganzen Formenreihe entspricht. Jedoch wird man in den Präparaten selbst immer viele Bilder finden, die wenigstens mit Annäherung dem vorgestellten Schema entsprechen. Sehen wir daraufhin unsere Abbildungen an, so haben wir die Randfalte deutlich in Abb. 24 von der Sublingualis (napfförmiger Halbmond); aber auch in den Abb. 20, 21 und 25 von der Submaxillaris ist sie angedeutet bzw. rekonstruierbar und in dem ungewöhnlichen Riesenmond Abb. 26 (Sublingualis) tritt sie wiederum mit besonderer Deutlichkeit hervor.

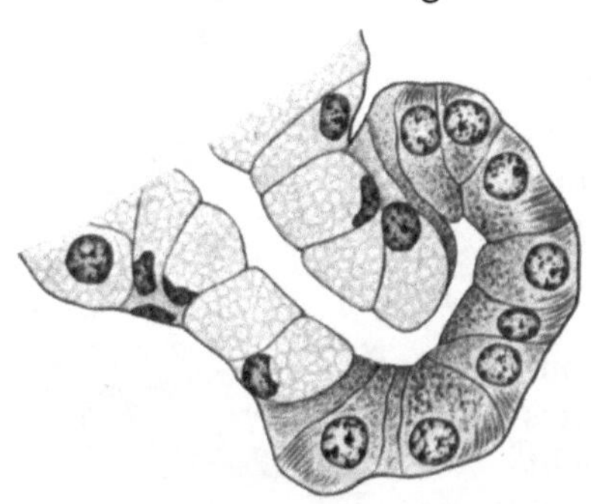

Abb. 25. Submaxillaris. Vergr. 635. Der Halbmond hat sich ausnahmsweise nur nach der einen Seite hin entwickelt. Die Form der Randfalte ist erkennbar.

Die erwähnten flach geformten indifferenten »eingeklemmten« Zellen findet man im übrigen auch in vielen anderen Fällen, wo es zur Ausbildung einer typischen Randfalte noch nicht gekommen ist; man vergleiche hierüber die Abb. 30 und 31 von der Sublingualis und die

Abb. 28 von der Submaxillaris. Anfangs glaubte ich annehmen zu müssen, daß ihnen eine ganz besondere entwicklungsgeschichtliche Bedeutung zukommen müsse; von dieser Meinung bin ich aber wieder abgekommen, nachdem sich herausgestellt hat, daß ihr Vorkommen durchaus kein konstantes ist. Ihre Entstehung ist vielmehr eine gelegentliche und dürfte auf ihre besondere Lage, in welcher sie einer starken Pressung ausgesetzt sind, zurückzuführen sein.

Obwohl nun diese Zellen physiologisch und entwicklungsgeschichtlich nicht von erheblicher Bedeutung sind, ist es doch praktisch wichtig, sie zu kennen, denn auf Schnitten, welche nicht axial gelagert sind, treten sie oft wie eine dünne Trennungsschichte zwischen Halbmond und

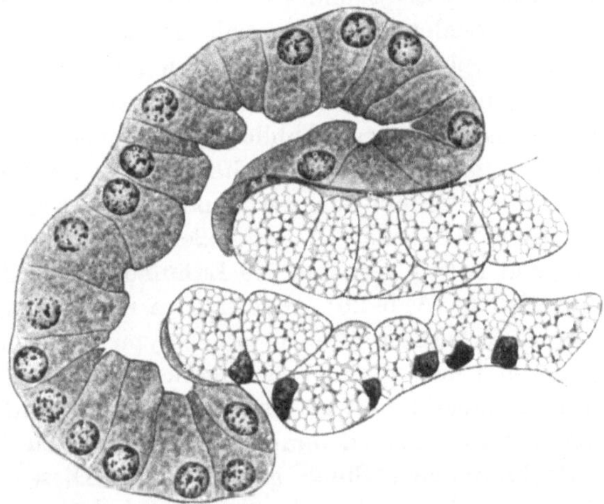

Abb. 26. Sublingualis. Vergr. 635. Außergewöhnlich großer Riesenmond mit Überwallung des Schleimrohres.

Schleimzellen auf, ohne daß es möglich ist, sich über ihre wahre Form und über ihre Einordnung in das System der Drüsenepithelien klar zu werden. Man stelle sich z. B. beliebte Quer- und Schiefschnitte durch einen Halbmond vor, wie ihn unsere Abb. 24 von der Sublingualis zeigt, und man wird einsehen, daß es für den Uneingeweihten kaum möglich sein wird, an solchen Durchschnitten die betreffenden Epithelverhältnisse richtig zu beurteilen. Sehr auffällig ist in solchen Fällen vor allem die zentrale Lage der Schleimzellen, welche als zentroacinäre Zellen auftreten, und weiterhin die anscheinende Mehrschichtigkeit des Drüsenepithels. Überhaupt ergeben Schiefschnitte durch die Halbmonde zahllose wechselnde Bilder, welche schwer aufzulösen sind, aber hier nicht näher besprochen zu werden brauchen, da sie für die Erkenntnis des morphologischen Aufbaues der Drüse nicht weiter in Betracht kommen.

Nach der obigen Darstellung liegt bei den Halbmonden mit Intubation des Schleimrohres die Basalmembran dem kolbenförmig angeschwollenen Ende des Drüsenästchens von außen her auf, ohne sich am Rande des Halbmondes ihrerseits einzufalten. Es ist daher möglich anzunehmen, das die Basalmembran bei Entstehung solcher Halbmonde in mechanischer Hinsicht eine gewisse Rolle spielt, indem sie auf die wuchernde Masse der serösen Zellen einen Gegendruck ausübt und sie zwingt, sich über das Schleimrohr hinwegzuschieben. Ein Drüsenläppchen mit vielen derartigen Halbmonden wird ferner von außen her betrachtet ein traubiges Aussehen zeigen; man sollte aber die knopfförmig angeschwollenen Enden der Drüsenzweiglein in diesem Falle nicht ohne weiteres als »Acini« — Drüsenbeeren — bezeichnen, da sie einen Teil des Schleimrohres in sich enthalten und somit den serösen Endbeeren morphologisch nicht gleichwertig sind.

Betrachten wir ferner die ganze Serie der einfachen (monomeren) Halbmonde, wie wir sie in unseren Abbildungen kennen gelernt haben, so gelangen wir zu dem Eindruck, daß die Lunulae im Vergleich zu den serösen Acini in bei weitem höheren Maße die Neigung zeigen sich unter Zunahme ihrer Zellenzahl zu vergrößern. Denn von kleinen Ausgängen anfangend entwickeln sich die Lunulae gelegentlich bis zu wahren Riesenmonden (s. Abb. 26), ohne daß es möglich ist in ihnen Unterabteilungen zu erkennen und sie als polymere Formen hinzustellen. Unter diesen Umständen ist es folgerichtig anzunehmen, daß bei allen größeren Lunulae die oft erwähnte Tendenz der Adenomeren, in der Richtung der Breitenausdehnung zuzunehmen, zu einer Entwicklung in fortschreitendem Sinne geführt hat. Dieses besondere Wachstum ist, wie wir schon mehrfach ausgeführt haben, ein genuines, natives, und hängt in seiner Wurzel mit der Möglichkeit der Vervielfältigung der Adenomere durch Teilung zusammen, nur daß letztere in den ausgehenden Stadien der Entwicklung oft nicht mehr zustande kommt bzw. latent bleibt.

cc) Dimere Formen. Besprechung der Teilungszustände.

Wenn man die mittelgroßen und die noch größeren Halbmonde in der Submaxillaris und Sublingualis des Menschen durchmustert, so trifft man auf überaus zahlreiche zusammengesetzte Formen, auf Dimeren, Trimeren, Tetrameren, Polymeren höherer Ordnung usf. Die Unterscheidung zwischen einfachen und zusammengesetzten Formen ist bei gleicher Größe mitunter schwierig, wo nicht unmöglich, besonders wenn die Schnittrichtung keine glückliche ist. Aber nichts desto weniger gelingt es durch ein genaues Studium zu einer in den Grundzügen klaren Anschauung des Gegenstandes zu gelangen. Dabei hilft uns, daß die niederen Homologen der Reihe, besonders die Dimeren, sehr genau an die entsprechenden Formen der serösen Acini anschließen, welche wir schon früher besprochen haben (Abb. 15 Dimere und Abb. 16 Trimere, beides von der Submaxillaris).

Äußerlich betrachtet stellen sich die zusammengesetzten Endigungen der Drüsenästchen wiederum als kolbenförmige Bildungen dar, welche in kontinuierlichem Zuge von der Basalmembran umschlossen werden (Abb. 30 und Abb. 31). Innerhalb derselben trifft man in jedem Falle eine komplexe Zellmasse, welche bei den höheren Gliedern der Reihe der Regel nach nicht mehr auflösbar ist. Klare Bilder ergeben vor allem die axialen Durchschnitte der Zwillingsbildungen oder Dimeren, welche zugleich als fixierte Zustände der Zweiteilung angesehen werden können.

Es ist mithin möglich, die wesentlichen Formen der Adenomerenteilung auch in der Drüse des Erwachsenen zu beobachten, nur muß man sich hierbei dessen bewußt bleiben, daß es sich in den betreffenden Objekten um Stadien der ausgehenden Entwicklung, um Hemmungsbildungen, handelt, deren Zellmaterial nicht mehr embryonal, vielmehr in histophysiologischer Hinsicht völlig ausgereift ist. Im übrigen bilden die beim Erwachsenen beobachteten Mehrlingsbildungen niederer Ordnungen (Zwillinge, Drillinge, Vierlinge) ein sehr wertvolles, einstweilen nicht zu entbehrendes Material zur Ergänzung der Beobachtungen

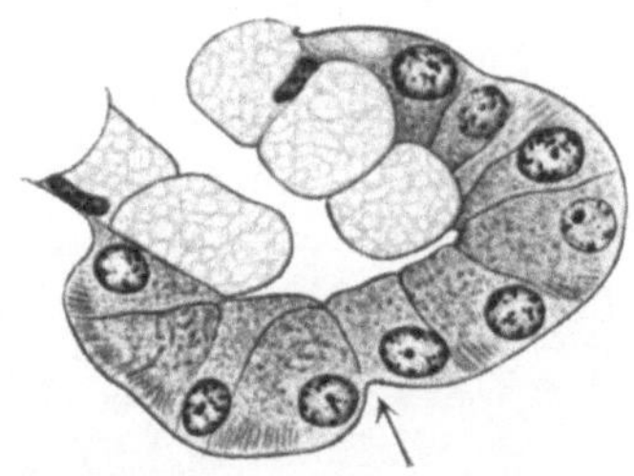

Abb. 27. Submaxillaris. Vergr. 635. Transversale Ausdehnung des Halbmondes und äquatoriale Einfurchung als Andeutung einer beginnenden Teilung.

über Teilungszustände beim Embryo. In erster Linie kommen die Dimeren in Betracht; diese liefern (wie alle Mehrlingsbildungen) überaus wechselnde Bilder, je nach dem Stadium, in welchem die Entwicklung zum Stillstande kam, und je nach dem Grade der Verschleimung der an der Basis der Tochterknospen befindlichen Gangzellen.

Aus meinen Abbildungen läßt sich eine ungefähre Entwicklungsreihe der dimeren Formen zusammenstellen. Die Anfangs- und die Endstadien sind verhältnismäßig leicht, die mittleren Stadien schwierig zu beurteilen. In den letzteren aber muß der spezifische Teilungsvorgang enthalten sein. Ich verfahre daher in der Weise, daß ich zunächst den Anfang, dann das Ende der Reihe dem Leser vor Augen stelle, um vorerst einmal die Tatsache der Teilbarkeit der Adenomere von neuem festzustellen. Haben wir auf diese Weise das Problem eingeengt, so werde ich ausführlicher die bedeutungsvollen mittleren Stadien der Teilung, das sind die betreffenden Zwillingsformen, zur Besprechung bringen.

Wenn man schon so will, kann man alle deutlich in der Querrichtung ausgezogenen Halbmonde als Formen auffassen, welche den vorbereitenden Stadien der Teilung zugehören, also z. B. die Formen der Abb. 20 und 21 von der Submaxillaris, denn man findet die gleichen Formen auch in gefurchtem Zustande (Abb. 27). Derartige oberflächliche Einfurchungen, welche die Scheitelknospe mehr oder weniger symmetrisch halbieren, sind durchaus nicht bedeutungslos; vielmehr haben mir auch die analogen Untersuchungen an anderen Objekten (Geschmacksknospen und Darmzotten) gezeigt, daß die oberflächlichen Furchenbildungen, welche an epithelialen Objekten auftreten, ihre ganz bestimmte entwickelungsphysiologische Bedeutung haben. Ist

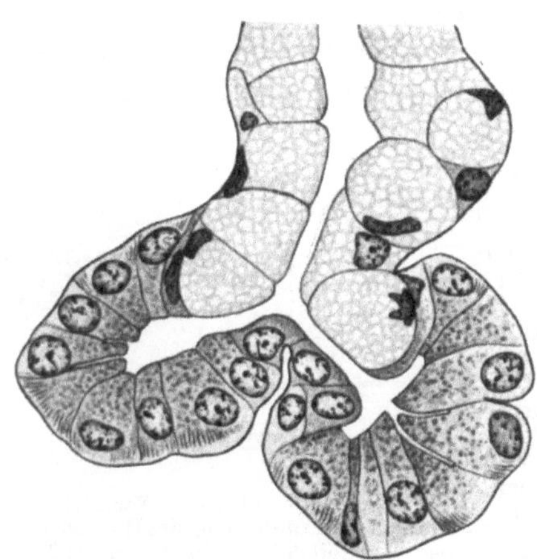

Abb. 28. Submaxillaris. Vergr. 635. Die Adeno·mere ist vollständig durchgeteilt. Im Grunde der Trennungsfurche sind die Trennungszellen erkenntlich. Die eingeklemmten Zellen zwischen den Adenomeren einerseits und dem Schleimrohr andererseits treten deutlich hervor.

also auch die in unserer Abb. 27 am Scheitel der Knospe sichtbare Furche von geringer Tiefe, so kommt sie doch in gleicher Lage auch bei vielen anderen Objekten vor, welche eine innere Teilung bereits erkennen lassen. Auch ist die Tiefe der Einkerbung nicht maßgeblich für die Beurteilung des Vorganges, denn eine wahre Einfaltung des Epithels findet an dieser Stelle nicht statt; sie ist vielmehr nur der Ausdruck eines Vorganges, der zunächst innerhalb des Epithels latent verläuft. Man würde beispielsweise auch in dem serösen Acinus der Abb. 15 (Submaxillaris) aus der flachen Einfurchung am Scheitelpol kaum auf das Vorliegen einer Doppelbildung schließen, wenn nicht in die Trennungsebene der Tochterknospen bereits eine Bindegewebszelle eingedrungen wäre, durch welche der Teilungsakt für unsere Augen offenbar wird.

Aus einer derartigen oberflächlichen Einfurchung entwickelt sich also zunächst keine manifeste Einfaltung des Epithels; vielmehr trifft man gewöhnlich nach einwärts von ihr, etwa entsprechend der Symmetrieebene, eine besondere Epithelverdickung, welche nachträglich eingespalten wird, wodurch die beiden Tochterknospen auseinandergelegt werden, wie man es in den Abb. 28 und 29 von der Submaxillaris sieht. Hier ist der Teilungsvorgang vollendet; aus einer Scheitelknospe sind deren zwei geworden und zwischen beiden zieht die Basalmembran bis zur Tiefe der Furche nieder, welche die beiden Tochterknospen voneinander trennt. Abb. 29 war am Präparat betrachtet ein sehr schönes Objekt, jedoch liegt die eine Tochterknospe mit ihrer Lichtung nicht vollständig im Schnitt, aus welchem Grunde die Abb. 28 vielleicht vorzuziehen ist. Hier gewahrt man auch, daß dort, wo die Lichtung des präterminalen Ganges sich gabelt, um in die beiden Tochterknospen einzutreten, an der Basis der letzteren und zwischen ihnen, also in der Tiefe der sie trennenden Furche, mehrere indifferente, nicht sezernierende Zellen liegen, welche dem System der Ausführungsgänge zugehören. Man kann sie demnach auch als Gangzellen bezeichnen oder genauer als Trennungszellen, weil sie die beiden Tochterknospen an ihrer Basis voneinander trennen. Diese indifferenten Zellen, welche histologisch eine große Rolle spielen, namentlich in bezug auf die richtige Auflösung und Erkennbarkeit des Aufbaues der Zweigenden, besitzen wie alle Gangzellen die Fähigkeit der Verschleimung. Sie kommen mithin unter wechselnden Bildern vor, was sehr zu beachten ist.

Weiterhin mache ich auf die eigenartige Hammerform der Zweigenden in den beiden angezogenen Abbildungen aufmerksam.

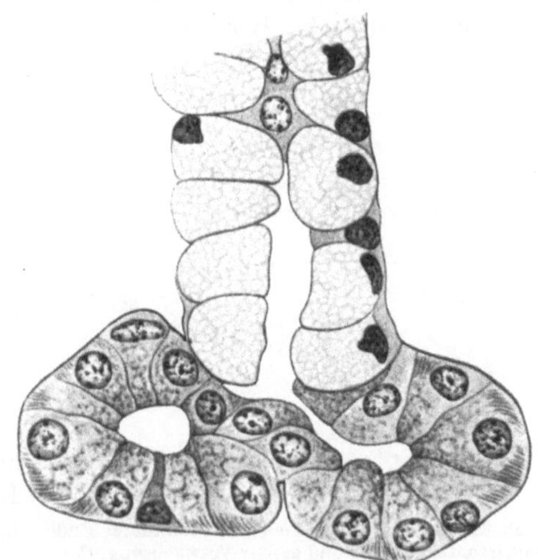

Abb. 29. Submaxillaris. Vergr. 635. Ähnliche Form wie vorher. Die Teilung der Adenomere ist vollendet.

Die Entwicklung der Lunula ging von vornherein in der Richtung der Transversalen und dies kommt jetzt noch stärker zum Ausdruck als vorher. Betrachtet man die beiden Scheitelknospen als rudimentäre Ästchen, eine Vorstellung, die, wie wir noch später sehen werden, für gewisse Zwecke ungemein nützlich ist, so haben wir eine Dichotomie vor uns, bei welcher die Teilästchen in divergenten Richtungen auseinander streben, wobei allerdings der Teilungswinkel von wechselnder Größe getroffen wird. Zugleich erläutern unsere beiden Abbildungen (28 und 29) in der eindringlichsten Weise, daß es eigentlich überflüssig sein wird, in Zukunft noch weiter von »Halbmonden« zu sprechen, eine Benennung, welche die Sache nicht trifft und in vielen Fällen, besonders bei den höheren Homologen der Mehrlingsbildungen, auch als rein morphologische Bezeichnung unanwendbar ist. Schließlich geht aus solchen Bildern aufs Neue hervor, daß die Halbmonde keine besonderen Einrichtungen im Sinne der Betriebsphysiologie sind, daß ihr Vorkommen also nicht in einem besonderen Verhältnisse zu einem vorausgesetzten physiologischen Zwecke steht. Vielmehr erläutern diese und zahlreiche ähnliche Bilder, welche jederzeit in den Präparaten auffindbar sind, mit vollkommener Deutlichkeit, daß unsere embryodynamische Auffassung der Lunulae als ehemalige, nunmehr histologisch ausdifferenzierte Scheitelknospen der wachsenden Drüsenästchen zu Recht besteht. Es sollte nach unserem Wunsche vollkommene Klarheit darüber bestehen, daß alle morphologischen Formen eine besondere Beziehung zur Entwicklung haben, daß sie dagegen nicht alle einem besonderen physiologischen Zwecke dienen. So auch hier. Die embryodynamische Bedeutung der Lunulae ist vollkommen klar, dagegen ist ihre physiologische Funktion beiläufiger Natur und durchaus unabhängig von der Halbmondform.

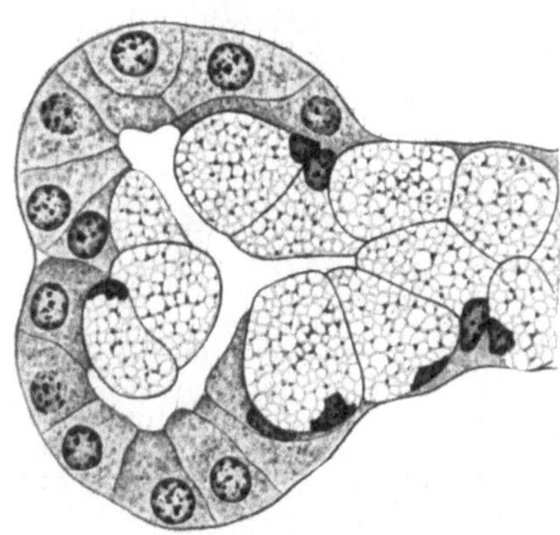

Abb. 30. Sublingualis. Vergr. 635. Dimeres Ende mit latenter Faltung und ganzer Verwachsung. Verschleimung der Trennungszellen. Die beiden Teilmonde sind durch eine flache Einfurchung gegeneinander abgesetzt.

Wir beschäftigen uns nunmehr mit einigen mittleren Zustandsformen der Dimeren und kommen damit auf die Diskussion der besonderen Vorgänge bei der Teilung der Adenomere. Unsere Abb. 30 von der Sublingualis läßt bei oberflächlicher Betrachtung zunächst die Anwesenheit eines großen Halbmondes erkennen, welcher nach beiden Seiten hin kräftig ausladet und das Ende des durchaus verschleimten präterminalen Drüsenästchens umfaßt; dabei sehen wir zwischen dem letzteren und dem Rande der Lunula je eine »eingeklemmte« Zelle auftreten. Weiterhin fallen die besonderen Merkmale einer typischen Doppelbildung ins Auge, nämlich 1. die Gabelung des Lumens; 2. ihr gegenüber am Scheitelende des Zweiges eine flache Furche und 3. der letzteren anliegend eine ganz offenbare, in der Symmetrieebene der Figur gelegene latente Faltung des Epithels, welche in der Richtung nach einwärts, gegenüber der Gabelungsstelle des Lumens, von drei Schleimzellen gekrönt wird.

Diese drei Schleimzellen entsprechen, wie leicht ersichtlich ist, den »Trennungszellen« der Tochterknospen, welche wir in Abb. 28 bereits kennen gelernt haben. Sie gehören mithin zu den »Zellen der Gänge« und sind hier zufälligerweise verschleimt, brauchten es aber nicht zu sein. Ihrer Lage nach treten sie als sogenannte »zentroacinäre« Zellen auf. Also haben wir hier tatsächlich eine Doppelbildung vor uns, welche dadurch zustande gebracht wird, daß hier zwei rudimentäre Endästchen gegeneinander gelehnt, miteinander verwachsen und von einer gemeinsamen Basalmembran umschlossen sind.

Ganz analog gelagert ist der Fall der Abb. 31 von der Sublingualis, jedoch mit zwei Abweichungen, denn erstlich sind die Trennungszellen nicht verschleimt und zweitens ist die vorher latente Faltung dadurch gespalten worden, daß eine Bindegewebszelle sich in sie eingeschoben hat. Man darf annehmen, daß im Falle der weiteren Entwicklung die Basalmembran der voraufgehenden Bindegewebszelle nachfolgt und dadurch die Teilung der Scheitelknospe vervollständigt wird.

Nach meinen Beobachtungen ist es zweifellos, daß die beiden zuletzt vorgelegten Bilder, welche in den Präparaten immerhin ziemlich häufig sind, aber nicht leicht schön im Schnitte liegend gefunden werden, den wesentlichen Teil des Vorganges der Spaltung der Scheitelknospe versinnbildlichen. Es handelt sich nur noch um die Frage, wie die anfänglich latente Faltung des Epithels zustande kommt, und zwar haben wir hier zwei Möglichkeiten: entweder wird das Epithel tatsächlich in der Symmetrieebene nach einwärts gefaltet und die Verwachsung der Tochterknospen ist von Anfang an nur eine scheinbare, oder es handelt sich um eine entsprechende Epithelwucherung, welche sekundär gespalten wird. Da ich mich davon überzeugt habe, daß diese Alternative beim Embryo wegen der Kleinzelligkeit des Materials, übrigens auch noch aus anderen Gründen, kaum zur Entscheidung zu bringen ist, so ziehe ich es vor, die beim Erwachsenen erhaltenen Bilder zu diesem Zwecke gründlich auszunutzen und lege unsere Abb. 32, ein Vierlingsende von der Submaxillaris, vor.

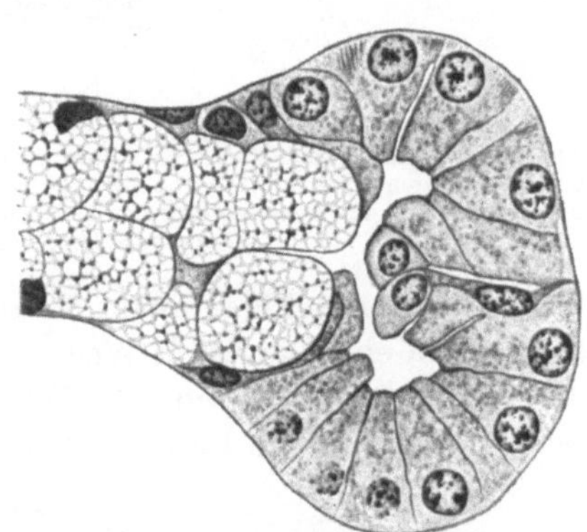

Abb. 31. Sublingualis. Vergr. 635. Dimeres Zweigende mit Trennungszellen zwischen den beiden Teilmonden und einer Bindegewebszelle in der Symmetrieebene der Teilungsfigur.

Dieses Objekt lag ausnahmsweise gut im Schnitt. Die zusammengesetzte Form dieses Ästchens ist hinreichend schon durch die Einziehungen der äußeren Konturlinie des Epithels charakterisiert, welche durch Pfeile kenntlich gemacht wurden. Die hügelartigen Erhebungen zwischen ihnen entsprechen den 4 völlig miteinander verwachsenen Tochterknospen; die Stellen, wo die Ziffern 1—4 hingesetzt wurden, bezeichnen ebenso die Scheitelpunkte dieser Knospen. Eine reelle

Faltung des Epithels ist nicht wahrnehmbar; vielmehr zieht die Basalmembran glatt über den ganzen Endkolben hinweg und es fehlt jede Art von Spaltbildung zwischen den abortiven Tochterknospen. Somit

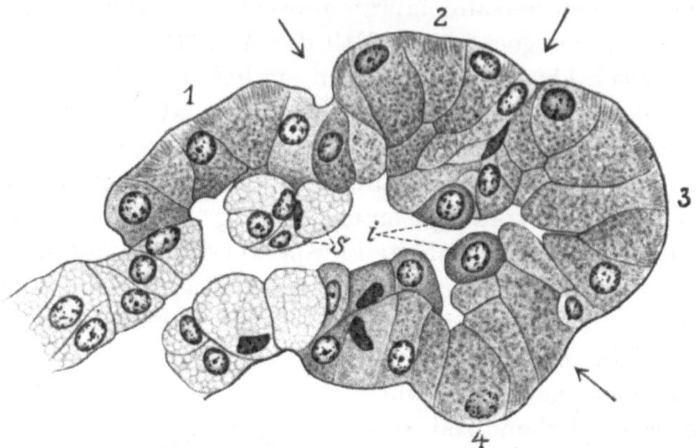

Abb. 32. Submaxillaris. Vergr. 635. Vierlingsende mit latenten Faltungen. Die Pfeile weisen auf die Einfurchungen hin, welche die vier Adenomeren gegeneinander abgrenzen. Die Ziffern *1—4* stehen bei den Scheitelpolen der verwachsenen Knospen. *s* verschleimte Trennungszellen. *i* Trennungszellen. Vgl. das Schema Abb. 33.

würde die ganze Figur unauflösbar sein, wenn nicht die vier Knospen dennoch in einer gewissen Weise gegeneinander begrenzt wären, nämlich durch das Auftreten der »Zellen der Gänge« oder der »Trennungszellen« entlang dem Lumen. Wir haben nämlich zwischen Knospe *1*

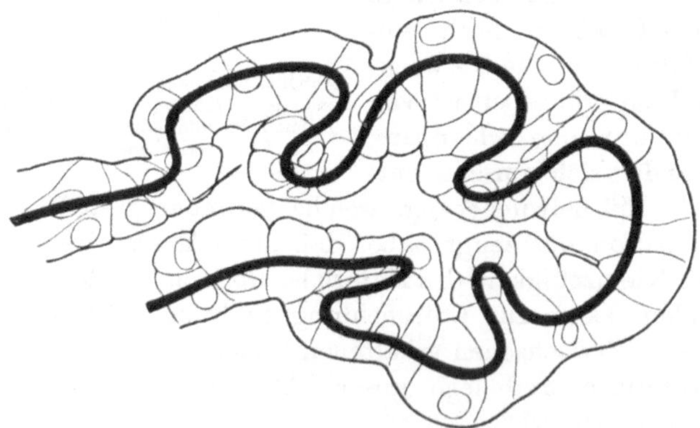

Abb. 33. Submaxillaris des Menschen. Vierlingsende.
Konstruktive Darstellung zum Original der Abb. 32.

und *2* eine Gruppe von Schleimzellen (*s*), genau entsprechend denen in Abb. 30 an gleicher Stelle befindlichen, ferner zwischen *2* und *3*, sowie zwischen *3* und *4* je eine indifferente Zelle (*i*), wiederum genau entsprechend den analogen Zellen in Abb. 31. Da wir nun wissen, daß an den Stellen, wo die Trennungszellen in die Erscheinung treten, die Scheitelpunkte virtueller Faltungen des Epithels befindlich sind, so können wir uns nunmehr ein Schema dieser ganzen epithelialen Formation konstruieren, wie es unsere Abb. 33 zeigt. Das Epithel wäre demnach einschichtig, aber virtuell gefaltet; eine nachträgliche Spaltung würde die Tochterknospen voneinander isolieren.

Demnach entscheiden wir uns dahin, daß die Teilung der Adenomeren in diesem Falle, d. h. in den ausgehenden Stadien der Entwicklung auf entsprechender Wucherung ihrer Zellen und nachfolgender Spaltung des Epithels, auf **Epithelioschise**, beruht. Eine andere Deutung ist nach meinen bisherigen Beobachtungen bei unserem gegenwärtigen Objekte nicht zulässig. Ich füge aber hinzu, daß bei der großen Variabilität der Natur die Frage einstweilen offen bleiben muß, ob nicht bei anderen Objekten die Teilung der Adenomeren auf realer Faltenbildung beruht. Wir werden weiter unten sehen, daß dies für die späteren Stadien der Entwicklung der Glandula lateralis nasi Stenonis zum Teil zutrifft.

Die Auflösung der Abb. 32 war eine schwierige Arbeit, da bei einer weniger eingehenden Betrachtung die Handhaben für eine erfolgreiche embryodynamische Auffassung des Objektes überaus geringe sind. Trotz dessen glaube ich nicht fehl gegangen zu sein. Es bleibt noch die Frage, woher die Trennungszellen stammen, welche so deutlich die Scheitelpunkte der virtuellen Falten markieren. Hierüber kann ich nun keine exakte Auskunft geben, wohl aber ist es möglich über diesen Gegenstand eine eindringende Erörterung mit einigem Erfolge einzuleiten. Dabei mache ich besonders darauf aufmerksam, daß unsere folgenden Betrachtungen vielleicht nicht im Einzelnen, wohl aber in ihrem ganzen Zusammenhange von sehr erheblicher Bedeutung für die Einsicht in den Aufbau der polymeren Endkolben sind, von welchen später ausführlich die Rede sein wird.

Die Trennungszellen sind, wie erwähnt, nichts anderes als Zellen der Gänge. Sie sind mithin Teile des ausführenden Systemes und genauer gesagt sind sie die Anlagen oder Rudimente der neu zu bildenden Gänge letzter Ordnung oder der präterminalen Drüsenzweiglein der Tochterknospen. Gehen wir auf das eben betrachtete Vierlingsende zurück, so dürfen wir uns nicht vorstellen, daß die in Rede stehenden Trennungszellen etwa einzelne dem Lumen von innen her ansitzende Elemente sind. Vielmehr nehme ich an, daß sie bei ihrer ersten Erscheinung, räumlich gedacht, an der Basis jeder Tochterknospe zu einem einzelligen Ringe angeordnet sind, welcher gewissermaßen einem Halsteil der Tochterknospe entspricht. Die Ringe würden ferner unter sich kommunizieren und andererseits den Anschluß an den ausleitenden Gang erreichen. Die hier skizzierte Vorstellung erscheint für den Augenblick nur darum schwierig, weil wir einstweilen bei der

Betrachtung unserer sehr komplizierten Abb. 32 stehen geblieben sind. Leichter wird hingegen die Auffassung der Sachlage, sobald wir auf einen Zwilling zurückgehen, also etwa auf Abb. 31 von der Sublingualis.

In dieser letzteren Abbildung wollen wir nunmehr der Zweckmäßigkeit halber die beiden Tochterknospen als rudimentäre Endästchen bezeichnen. Bei solcher Auffassung können wir leicht ableiten, wie weit das Gebiet sich erstreckt, das sich aus jeder Teilknospe entwickelt hat: es erstreckt sich nämlich zweifellos bis zur Gabelungsstelle des Drüsenlumens. Mithin sitzt jede Semilunula auf einem niedrigen Sockel indifferenter Zellen auf, zu welchem einerseits die Trennungszellen, andererseits die eingeklemmten oder basalen Zellen gehören, die aus der Mutterknospe mit hinübergenommen wurden. Beide Zellarten sind indifferenter Natur und fallen unter den Begriff der Gangzellen, von denen wir wissen, daß sie der Verschleimung fähig sind. Betrachten wir daraufhin unsere Abb. 34 von der Sublingualis, so sind wir dort nach Lage der Dinge berechtigt, jederseits die beiden obersten Schleimzellen zu dem beschriebenen Sockel indifferenter Zellen konstruktiv hinzuzuziehen. Sockel und Lunula bilden zusammen ein aus der Dichotomie der Mutterknospe hervorgegangenes rudimentäres Endästchen.

Trotz allem, was vielleicht der Leser im Augenblicke gegen die etwas schwierig abgeleitete Unterscheidung von Lunula und Gangrudiment einwenden wird, bitte ich, sie einstweilen als gegeben hinzunehmen. Es wird sich später zeigen, daß diese Unterscheidung durchaus exakt und für die Morphologie der Sprossungsenden der Speicheldrüsen von hoher Zweckmäßigkeit ist.

Wir stellen demgemäß fest, daß die Gangzellen der rudimentären Endästchen bei Gelegenheit der Teilung der Mutteradenomere an deren Basis in die Erscheinung treten (basale Zellen). Man muß sich etwa vorstellen, daß von dem Materiale der embryonalen Mutterknospe ein geringer Bezirk an der Basis der Entwicklung des präterminalen Ganges vorbehalten bleibt. Kommt die Entwicklung zum Stillstand und wird das Material histologisch ausdifferenziert, so erscheint die seröse Lunula in verhältnismäßig mächtiger Form, der präterminale Gang dagegen als Rudiment, wie wir dies an den betrachteten Mehrlingsbildungen der Sprossungsenden kennen gelernt haben.

Den Nachweis, daß die Unterscheidung von Scheitelknospe und Gangrudiment der Natur der Sache entspricht, kann ich in diesem Abschnitte noch nicht mit Vollständigkeit erbringen, weil mein Abbildungsmaterial, soweit es die dimeren Formen betrifft, nicht günstig genug ist. Trotz dessen darf ich auf den wesentlichen Tatbestand schon jetzt aufmerksam machen. Es macht nämlich sozusagen die

Natur selbst einen Unterschied zwischen beiden Teilen. Bei Gelegenheit der Epithelioschise nämlich wird recht häufig nur derjenige Anteil des Epithels durchgespalten, welcher der Lunula entspricht, nicht aber der andere Anteil an der Basis der Knospe, welcher das Gangrudiment enthält. Auf diese Weise entstehen sehr eigenartige Mehrlingsbildungen, bei denen die Lunulae bis auf ihre Basis voneinander getrennt, die Rudimente der präterminalen Gänge aber miteinander verwachsen sind.

Unter den Dimeren, welche hier zunächst zur Besprechung stehen, verfüge ich über keine schöne Abbildung, welche dies Verhalten deutlich zeigt und ich verweise demgemäß wegen der Einzelheiten auf den nächsten Abschnitt. Jedoch gehört unsere Abb. 34 (von der Sublingualis) hierher, mit welcher ich die hier vorzulegende Reihe der Dimeren zum Abschluß bringe. Sie schließt sich, wie der Leser sieht, in bester Weise an Abb. 30 (von der Sublingualis) an. Man bemerkt sofort die Gabelung des Lumens und die bedeutendere Entwicklung der Teilästchen, welche ihre charakteristische Orientierung transversal zur Richtung des Mutterzweiges beibehalten haben. Die Gangrudimente beider Gabeläste einschließlich der Trennungszellen sind vollständig verschleimt; von

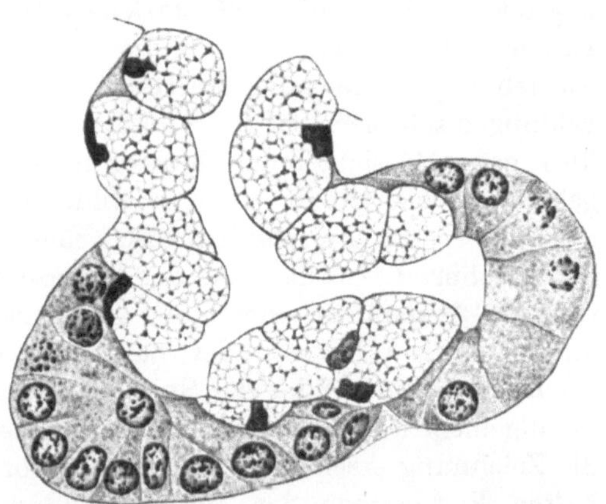

Abb. 34. Sublingualis. Vergr. 635. Dimeres Ende mit halber Verwachsung. Die Trennungszellen sind verschleimt.

den letzteren, drei an der Zahl, kann man die beiden äußeren je den beiden Gangrudimenten zur Rechten und zur Linken zuerteilen, während die mittlere die Verbindung zwischen beiden hält. Man bemerkt nun aber, daß die Basalmembran nicht bis auf die mittlere Zelle hindurchschneidet, sondesn daß die Trennungsfurche nur bis auf die Basis der Halbmonde hinabgeht; folglich sind die rudimentären Gangteile unter sich verwachsen und wir haben eine Doppelbildung besonderer Art vor uns. Man vergleiche zu der vorliegenden Abbildung auch die Abb. 28 (S. 44) von der Submaxillaris; diese zeigt ein Objekt, bei welchem die Trennungszellen unverschleimt sind und durch die Epithelioschise auch der rudimentäre Halsteil der Tochterzweiglein völlig durchgeteilt worden ist.

Demnach können wir Mehrlingsbildungen mit halber und mit ganzer Verwachsung unterscheiden, welche, wie sich später zeigen wird, bei den höheren Homologen der Reihe histologische Bilder von typischer Verschiedenheit ergeben.

Ich kann nicht unterlassen darauf hinzuweisen, wie sehr meine Auffassung der in Rede stehenden Objekte sich von der hergebrachten Betrachtungsweise unterscheidet. Wenn ich im Sinne der Autoren urteilen wollte, so hätten wir in unserer Abb. 34 einen großen »Acinus« vor uns, bei welchem die serösen Zellen im allgemeinen peripher, die Schleimzellen zentral gelagert sind. Letztere müßten demgemäß als zentroacinäre Zellen ausgegeben werden, eine Bezeichnung, welche für unser Verständnis des Gegenstandes rein gar nichts bedeuten würde.

dd) Polymere Formen.

In der Submaxillaris und in der Sublingualis habe ich gleicherweise in großer Zahl vielteilige, oft stark aufgeschwollene Endkolben gefunden. In der ersteren Drüse sind ja die verschleimten Strecken von geringer Ausdehnung, daher auch die Halbmonde und mit ihnen die polymeren Bildungen seltener. In der Sublingualis hingegen habe ich sie bisweilen über ganze Gesichtsfelder hinweg in größter Zahl aufgefunden. Sie gehören ebenso wie die dimeren Bildungen zu dem normalen Bestande der Drüsen. Es kann somit ebenso wenig wie bei den Mehrlingsbildungen der Geschmacksknospen und der Darmzotten davon die Rede sein, daß in ihnen Ausnahmen oder bloße Naturspiele vorliegen. Vielmehr sind alle polymeren Formen der natürliche Ausdruck der Entwicklung. Wenn die Schnittbilder der Speicheldrüsen einschließlich des Pankreas im allgemeinen undeutlich, schwer auflösbar, verwickelt, ungeeignet für die Zeichnung erscheinen, so hat dies vor allem auch in dem massenhaften Vorkommen der Mehrlingsbildungen seinen Grund. Dimere und trimere Formen sind immerhin noch leicht erkennbar, während die höheren polymeren Formen meist den Auflösungsversuchen spotten. Im besonderen gehören ihre Quer- und Schiefschnitte fast immer zu den gänzlich »unbeschreiblichen« Dingen. Nur wenn man sich im Studium der Objekte von der Monomere anfangend an axialen Schnitten über die Dimere, Trimere, Tetramere hinweg in der Stufenleiter der homologen Reihe hinaufzuarbeiten versucht, kommt man wenigstens zu einem allgemeinen Verständnis des Aufbaues auch der höheren Polymeren der Sprossungsenden.

Diese müssen nun einigermaßen den verschiedenen Varianten der dimeren Formen in ihrer histologischen Zusammensetzung entsprechen und demgemäß habe ich die Auswahl der Abbildungen getroffen.

Es entspricht also in einer ersten Gruppe Abb. 35 (4 Halbmonde) der Abb. 34 (Sublingualis), weil nämlich in beiden Fällen die Epithelioschise nur zur Trennung der Halbmonde, nicht aber zur Trennung der präterminalen Gangrudimente geführt hat, welche zudem in beiden Fällen in gleicher Weise verschleimt sind.

Ferner entspricht in einer zweiten Gruppe Abb. 37 der Abb. 30 (S. 46), weil die Epithelspaltung ganz und gar unterblieben ist, wobei wiederum die Zellen an der Basis der Tochterknospen, nämlich die Zellen der präterminalen Rudimente beiderseits in Verschleimung übergegangen sind.

Schließlich entsprechen in einer dritten Gruppe Abb. 39 und Abb. 40 (Blumenkohlfiguren) der Abb. 31 (S. 47) zunächst insofern, als jedenfalls eine Trennung der Tochterknospen durch Einfaltung der Basalmembran noch nicht zustande gekommen ist. Auch sind hier und dort die Zellen der Gänge oder die »basalen« Zellen unverschleimt. Dabei haben wir aber noch zwei Untervarianten zu unterscheiden, nämlich in Abb. 39 den Fall, wo flache Bindegewebszellen zwischen der Unterabteilung der zusammengesetzten Abbildung fehlen, während in Abb. 40 drei solche Zellen bemerkbar sind, ganz entsprechend dem Zustand der Dimere bei Abb. 31.

Nach dieser Übersicht gehe ich zu einer kurzen Einzelbesprechung über und lege zunächst unsere Abb. 35 vor. Hier sehen wir ein mächtig aufgeschwollenes Zweigende mit 4 Halbmonden entsprechend 4 rudimentären Endästen. Wir hätten also zum mindesten ein Tetramer vor uns; wieviel Scheitelknospen indessen, die dritte Dimension hinzu-

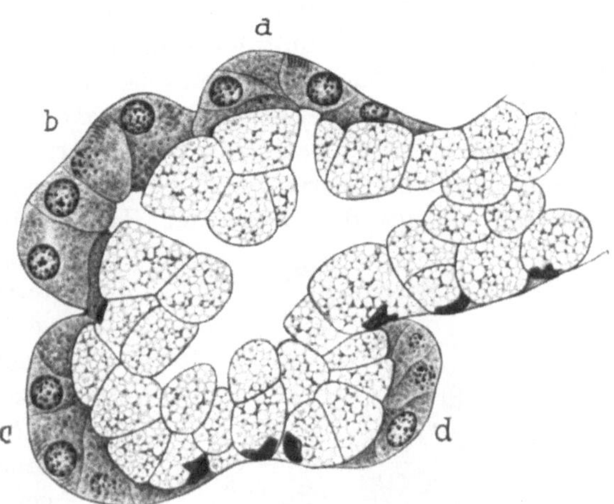

Abb. 35. Sublingualis. Vergr. 635. Vierlingsende mit halber Verwachsung. Zwischen *a* und *b*, *b* und *c* sind die latenten Faltungen gut kenntlich. Vgl. das Schema Abb. 36.

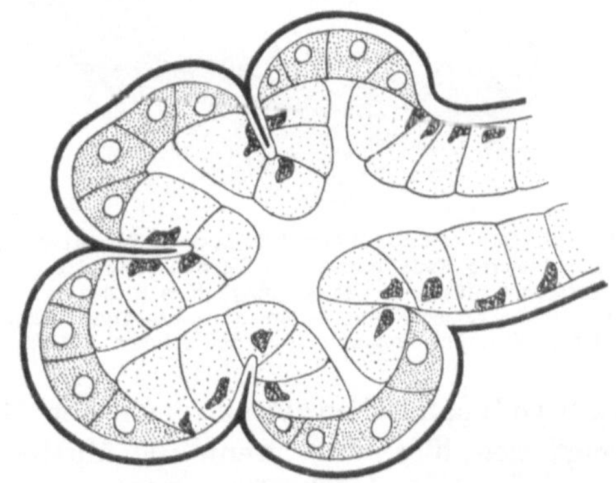

Abb. 36. Sublingualis vom Menschen. Konstruktive Darstellung zu dem Vierlingsende mit halber Verwachsung in Abb. 35. In dem vorliegenden Schema sind die latenten Faltungen in aufgespaltenem Zustande dargestellt worden, so daß die Lage der rudimentären Endästchen klar hervortritt.

gerechnet, im ganzen vorhanden gewesen sein mögen, entzieht sich in diesem Falle meiner Kenntnis. Die rudimentären Endästchen sind im oberen Teile der Abbildung, bei *a* und *b*, leicht kenntlich, weil ihre Lumina im axialen Schnitte vorliegen. Beim dritten Monde (*c*) liegt der ausführende Kanal nur teilweise im Schnitte, während er beim vierten nicht mehr getroffen ist. Zweifellos ist aber der wirkliche Aufbau bei *c* und *d* ebenso vorzustellen wie bei *a* und *b*. Demgemäß haben wir ein polymeres Zweigende vor uns, bei welchem die Basalmembran bis auf den Rand der Halbmonde durchgeschnitten hat, während die zugehörigen präterminalen Gangrudimente seitlich miteinander verwachsen sind. Sehr deutlich erkennt man zwischen *a* und *b*, *b* und *c* die virtuellen Faltungen, welche die Lichtungen der benachbarten Gangrudimente voneinander trennen. Denken wir die Epithelioschise vollends durchgeführt, so gelangen wir zu dem Schema Abb. 36, welches geeignet sein wird, unsere morphologische Auffassung des Sachverhaltes definitiv klar zu legen.

Bei dieser Gelegenheit mache ich noch einmal darauf aufmerksam, daß die Mehrlingsbildungen der in Rede stehenden Art (mit halber Spaltung) von großem Wert für die Deutung der embryodynamischen Funktionen der Mutterknospen sind. Denn es zeigt sich hier, daß, wenn die Mutterknospe sich spaltet, um zwei neue Ästchen durch Dichotomie aus sich hervorgehen zu lassen, die Tochterknospen sich durch weitere Entwicklung und Differenzierung in zwei bestimmte Abschnitte zerlegen, einen terminalen und einen präterminalen. Der letztere entspricht der Anlage des Ganges und bleibt in der ausgehenden Entwicklung häufig rudimentär, der erstere konstituiert sich als Tochterscheitelknospe oder Adenomere und wird histologisch als Lunula ausdifferenziert. Wir werden weiter unten sehen, daß die Erfahrungen

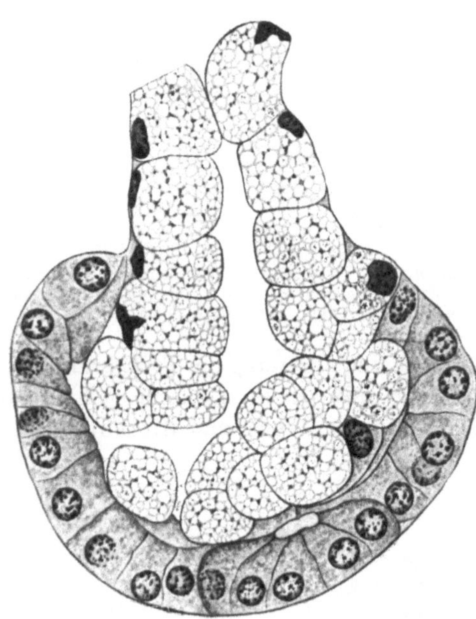

Abb. 37. Sublingualis. Vergr. 635. Axialer Schnitt durch ein polymeres Ende mit ganzer Verwachsung der rudimentären Endästchen. Ausbildung eines Riesenmondes, welcher die verschleimten Zellen der rudimentären Gänge letzter Ordnung umfängt. Vgl. das Schema Abb. 38.

beim Embryo mit den Beobachtungen beim Erwachsenen völlig übereinstimmen.

Bei weitem schwieriger wird die Analyse der Polymeren der zweiten
Gruppe, bei welchen die rudimentären Tochterzweiglein in ganzer
Länge, also einschließlich der Scheitelknospen, in seitlicher Verwachsung
befindlich sind. Ein Beispiel dieser Art haben wir früher schon gelegent-
lich in Abb. 32 (S. 48, Tetramer von der Submaxillaris ohne Epithel-
spaltung) zu anderen Zwecken vorgelegt. Jedoch ist diese Form der
Hemmung, bei welcher die Gangrudimente nur in Andeutungen vorhanden sind, eine äußerste Seltenheit. Gewöhnlicherweise bilden sich nach
Analogie des Dimers der Abb. 30
(S. 46) kolbig angeschwollene
Zweigenden, welche von Riesen-
halbmonden umfangen werden
(Abb. 37), wobei wiederum die
Basalmembran das gesamte Konvolut in glattem faltenlosem Zuge
überkleidet. Die Analogie mit der
vorhin besprochenen Abb. 35 (vier
Halbmonde) ist vollkommen klar,
denn, wenn man sich dort die
Halbmonde bis zur Berührung ge-
nähert und miteinander verwachsen denkt, so würde ein Bild ähnlich der vorliegenden Abb. 37 zustande kommen. Kugelschalen-
förmige Riesenmonde der hier
vorliegenden Art habe ich öfters
beobachtet, niemals aber war es
möglich, sie glatt in eine Anzahl
von Unterabteilungen, die Scheitel-

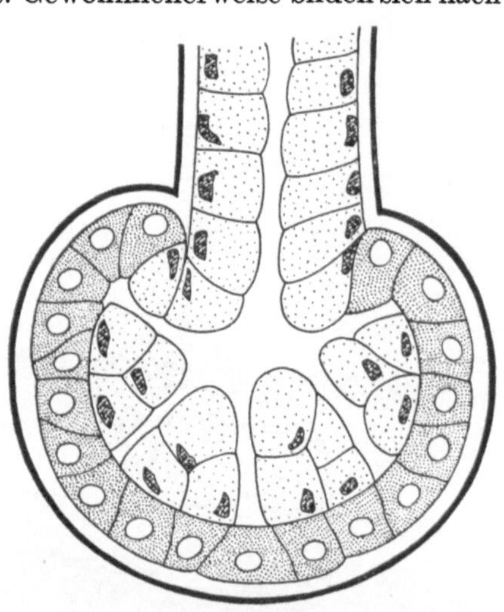

Abb. 38. Sublingualis vom Menschen. Konstruktive Darstellung zu dem polymeren Endkolben
mit ganzer Verwachsung der Abb. 37. Das Schema
zeigt die Lage der latenten Faltungen und die
Zusammensetzung des Riesenmondes aus unter
sich verwachsenen Teilmonden.

knospen einer Mehrzahl miteinander verwachsener Endästchen, zu zerlegen. Offenbar steht die Schale der serösen Zellen zwischen der Basalmembran einerseits und den quellenden Schleimzellen andererseits unter
starker Pressung, wodurch die Teilmonde seitlich in allerinnigste Berührung gebracht werden. Ebensowenig wird es auf dünnen Schnitten gelingen, sich über die Lage der präterminalen Gänge in genügender Weise
zu orientieren. Auf dünnen Serien durchschneidet man eben diese Gänge
nach allen Raumesrichtungen und nur selten wird, wie in unserer Abbildung, das Lumen eines solchen in der ganzen Länge sichtbar sein.
Nur die Golgische Chromsilbermethode und die Anwendung dicker
Schnitte könnte hier bei gehöriger Mühewaltung genügende Resultate
ergeben. Man würde dann jedenfalls sehen, daß vom Kolbenhalse aus

sich die präterminalen Gänge in radialer Richtung gegen die Teilmonde hin entwickeln, um innerhalb dieser mit büschelförmig angeordneten Sekretkapillaren zu wurzeln, vgl. unser Schema Abb. 38.

Unauflösbar erscheinen ferner auch alle höheren Polymeren der III. Gruppe mit mangelnder Verschleimung der indifferenten Zellen an der Basis der Tochterknospen. Eine typische Bildung dieser Art zeigt unsere Abb. 39. Man gewahrt hier einen riesigen Endkolben, welcher einem ausleitenden Schleimrohr derart aufgesetzt ist, daß die ganze Bildung hammerförmig erscheint. Diese Gestaltung ist durch-

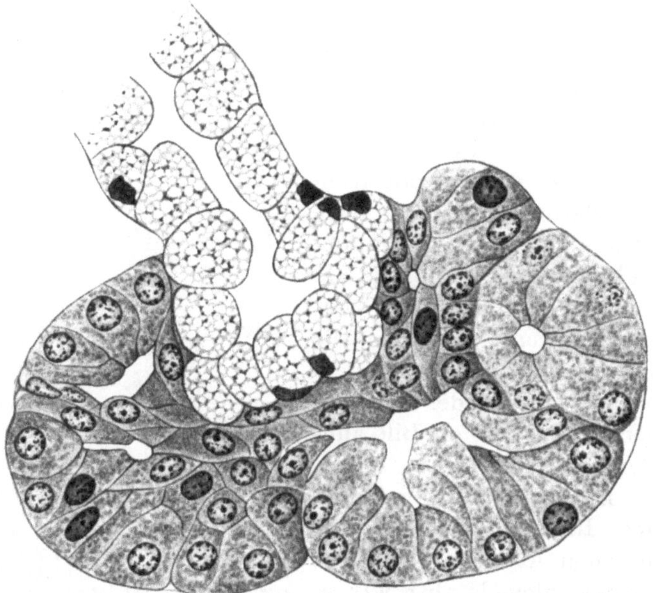

Abb. 39. Sublingualis. Vergr. 635. Kolossaler, blumenkohlähnlicher, polymerer Endkolben, hervorgegangen aus der vielfachen Teilung der Scheitelknospe.

aus typisch, da sie noch immer mit der Tendenz der Adenomere, in transversaler Richtung sich auszubreiten und sich weiterhin durch radiale Spaltung in Unterabteilungen zu zerlegen, zusammenhängt. Betrachtet man den Endkolben im Einzelnen, so findet man, daß er peripherwärts wesentlich aus serösen Drüsenzellen, zentralwärts aus kleineren, indifferenten, dunkel färbbaren Zellen besteht. Ferner sieht man in der Peripherie eine Reihe von Einkerbungen und Furchen, welche auf die Existenz besonderer Unterabteilungen hinweisen, und im Inneren, offenbar zu diesen Unterabteilungen gehörig, eine Reihe von Lichtungen. Obwohl nun diese Bildungen im einzelnen unauflösbar sind, ist doch ihre Deutung im ganzen genommen unzweifelhaft. Das Gebilde kann nur durch fortgesetzte radiale Teilungen einer Adenomere entstanden sein. Dafür sprechen die Furchen an der Oberfläche, die diversen Lumina und die indifferenten Zellen im Inneren, welche letzteren nichts anderes sind als die Rudimente der präterminalen Gänge, welche nach unseren Auseinandersetzungen immer »an der Basis« der Teilknospen liegen müssen. In Bestätigung dieser unserer Deutung finden wir nun gelegentlich, wie unsere Abb. 40 zeigt, daß flache Bindegewebszellen von der Peripherie her zwischen die Teilknospen eindringen und sie gegeneinander begrenzen.

Derartige Endkolben, wie die zuletzt vorgeführten, müssen räumlich betrachtet nach meiner Gesamtvorstellung ein »blumenkohlähn-

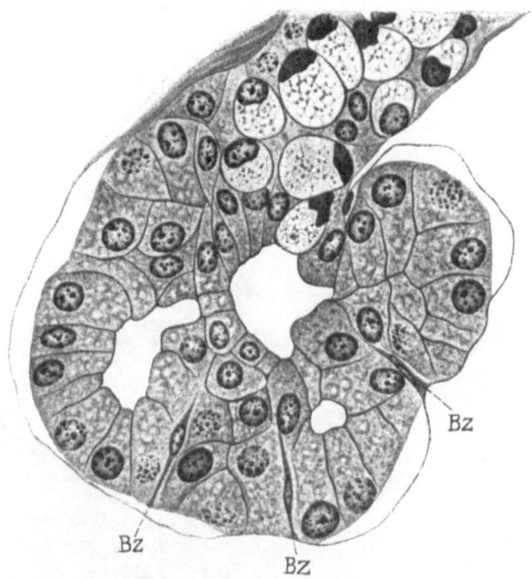

Abb. 40. Sublingualis. Vergr. 635. Polymerer Endkolben. Einige Bindegewebszellen *Bz* sind zwischen die Unterabteilungen des polymeren Gebildes eingedrungen.

liches« Aussehen aufweisen. Es handelt sich eben um kugelige oder ovoide Gebilde mit zahlreichen oberflächlichen Einfurchungen, welche die Teilknospen mehr oder weniger deutlich gegen einander begrenzen. Sie kommen in der Sublingualis, besonders in manchen Serien, also sagen wir in gewissen Drüsenbezirken, massenhaft vor und scheinen auch in der Submaxillaris nicht zu fehlen. Ich beobachtete sie auch in sehr deutlicher Form in der sogenannten Stenoschen Nasendrüse, und zwar beim Embryo, also in einem kleinen Organ, welches der Gruppe der Speicheldrüsen zugerechnet wird.

Es ist klar, daß Quer- und Schiefschnitte durch die Endkolben aller Arten noch bei weitem weniger verständlich sein werden als die von uns vorgelegten axialen Schnitte. Es ist gar nicht anders möglich als daß sie jederzeit zahlreichen Beobachtern in den eigenen Präparaten vorgelegen haben, ohne daß jedoch die Möglichkeit vorlag, sich an dem Gegenstande morphologisch zu orientieren. Auch an der Hand der gewonnenen Einsicht ist es vielfach unmöglich, sich irgendeine nähere Vorstellung von dem Aufbau der Endkolben zu machen. Als ein Beispiel dieser Art lege ich zum Schlusse unsere Abb. 41 vor. Hier sieht man ein Schleimrohr, welches an seinem Ende sich gabelt. Der

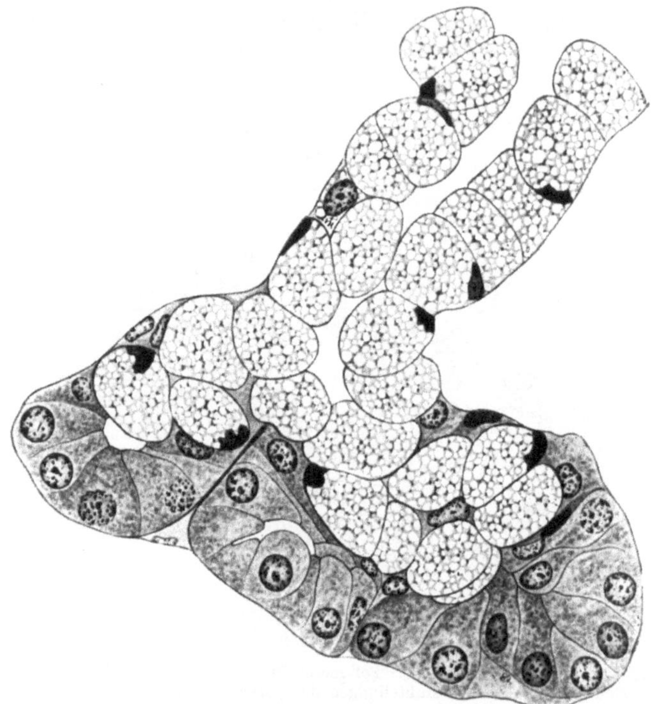

Abb. 41. **Sublingualis.** Einer der vielen polymeren Endkolben, welche im wesentlichen nicht mehr auflösbar sind.

kleinere Endast zeigt einen regulären Halbmond, während der größere in weiter Ausdehnung von einer serösen Zellmasse überzogen wird, von der man nur das Eine sagen kann, daß sie zweifellos einem mehrfach zusammengesetzten Halbmond entspricht.

d) Zusammenfassung über die Halbmonde.

1. Die Halbmonde bilden in ihrer einfachsten Gestalt lediglich den blinden Abschluß oder das Ende des Schleimrohres. Bei weiterer Fortentwicklung breiten sie sich in einer Richtung transversal zur Achse

des Schleimrohres aus und, wenn eine erhebliche Vermehrung ihres Zellmateriales eintritt, umgreifen sie das Schleimrohrende, auf welche Weise die typischen napfähnlichen Formen entstehen.

2. Die Entwicklung der Monde geht also nicht in der Richtung scheitelwärts, sondern lateralwärts. Die Umfassung des Schleimrohres wird in extremen Fällen dadurch bewirkt, daß sich eine deutliche »Randfalte« bildet, welche sich zwischen Basalmembran und Schleimrohrende in der Richtung basalwärts eine Strecke weit vorwärts schiebt. Die seitliche Entwicklung der Halbmonde steht wiederum in Zusammenhang mit der Teilungsfähigkeit der Adenomeren.

3. Zwischen den serösen Zellen der Lunula einerseits und den terminalen Schleimzellen des Ganges andererseits finden sich sehr häufig einige unter starker Pressung befindliche, mehr oder weniger verschmälerte Epithelzellen. Diese befinden sich somit »an der Basis« der Adenomere und können als basale oder eingeklemmte Epithelzellen bezeichnet werden.

4. Unter den größeren Halbmonden trifft man auf viele zusammengesetzte Formen, Dimeren, Trimeren, Tetrameren usf. Sie entsprechen durchaus den zusammengesetzten Formen der serösen Acini und leiten sich auf unvollständig gebliebene Teilungen zurück. Im besonderen kann man die dimeren Formen als Musterbeispiele fixierter Teilungszustände ansehen, welche den ausgehenden Stadien der Entwicklung entsprechen.

5. Der Vorgang der Teilung der Adenomere ist nach dem bisher vorliegenden Materiale wie folgt vorzustellen. Zunächst findet ein Auswachsen der Lunula nach den Seiten hin statt. Alsdann tritt eine Verdickung des Epithels entsprechend der Symmetrieebene der Teilungsfigur auf und es wird oberflächlich an gleicher Stelle eine flache Einfurchung sichtbar. Diese Verdickung läßt sich durch sorgfältige Analyse auf eine latente Faltung zurückführen. An der Basis der letzteren findet weiterhin die Erscheinung gewisser indifferenter Zellen statt, der Trennungszellen, welche nichts anderes sind als Zellen der Gänge und welche demgemäß auch der Verschleimung unterliegen können. Weiterhin findet eine Spaltung des Epithels (Epithelioschise) bis auf die Trennungszellen herab statt, wobei ferner nachträglich Bindegewebszellen in die Spalte eindringen können. Letztere sind die Vorläufer bzw. Platzmacher der Basalmembran.

6. Die Trennungszellen und auch die Endzellen des präterminalen Ganges treten oft der Lage nach als zentroacinäre Zellen auf, eine Tatsache, die morphologisch von durchaus untergeordneter Bedeutung ist.

7. Die Trennungszellen und die vorhin genannten basalen oder eingeklemmten Zellen bilden, bisweilen zusammen mit den verschleimten

Endzellen des präterminalen Ganges, an der Basis der Tochterknospe einen niedrigen ringförmigen Sockel, welcher nichts anderes ist als das Rudiment eines präterminalen Ganges letzter Ordnung.

8. Die Natur macht einen gewissen Unterschied zwischen der Lunula und dem Gangrudiment, indem sie nämlich bei der Epithelioschise mitunter nur den der Lunula entsprechenden Teil durchspaltet (halbe Spaltung), nicht aber den basalen Teil der Knospe, in welchem das Gangrudiment enthalten ist. Auf diese Weise kommen dimere Formen zustande mit gespaltenen Monden und verwachsenen Gangrudimenten. Diese Erfahrung (welche an den vielteiligen Endkolben in besonders auffallender Weise sich wiederholt) lehrt, daß die Mutterknospe sich bei Gelegenheit der Teilung in zwei Abschnitte gliedert, einen terminalen und einen präterminalen. Letzterer entspricht dem Gangrudimente, ersterer rekonstituiert sich als Tochterscheitelknospe und wird histologisch als Lunula ausdifferenziert. Gangrudiment und Lunula bilden zusammen ein rudimentäres Endästchen.

9. Die Trimeren und Tetrameren sind den dimeren Formen durchaus ähnlich. Dagegen sind die hochkomplizierten polymeren Bildungen schwer zu untersuchen. Aber auch sie entsprechen den verschiedenen Arten der dimeren Formen. Wir unterscheiden demgemäß a) solche mit totaler Verwachsung der rudimentären Endästchen, also ohne Sonderung der Lunulae; b) solche mit halber Spaltung, also mit Trennung der Lunulae bei gleichzeitiger Verwachsung der Gangrudimente.

a) Bei totaler Verwachsung der rudimentären Endästchen sind die epithelialen Strukturkomplexe schwierig auflösbar. Findet gleichzeitig Verschleimung der Epithelien der Gangrudimente statt, so fließen die Teilmonde in seitlicher Richtung zu umfangreichen, scheinbar einheitlichen, kugelschalenförmigen Riesenmonden zusammen, welche in ihrer bauchigen Höhlung eine scheinbar ungeordnete Masse von Schleimzellen, eben die verschleimten Gangrudimente, einschließen. Ist die Verschleimung ausgeblieben, so erhalten wir den Typ der blumenkohlähnlichen Formen, welche durch vielfache sukzessive radiale Teilung der Adenomere und ihrer Nachkommen entstanden zu denken sind. Sobald flache Bindegewebszellen in diese Massen eindringen, tritt die radiale Anordnung deutlich hervor.

b) Bei halber Spaltung ist die Natur des betreffenden Endkolbens leichter erkennbar, weil die Halbmonde diskret sind und als hervorragende Buckel die Lage und Zahl der rudimentären Endästchen erkennen lassen.

B. Embryologischer Teil.

1. Material und Methode.

Nachdem durch die Untersuchung der Speicheldrüsen beim erwachsenen Geschöpf eine außerordentliche Zahl besonderer Bildungen zutage getreten war, welche als Formen der ausgehenden Entwicklung bzw. als Hemmungsbildungen angesehen werden mußten, ergab sich ganz von selbst das Bedürfnis, die Parallele mit dem embryonalen Organ herzustellen und sich dessen zu versichern, daß die beim Erwachsenen gewonnenen Deutungen richtig sind.

Eine Untersuchung der Entwicklung in allen Stadien war zu dem vorliegenden Zwecke nicht nötig; diese ist Sache der Embryologie. In der Synthesiologie (synthetischen Morphologie) genügt es, den Bauplan irgendeines Organes zu vergleichen mit den Formen der Synthese in der Entwicklung und zu diesem Behufe wird sehr häufig die Betrachtung bestimmter, besonders der späteren Stadien, ausreichend sein. Zuerst hatte ich geglaubt, daß die Drüsen des Neugeborenen die nötigen Anhaltspunkte liefern würden. Allein dies ist nicht der Fall. Denn die Präparate von einer Sublingualis ergaben, daß die Speicheldrüsen zu dieser Zeit histologisch ausdifferenziert sind. Wenn also auch die Organe des Neugeborenen und des Kindes als wachsend vorgestellt werden müssen, so ließ sich doch voraussehen, daß man auch bei eindringender Untersuchung wesentlich nur die nämlichen Bilder treffen würde wie nach erfolgtem Wachstumsstillstande.

Ich griff daher sofort weiter zurück und ließ Serien von der Submaxillaris eines menschlichen Embryos vom Ende des 4. Monats herstellen, welche nach Susa-Fixierung wiederum mit Azokarmin und Anilinblau gefärbt wurden. Es zeigte sich, wie früher schon bei anderen Gelegenheiten, daß unser Verfahren auch bei embryologischem Materiale von dem Zeitpunkte an, wo die bindegewebigen Substanzen anfangen, im mikroskopischen Bilde eine Rolle zu spielen, mit vorzüglichem Erfolge anwendbar ist. Im einzelnen ergab sich durch die sehr scharfe Ausfärbung der Basalmembran eine sehr scharfe Konturierung der sämtlichen Zweige des Drüsengeästes und im Zusammenhange damit eine sehr deutliche Hervorhebung ihrer äußeren Formen in allen Einzelheiten. Auf den letzteren Umstand möchte ich das größte Gewicht legen, da die genaueste Feststellung des Verhaltens der äußeren Formen bei Arbeiten dieser Art nicht entbehrt werden kann.

Trotz der sehr günstigen Färbungsverhältnisse gestaltet sich nun die Untersuchung des Objektes schwierig und zwar wegen dessen Zerstückelung durch die Serienmethode. Schneidet man dünn (6 μ), so enthält der Schnitt eine Unmasse Abschnitzel der Drüse, von denen nur der allergeringste Teil für irgendeine Betrachtung brauchbar ist. Schneidet man dicker (15 μ), so übersieht man die Form des Drüsengeästes, die Knospen und ihre Teilungen etwas besser; aber dafür ist nun wegen der Kleinzelligkeit des Materiales die innere Struktur der Teile meistensteils recht undeutlich geworden. Vor allen Dingen kann man jetzt die Lumina der Scheitelknospen in sehr vielen Fällen kaum noch erkennen, was bei der Betrachtung und Beurteilung der Teilungszustände, ebenso im Hinblick auf die Herstellung der Abbildungen, sehr hinderlich ist. In der Praxis der Dinge ergab sich, daß ich zunächst die dickeren Schnitte untersuchen mußte, um eine Gesamtvorstellung zu gewinnen; erst nachdem ich bereits eine recht vollkommene Anschauung des Gegenstandes gewonnen hatte, war ich in der Lage, für viele Einzelheiten auch die dünnen Serien ausnützen zu können.

2. Übersicht über den Bau der Glandula submaxillaris im embryonalen Zustande.

Der allgemeine Aufbau des embryonalen Drüsenkörpers ist bekannt. Charakteristisch ist besonders die ungemein weitläufige Anordnung des Drüsenbäumchens mit den sehr weiten Abständen der Zweiglein verschiedener Ordnung. Zentralwärts befinden sich die größeren Ausführwege und von diesen strahlen nach allen Richtungen hin die Achsengebilde der Läppchen aus. Eingelagert ist das epitheliale System in ein embryonales Bindegewebe von sehr weicher Beschaffenheit, welches zugleich Träger der zahlreichen Gefäße und Nerven ist.

Auffallend war mir, daß die Drüse, ein kleines Körperchen von nur etwa 3 mm Länge und 2 mm Breite, bereits vor einer deutlichen, wenngleich dünnen bindegewebigen Kapsel umhüllt wird und daß in ihrem Inneren die Anlagen der interlobulären Septen bereits erkenntlich sind. Wie die Kapsel die Drüse als ein Ganzes umhüllt, so umschreiben die Septen die Verzweigungssysteme der einzelnen Drüsenästchen bzw. die Läppchen. Stellt man sich also einen einzelnen Drüsenzweig mit seinen Verästelungen vor (s. z. B. auch Abb. 42), so erscheint dieser umhüllt von einem dünnen Mantel bindegewebiger Substanz (*Bi*), welcher überall die am meisten hervorragenden Zweigenden oder Knospen berührt, also etwa, wie wenn man ein Gazesäckchen über eine Weintraube herüberziehen würde. Kapsel und Septen sind fibrillär gebaut, wobei eigentlich so zu nennende Bindegewebsbündel einstweilen fehlen. In der Kapsel sind die Fibrillen deutlich in allerfeinste Lamellen eingelagert, denen die Bindegewebszellen anlagern.

Das Verhalten des Bindegewebes im Innern der Läppchen kann so beschrieben werden, daß von ihrer Umhüllung Bindegewebsfibrillen nach einwärts treten und zwar in größeren Scharen an den Stellen, wo kleine Unterabteilungen der Läppchen sich begrenzen. Innerhalb der Unterabteilungen hingegen werden die Fibrillen immer sparsamer, während die Bindegewebszellen an Zahl zunehmen; in der nächsten Umgebung des Drüsengeästes, besonders in der Nachbarschaft der stark wachsenden Teile bemerkt man eine äußerst zarte, blaß färbbare Materie mit zahlreichen Kernen und den allerfeinsten Anlagen der kollagenen Fibrillen.

Aus dieser Beschreibung geht hervor, daß die Anordnung des Bindegewebes den Wachstumsverhältnissen genau entspricht und von diesen abhängig ist. Denn die größeren Läppchen waren die erstmals angelegten Teile und werden demgemäß schon in deutlicherer Weise von Septen geschieden; die Unterabteilungen der Läppchen hingegen sind durch weitere Knospung und Sprossung erst in zweiter Linie entstanden und so werden sie lediglich durch unvollkommene Septenbildungen gegeneinander begrenzt. In unmittelbarer Umgebung der wachsenden Teile schließlich findet sich die erwähnte zellenreiche Masse, welche als Anlage jener Teile des Bindegewebes zu deuten ist, die den demnächst neu zu bildenden Abschnitten des Drüsengeästes zugehören werden. Dabei ist bemerkenswert, daß die in der Richtung auf die

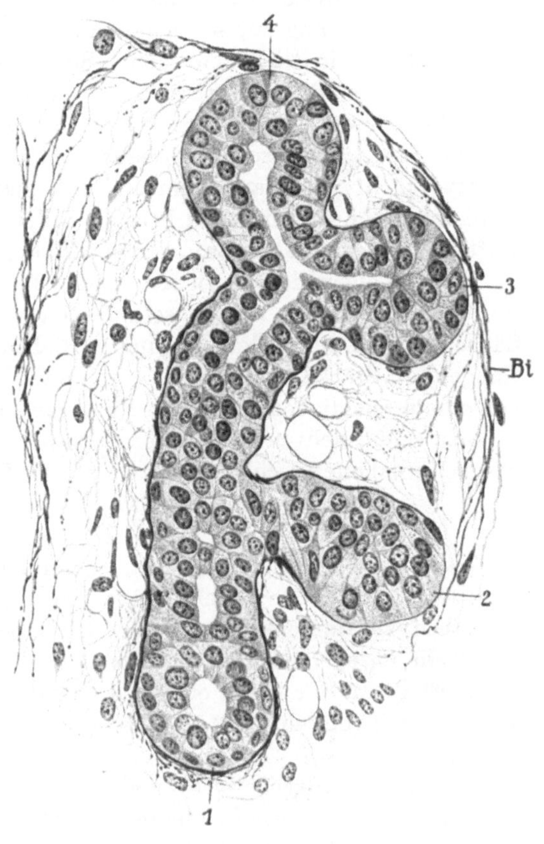

Peripherie fortwachsenden Sprossen des Bäumchens mit ihren äußersten Spitzen die älteren fibrillenreicheren Teile des Gewebes gleichsam vor sich herzutreiben streben (s. Abb. 42), während in der Tiefe der neuentstehenden Läppchen die zellenreiche Markmasse des Bindegewebes durch Zellenteilung und Wucherung sich ergänzt.

Eine besondere Besprechung verdienen die Basalmembranen der

Epithelien, da sie wegen ihrer vortrefflichen Ausfärbung in der Praxis der Untersuchung ein sehr vorzügliches Hilfsmittel sind. Es handelt sich in ihnen zweifellos um glasige Häutchen, deren erste allerdings noch ungemein feine Anlage am Scheitel der wachsenden und zur Teilung sich anschickenden Mutterknospe beobachtet wird. Verfolgt man die Membran von dieser Stelle aus in der Richtung basalwärts auf den präterminalen Gang zu, so sieht man sie alsbald an Dicke zunehmen und erheblich deutlicher werden. Sie entsteht jedenfalls unter dem Einfluß flacher Bindegewebszellen, welche sich von außen her auf die Scheitelknospe auflagern. Ob auch zwischen Basalmembran und Epithel Bindegewebszellen vorhanden sind, darüber konnte ich beim Embryo nicht ins Klare kommen, weil man bei der Beobachtung in Konkurrenz kommt mit den basalen Zellen der Epithelien und Gefahr läuft, letztere mit etwa vorhandenen Bindegewebszellen zu verwechseln.

Mit der eigentlich so zu nennenden Basalmembran darf eine fein-fibrilläre Hülle nicht verwechselt werden, welche sich auf ihrer Außenfläche sogleich entwickelt und in der Richtung basalwärts, entlang den Gängen, an Stärke immer mehr zunimmt. Die breiteren Gänge werden von einem reichlichen fibrillären Bindegewebe begleitet.

Sehr schön sieht man an unseren Präparaten die Gefäße und Nerven, welche in nahem Anschluß an die Geäste des Drüsenbäumchens verlaufen.

3. Allgemeine Morphologie des Drüsenbäumchens.

Was die Formengebung des Drüsenbäumchens anlangt, so muß sich der Untersucher in sehr mühsamer Weise die zerstückten Glieder desselben zusammenklauben, um sich eine richtige Vorstellung von der Sache anzuschaffen. Ich ziehe es vor, dem Leser den wesentlichen Sachverhalt an der Hand einiger schematisierend gezeichneter Skizzen vorzulegen (Abb. 43, 44, 45). Diese sind in der folgenden Weise entstanden.

Es kommen in größeren Serien immer Stellen vor, wo ausnahmsweise einmal die Achse eines kleineren Läppchens mit einigen Seitenzweigen in langer Ausdehnung getroffen ist. Drei solcher Stellen habe ich nun zunächst mit dem Abbeschen Apparat aufgenommen und dann nach Kenntnisnahme der Nachbarschnitte schematisierend überzeichnet. Wir haben also in diesen Skizzen vor allen Dingen die normalen Proportionen des Objektes und eine gewisse Anzahl von Ästchen, welche in den Präparaten wirklich vorhanden waren. Dagegen wurden die Konturlinien im einzelnen ergänzt. Die Skizzen sind aber insofern unvollständig, als die in der dritten Dimension abzweigenden Ästchen nicht mit aufgenommen werden konnten. Trotz dessen geben sie aber ein durchaus richtiges und charakteristisches Bild von dem Verzweigungssystem des Objektes.

Was nun in unseren Abbildungen zunächst auffällt, ist die dichotomische Verzweigung der knospenden Enden.   Die genaueste Durchsuchung der Präparate lehrt nur immer wieder in übereinstimmender Weise, daß das Wachstum der Drüsenästchen (auf diesem Stadium) ausschließlich auf einer dichotomischen Auszweigung beruht und diese wird vermittelt durch besondere kleinere Organe, welche unter dem Bilde dicklicher Scheitelknospen sich darstellen und die Fähigkeit der Zweiteilung besitzen.   Sie sind identisch mit den von uns zuvor schon als teilungsfähige Drüseneinheiten oder Adenomeren bezeichneten Gebilden.   Die Ungunst der Schnittmethode

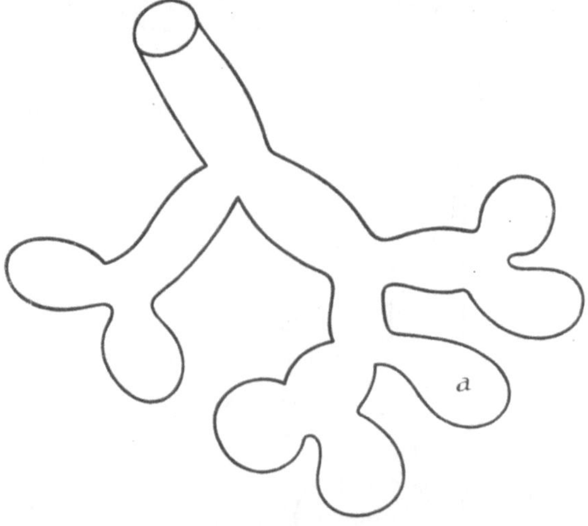

Abb. 43. Submaxillaris, embryonal. Primitive Dichotomie eines Drüsenzweigleins.
Bei *a* äquatorialer Durchschnitt eines zweigeteilten Endes.

verschuldet es, daß man leider nur in einer geringen Minderzahl von Fällen wirklich gute Durchschnittsbilder der beiden durch Zweiteilung entstandenen Paarlinge erhält.   Es muß nämlich der Schnitt parallel der Teilungsebene liegen, wenn ein vollkommen brauchbares Bild entstehen soll.   Unter der Teilungsebene verstehe ich hierbei die Ebene, welche die Richtungsachsen der beiden Tochterknospen und meistenteils auch die Achse des präterminalen Ganges in sich enthält.   In unseren Abbildungen entspricht also der Regel nach die Ebene der Zeichnung oder die Papierebene zugleich der Teilungsebene.   Als Äquatorialebene oder Symmetrieebene der Teilungsfigur bezeichne ich ferner diejenige Ebene, welche senkrecht auf der Teilungsebene stehend zugleich auch die Achse des präterminalen Ganges enthält. Auf dünnen Schnitten (6 μ) erzeugt schon eine geringe Neigung der Schnittebene gegen die Teilungsebene ein assymmetrisches Bild.   Außerdem muß ich hinzufügen, daß die gemeinschaftliche Teilungsebene der Tochterknospen oftmals gegen die Achse des präterminalen Zweiges geneigt ist, so daß, auch wenn die Schnittführung parallel der Teilungsebene ging, doch der präterminale Zweig schief, mitunter sogar beinahe rechtwinklig durchquert wird. Auch der äquatoriale Schnitt liefert ein regelmäßiges, wenn auch wenig nützliches Bild des Zweigendes. Die beiden Tochterknospen erscheinen dann nicht im Bilde, weil sie

Abb. 44. Submaxillaris, embryonal. Primitive Dichotomie eines Drüsenzweigleins, jedoch mit Beginn der Umsetzung auf die sympodiale Form. Bei a und c äquatoriale Durchschnitte zweigeteilter Enden. Bei b und d laterale Knospen. b, und b,, sind aus einer Mutterknospe hervorgegangen, welche ihrerseits als Geschwister zu b gehörte.

in diesem Falle ober- und unterhalb der Schnittebene liegen. Solche Durchschnittsbilder sieht man in Abb. 43 bei a, in Abb. 44 bei a und c und in Abb. 45 bei c.

Unsere Abb. 43 zeigt in der Gestalt des Drüsenzweiges den Effekt der fortgesetzten Zweiteilung der Adenomere in reinster Form. Hierbei entspricht naturgemäß jeder Gabelung des Zweiges ein bestimmter Teilungsakt der Adenomere. Allein schon Abb. 44 läßt dies Bild nicht mehr in durchaus reiner Form erkennen, denn es treten nunmehr scheinbare Adventivknospen auf (bei b und d). Bezüglich dieser habe ich ermittelt, daß sie tatsächlich ebenfalls aus der Teilung der Scheitelknospe hervorgingen, aber im Wachstum entsprechend zurückgeblieben sind. Sie treffen sich daher fast immer unterhalb der Zweigenden, seltener, wenn sie schon längere Zeit in Ruhe verharrten, auch an den etwas gröberen Stämmchen. Das vorübergehende Auftreten dieser pseudoadventiven, besser lateralen Knospen, ist das beiläufige Anzeichen eines für die Gestaltung des Drüsenbäumchens wichtigen Vorganges. Untersucht man nämlich die Verzweigungssysteme der gröberen Stämmchen, so wird man die Bemerkung machen, daß sie den dichotomischen Typus nicht mehr aufweisen. Wir beobachten vielmehr eine anscheinend monopodiale Form der Verzweigung mit stärkerer Hauptachse und schwächeren Seitenzweigen.

Der dichotomische Typ mit seinen fortwährenden Gabelungen und winkeligen Brechungen schwindet also und wird »rektifiziert«, gerade gemacht, so daß eine sympodiale Form entsteht, wobei mehrere bis viele Ästchen, welche aus den aufeinander folgenden Teilungen der Scheitelknospen hervorgingen, nunmehr in gleicher Flucht aneinander anschließen und unter Angleichung der Kaliberverhältnisse ohne

Abb. 45. Submaxillaris, embryonal. Umsetzung des Drüsenzweigleins auf die sympodiale Form.

besondere Abmarkierung ineinander übergehen. Dieses Bestreben der geraden Ausrichtung der Drüsenzweige, welches dem Vorgange der Dichotomie entgegenwirkt, macht sich bereits an den Zweigenden geltend, indem nämlich ungemein häufig eine der Tochterknospen in der Entwicklung zurückbleibt, während die andere auswächst und sich weiterhin teilt. Dadurch gewinnt die zurückgebliebene Knospe eine laterale Stellung, während die auswachsende die Richtung des präterminalen Astes fortzusetzen bestimmt ist. Es ist also in Abb. 44 die laterale Knospe bei *b* zweifellos ursprünglich durch Zweiteilung einer Scheitelknospe entstanden, befindet sich aber gegenwärtig in dem zeitweiligen Zustande einer Entwicklungshemmung, während ihr Geschwister fortwachsend bereits zwei neue Tochterknospen (bei *b,* und *b,,*) geliefert hat.

Ich lege nun Abb. 45 als ein Gegenbeispiel zu Abb. 43 vor, weil in diesem Falle die Rektifikation oder Umsetzung auf die sympodiale Form bereits weit fortgeschritten ist. Hier haben wir zunächst bei *a* und *b* zwei in Teilung befindliche Scheitelknospen, bei *c* ein kleines

Seitenästchen im äquatorialen Schnitt und ferner bei *d* eine laterale Knospe. Letztere ist durch den Prozeß der Rektifikation gewissermaßen beiseite geschoben worden und wird sich erst später weiter entwickeln. Alsdann sehen wir bei *e* ein größeres Seitenästchen mit geteilter Scheitelknospe, welches bei *f* wiederum seinerseits eine laterale Knospe trägt. Weiterhin folgen bei *g* und *i* kleinere Seitenzweige und dazwischen bei *h* abermals eine laterale Knospe.

Nach dieser allgemeinen Aufrechnung gebe ich die folgenden besonderen Erläuterungen. Das stärkere Auswachsen der einen Tochterknospe und die Hemmung der anderen ist in beliebig vielen Beispielen auffindbar. Unsere Abbildungen legen Zeugnis ab für diese Vorgänge (z. B. Abb. 42 S. 63 bei *2*). Beim Erwachsenen finden sich solche Bildungen, welche den lateralen Knospen ähnlich sehen, nicht mehr; sie entwickeln sich also sämtlich früher oder später weiter und liefern Teile des Drüsengeästes. Inzwischen werden sie jedoch oft in Teilungsruhe gefunden, während die Scheitelknospen im Gegensatz dazu in fortwährender Tätigkeit gedacht werden müssen.

Die Frage, ob wahre Adventivknospen bei unserem Objekte, den großen Speicheldrüsen des Menschen, vorkommen, möchte ich hier nicht allgemein entscheiden; auf dem von mir beobachteten Entwicklungsstadium kamen sie ganz gewiß nicht vor. Da ich sie jedoch massenhaft auf einem sehr frühen Stadium der Stenoschen Nasendrüse aufgefunden habe, so halte ich für möglich, daß sie auch bei dem vorliegenden Objekte auf früheren Entwicklungsstadien vorkommen möchten, und zwar, wenn überhaupt, dann in den Perioden sehr schnellen Wachstums.

Soweit ich sehen kann, haben auf dem mir vorliegenden Stadium der Submaxillaris mindestens die sämtlichen interlobulär verlaufenden Stämmchen und alle stärkeren Achsengebilde der Läppchen die Rektifikation durchgemacht. Unsere Abb. 45 beweist, daß sie auch an den feineren Verzweigungen sehr bald Platz greift. Damit will ich indessen der Entscheidung der Frage, inwieweit sich der dichotomische Typ beim Erwachsenen hier und da erhalten kann, nicht vorgreifen. Zu einer diesbezüglichen Feststellung würden eindringliche Studien über den Verzweigungstyp der Schaltstücke notwendig sein, über welche ich zur Zeit nicht verfüge.

In physiologischer Beziehung möchte ich hervorheben, daß bei Aufrechterhaltung der Dichotomie sich dem ausfließenden Sekrete wegen der winkligen Brechung der Ausführwege starke Reibungswiderstände entgegensetzen würden. Somit kann die Rektifikation als eine im betriebstechnischen Sinne zweckmäßige Einrichtung angesehen werden. Embryodynamisch ist von höchstem Interesse, daß die Entwicklung des Astwerkes der Drüse an die Zweiteilung der

Scheitelknospe oder Adenomere gebunden ist, während die daraus folgende primitive Dichotomie zum baldigen Verschwinden verurteilt ist. Somit erscheint die Teilung der Scheitelknospe um so mehr als eine conditio sine qua non der Entwicklung und dies kann nur darin seinen Grund haben, daß die Knospe in der Tat in unserem Sinne ein mit der Fähigkeit der Zweiteilung begabtes Histosystem ist.

4. Histologie der Gänge.

Die breiteren interstitiellen Ausführwege messen bei unserem Objekt etwa 60 μ und darüber, ihr Epithel ist etwa 20 μ hoch. Letzteres besteht wie beim Erwachsenen aus höheren zylindrischen und niederen basalen Zellen, welche von der Berührung mit dem Lumen ausgeschlossen sind (Abb. 46). Dieses so beschaffene Epithel wird in der Richtung peripheriewärts niedriger, bis auf etwa 12 μ in den präterminalen Gängen, und gleichzeitig werden die basalen Zellen, die anfangs sehr dicht liegen, seltener. Gleichwohl können letztere bis in die Adenomeren hinein verfolgt werden (Abb. 46). Hier liegt also gegenüber den Verhältnissen des Erwachsenen eine bedeutende Abweichung vor.

Auf den axialen Längsschnitten der Gänge bemerkt man, daß die Epithelien gegen das Lumen hin nicht durch eine gerade Linie begrenzt werden. Vielmehr erhebt sich das Epithel in kleinen Wellen, welche ziemlich dicht beieinander stehen. Auf einem extraaxialen Schnitt, welcher das Lumen tangential getroffen hat, bemerkt man ferner, daß die erwähnten

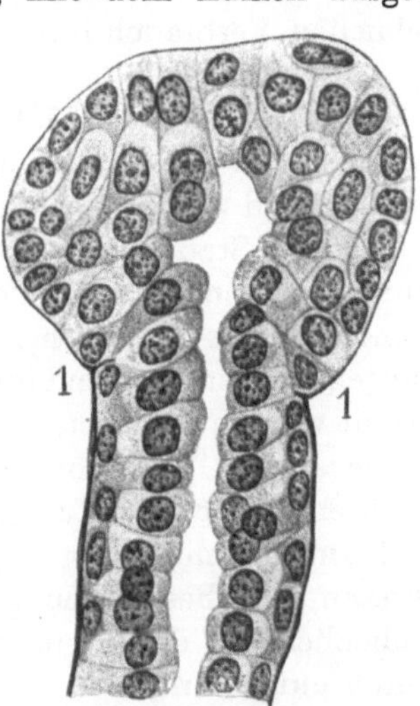

Abb. 46. Submaxillaris, embryonal. Vergr. 575. Scheitelknospe mit deutlicher Absetzung gegen den präterminalen Zweig bei *1*.

Wellen besonderen Wulstungen des Epithels entsprechen, welche ringförmig um das Lumen herumlaufen. Daher ist das Lumen räumlich vorgestellt, mehr oder weniger rosenkranzförmig gestaltet. Diese so beschriebene Erscheinung pflegt an den Gängen mittleren Kalibers gut ausgebildet zu sein, während sie in der Richtung peripheriewärts undeutlich wird. An den präterminalen Gängen wird eine regelmäßig rosenkranzförmige Gestaltung des Lumens nicht mehr bemerklich; hier fällt nur noch eine gewisse unregelmäßige Gestaltung der Epitheloberfläche auf.

Ob die hier beschriebene Rosenkranzform des Lumens mit der

Kammerung der ausführenden Kanäle beim Erwachsenen und mit der analogen Form der Gänge beim embryonalen Pankreas in irgendeinem Zusammenhange steht, müssen wir dahingestellt sein lassen.

Ich habe mir viel Mühe gegeben, bei dieser Gelegenheit über die biologische Bedeutung der basalen Zellen ins Klare zu kommen, was mir aber nicht gelungen ist. Da sie eine Bedeutung im Sinne der Werktätigkeit der Organe nicht haben können, muß ihnen eine embryodynamische Funktion zukommen. Diese zu erkennen wäre um so wichtiger, weil die gleichen Zellen auch in den Ausführwegen anderer drüsiger Organe (Ductus epididymidis und Ductus deferens), sowie in den gesamten Luftwegen vorkommen. Die beliebte Deutung als Ersatzzellen scheint mir unsicher zu sein, da wenigstens bei den Ausführwegen der Drüsen von einer ausgiebigen Beanspruchung der Epithelien und einem schnellen Verbrauch ihrer Zellen nicht die Rede sein kann.

5. Histologie der Adenomeren.

Wie man aus unseren bereits mitgeteilten Skizzen ersieht (Abb. 43 bis 45), sind die an den Zweigenden sitzenden Scheitelknospen in verschiedenen Stadien der Zweiteilung oder wenigstens lebhaften Wachstums begriffen. Nur an den lateralen Knospen kommen offenbar Zustände einer vorübergehenden Teilungsruhe vor und so erscheint es zunächst als naheliegend, diese als Muster der Beschreibung zu nehmen. Damit würden wir aber von den Ausnahmen ausgehen und ich ziehe es deswegen vor, die knopf- und hammerförmigen noch einfachen ungefurchten Scheitelknospen, welche in den Vorbereitungsstadien begriffen sind, der Beschreibung zugrunde zu legen (Abb. 46 ff.). Wir lassen alsdann die Beschreibung der Teilungsstadien folgen und kommen schließlich auf die lateralen Knospen zurück, welche einige Besonderheiten aufweisen.

Auf dem hier vorliegenden Stadium der Entwicklung der Submaxillaris (Ende des 4. Monats) erstreckt sich die Lichtung des präterminalen Ganges zweifellos immer bis in die Knospe hinein (s. die Abb.). Bei ungenauer Beobachtung und auf dicken Schnitten mag es so scheinen, als ob das Lumen in vielen Fällen fehlt. Dies ist aber nicht der Fall. Allerdings ist die Lichtung von sehr verschiedener Weite. Manchmal findet man nur einen engen unregelmäßig begrenzten Raum, während in anderen Fällen wiederum eine weite Höhlung vorhanden ist. Das Lumen ist also öfters unregelmäßig geartet, da die begrenzenden Epithelwände wechselnde Oberflächenverhältnisse aufweisen, aber es ist nichtsdestoweniger ausnahmslos nachweisbar und zwar gelingt dies darum, weil bei Anwendung unserer Färbungsmethode das in dem Hohlraumsystem enthaltene Sekret sich ein wenig in bläulichem Tone anfärbt.

Die äußere Form des Lumens und die der Knospen gehen im großen und ganzen Hand in Hand. Ist die Knospe rundlich gestaltet (Abb. 46), so ist das Lumen von gleicher Art. Ist die Knospe deutlich in der Querrichtung ausgezogen, so daß sie zusammen mit dem präterminalen Aste eine Hammerform bildet, so ist auch das Lumen entsprechend zweizipfelig (Abb. 47ff.); dann handelt es sich schon um die in Gang begriffene Teilung. Immer aber sind die Knospen von breiterem Querschnitte als der präterminale Ast, so daß auch die embryonale Drüse als traubenförmig bezeichnet werden kann.

Hier bestätigen sich nun alle jene Beobachtungen über das transversale oder Breitenwachstum der Acini bzw. Adenomeren, welche wir bereits aus den fixierten Teilungszuständen der Drüse des Erwachsenen abgeleitet haben. Schon in den Initialstadien der Teilung wulstet sich die Knospe stark nach den Seiten hervor und hebt sich als ein besonderer Gegenstand meist scharf von dem präterminalen Gange ab. An der Grenze beider Teile findet sich demzufolge eine deutliche Ringfurche. Diese entspricht ganz offenbar in vielen Fällen einer an gleicher Stelle befindlichen Einfaltung des Epithels, welche dadurch erkennbar wird, daß die Basalmembran, der Einfaltung folgend, in das Epithel eindringt. Auf diese Weise bildet sich dann eine sehr bestimmte Marke zwischen der Adeno-

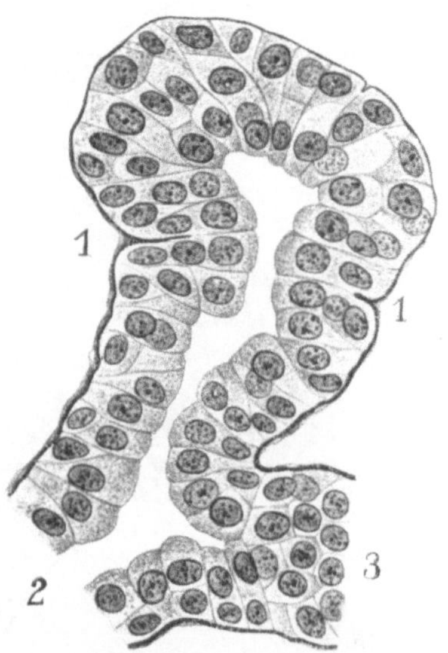

Abb. 47. Submaxillaris, embryonal. Vergr. 575. Große Scheitelknospe in transversaler Ausbreitung begriffen. Bei *1* Einfaltung der Basalmembran an der Basis der Knospe. *2* basales Ende des Zweiges. *3* weiterer Seitenzweig.

mere einerseits und den Gangepithelien andererseits. Demzufolge muß die Adenomere als ein ganz bestimmter, scharf umgrenzbarer Körper angesehen werden.

Unsere Abbildungen zeigen das geschilderte Verhalten (Abb. 46—49 bei *1*). Bei ihrer Durchmusterung ist jedoch in Rechnung zu ziehen, daß bei unserer Technik das Epithel rot, die Basalmembran tief blau gefärbt ist, weswegen die geschilderten Verhältnisse in den Präparaten selbst bei weitem deutlicher in Erscheinung treten. Diese Einfaltung der Basalmembran, welche wohl gemerkt, nicht konstant ist, findet man an der Grenze von Knospe und Gang bald einerseits, bald beiderseits, bald auf der einen stärker, auf der anderen schwächer ausgebildet, kurz in sehr wechselnden Verhältnissen. In

Abb. 46 haben wir, wie sehr häufig, nur eine Andeutung davon und die Basalmembran schneidet nur bis zu geringer Tiefe in die Epithelien hinein. In Abb. 47 ist die Einfaltung eine viel deutlichere, zudem einerseits sehr viel stärker ausgebildet als auf der anderen. In Abb. 48 fehlt sie einerseits gänzlich, während die Membran andererseits tief in das Epithel eindringt usf. (vgl. auch Abb. 49, 51 usw.).

Was die Epithelien der Adenomere anlangt, so ergeben sich rein histologisch betrachtet wechselnde Befunde, welche entwicklungsgeschichtlich sicherlich von geringer Bedeutung sind. Ist das Lumen

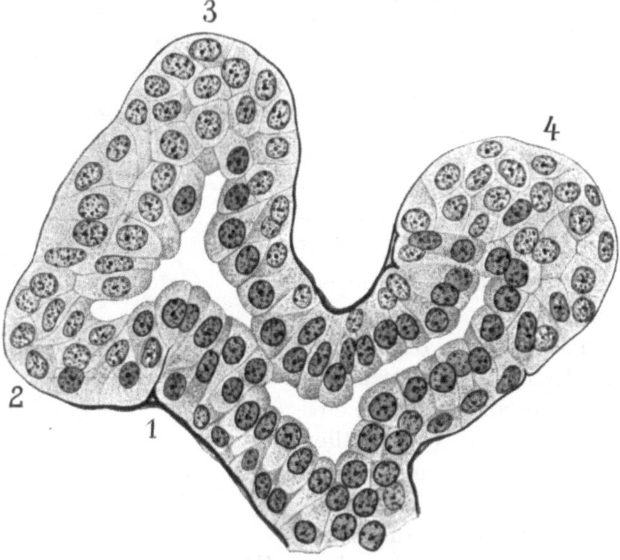

Abb. 48. Submaxillaris, embryonal. Vergr. 575. Endästchen mit zwei Scheitelknospen. Die eine Knospe bei *4* ist in der Entwicklung zurückgeblieben und wird in laterale Stellung übergehen; die zweite Knospe ist wiederum in Teilung begriffen und weist eine starke seitliche Ausladung (bei *2* und *3*) auf. Das Lumen ist bereits gegabelt, das Epithel verdickt, jedoch noch keine Einfurchung am Scheitelpole bemerkbar. Bei *1* bedeutende Einfaltung der Basalmembran zwischen Knospe und präterminalem Gange.

der Knospe weit, so sind die Epithelien verhältnismäßig dünn, erscheinen im wesentlichen zweireihig und erinnern an die der präterminalen Gänge (Abb. 55 bei 2). Ist das Lumen dagegen eng, so werden die Epithelien kleinzellig und anscheinend vielschichtig (Abb. 46—49). Dies ist der gewöhnliche Befund. Man kann in diesen verdickten Epithelien gelegentlich bis zu vier Kernreihen übereinander liegend finden, aber ich will damit nicht sagen, daß sie nun auch wirklich als vielschichtig aufgefaßt werden müssen. Untersucht man nämlich Knospen mit weiterem Lumen und niedrigem Epithel, so findet man einerseits viele zylindrische Zellen, welche von der Basis des Epithels bis zu dessen freier Oberfläche hindurchlaufen und andererseits die bekannten basalen

Zellen der Gänge. Außerdem trifft man lediglich einzelne Zellen längs der freien Oberfläche des Epithels, welche dem Anscheine nach nicht auf der Basalmembran wurzeln. Es kann also sehr wohl sein, daß der Anschein des Aufbaus in vielen Schichten bei den Knospen mit dicker Wand durch das Moment der seitlichen Pressung und der engen Lagerung des kleinzelligen Materials bedingt wird.

Es sind also, um es zu wiederholen und noch etwas näher auszuführen, gewisse Unterschiede zwischen den Epithelien der teilbaren Drüseneinheiten und der präterminalen Gänge vorhanden, wenngleich diese keineswegs prinzipieller Natur sind. Bei den Gängen haben wir ein einfaches, meist hell aussehendes Zylinderepithel mit basalen Zellen, welches somit als zweireihig erscheint (Abb. 48, 49), während wir in dem gewöhnlichen Zustande der Epithelien der Adenomere ein protoplasmareiches kleinzelliges Material in anscheinend vielfacher Schichtung vor uns haben, wobei die basalen Zellen jedoch auch hier erkennbar sind. Bei den Gängen ferner liegen die Kerne der Zylinderzellen dem Lumen benachbart und bilden dort eine besondere Schicht, welche gewöhnlicherweise beim Übergang in die Knospe verschwindet. Es darf aber, trotzdem diese gewissen Unterschiede vorhanden sind, nicht übersehen werden, daß die Epithelien der Knospen denen der Gänge in allen Beziehungen ähnlicher werden, sobald das Knospenlumen sich erweitert und die epitheliale Schichte niedriger wird. Am besten treten die histologischen Unterschiede zwischen Knospe und Gang dann hervor, wenn in Folge von extraaxialer Lagerung des Schnittes die Übergangsregion beiderlei Teile außerhalb der Bildebene liegt; dann hat man einerseits das kleinzellige, meist tief geschichtete Material der Knospe, andererseits die hellen Zylinderzellen der Gänge mit ihrer doppelten Kernreihe.

6. Teilungsformen.

In Vorstehendem haben wir zunächst die histologische Untersuchung der Adenomeren und ihre scharfe Begrenzung gegen den präterminalen Gang besprochen, um die nötigen Unterlagen für die Betrachtung des Teilungsaktes zu schaffen. Es fragt sich nun weiterhin: was können wir von einer Untersuchung erwarten, welche die genaueste Ausmittelung dieses Vorganges beim Embryo zum Ziele hat? Gefunden hatten wir beim Erwachsenen bereits Hemmungsbildungen der ausgehenden Entwicklung, Dimeren, teils mit völliger Verwachsung der Paarlinge, teils mit halber Spaltung derselben bis auf die Basis der Halbmonde, teils mit ganzer Spaltung einschließlich der präterminalen Gänge und Eintritt von Bindegewebszellen in die Spaltlücke. Demgemäß hatten wir geschlossen, daß das Wesentliche des Teilungsaktes auf latenter Faltung und nachfolgender Epithelspaltung beruhen müsse, und wir sind auch zweifellos damit im Rechte gewesen. Auffallend ist nun, daß die in Rede stehenden Vorgänge auf dem vorliegenden frühen Embryonalstadium sich nicht direkt nachweisen lassen. Der Teilungsakt verläuft vielmehr in seinen wesentlichen Momenten latent und wir können daraus entnehmen, wie ungemein wichtig das Studium der Hemmungsbildungen für die Klarlegung der embryodynamischen Vorgänge ist. An die Stelle der Epithelspaltung ist ganz offenbar eine allmählich sich vollziehende Massenverschiebung des epithelialen Materiales getreten, wodurch der Sinn der Dinge gewissermaßen für unser betrachtendes Auge verhüllt wird. Ich möchte aber schon jetzt hinzufügen, daß die in den nachfolgenden Abschnitten beschriebene Entwicklung der Glandula nasalis Stenonis die in Frage kommenden Faltungs- und Spaltungsvorgänge in typischer Weise erkennen läßt. Desgleichen tritt bei dieser letzteren Drüse die Abstammung des präterminalen Ganges aus der Adenomere, welche sich bei der Submaxillaris nur mühsam herleiten läßt, mit der vollkommensten Deutlichkeit hervor. Die Glandula nasalis war jedoch in der Reihenfolge meiner gegenwärtigen Untersuchungen der letzte Gegenstand und so traf es sich, daß ich bei der kritischen Verarbeitung des von der Submaxillaris gewonnenen Beobachtungsmateriales noch der Bestätigungen entbehrte, welche mir erst die Durchsuchung der zweiten Drüse an die Hand gegeben hat. Beide Untersuchungen fallen jedoch in ihren Resultaten völlig zusammen und sogar die Beobachtungen über die Hemmungsbildungen stimmen in allen wesentlichen Zügen überein.

Nunmehr lege ich in erster Linie die Beobachtungen vor, welche sich in betreff des dichotomischen Wachstums der Submaxillaris ergeben haben.

Beim ersten Anblick der Präparate unseres Stadiums möchte man glauben, daß es da von Teilungsfiguren der Scheitelknospen nur so wimmelt. Allein dies ist nicht richtig. Denn die Drüsenzweiglein letzter Ordnung tragen meist zwei in deutlichster Weise gegeneinander begrenzte Tochterknospen (z. B. Abb. 42 S. 63 u. 50), welche mithin einem bereits fortgeschrittenen Entwicklungsstadium entsprechen. Der eigentlich so zu nennende Teilungsakt, d. h. derjenige Vorgang, welcher die Erscheinung der beiden Tochterknospen und ihr Wachstum nach divergenten Richtungen hin bestimmt, ist wohl um vieles früher anzusetzen. Er ist mindestens nach rückwärts zu datieren bis auf diejenige Endknospe, welche soeben eine deutliche Hammerform angenommen hat und dadurch anzeigt, daß die Zerlegung in die beiden Tochterknospen bereits in vollem Gange ist. Ich habe daher meine Aufmerksamkeit in erster Linie denjenigen Knospen zugewendet, welche in einer Richtung transversal zur Achse des präterminalen Ganges sich zu verbreitern beginnen.

Als Ausgangspunkt der Betrachtung können wir das Objekt der Abb. 46 S. 69 nehmen, welches ich darum habe abbilden lassen, weil das Epithel der Knospe sich sehr gut gegen das des Ganges begrenzt; letzteres zeigt in typischer Form die Zylinderzellen mit den gegen das Lumen hin liegenden Kernen und ebenso die basalen Zellen, während das Knospenepithel selbst keinerlei besondere Strukturform erkennen läßt. Oder man kann ausgehen von einer Tochterknospe, wie wir sie in Abb. 42 S. 63 sehen, weil diese demnächst wiederum in Teilung eintreten wird. Betrachtet man im Verhältnis hierzu die hammerförmigen Knospen, so fällt zunächst auf, daß diese in der Größe individuell variieren. Letztere kann also für die Beurteilung des Stadiums im einzelnen nicht mehr maßgeblich sein (vgl. Abb. 48 im Verhältnis zu Abb. 49). Der Fortschritt in der Entwicklung wird vielmehr in erster Linie erkenntlich an dem Verhalten der Drüsenlichtung, welche sich zunächst in querer Richtung etwas ausdehnt (Abbild. 47) und sich weiterhin in die beiden den Tochterknospen zugehörigen Gabeläste verlängert (Abb. 48 bis 50); in zweiter Linie hält man sich am besten an die beginnende Einfurchung am apikalen Pole der Teilungsfigur (Abb. 49), welche später sich vertiefend die beiden jugendlichen Tochterknospen gegeneinander absetzt (Abb. 50).

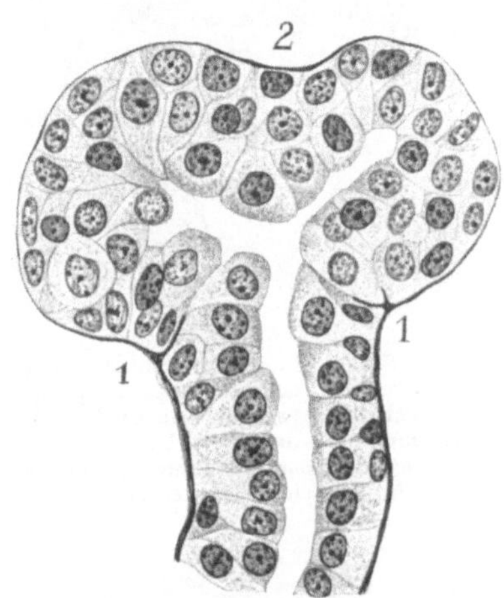

Abb. 49. Submaxillaris, embryonal. Vergr. 575. Scheitelknospe in Teilung begriffen mit deutlicher Einfaltung der Basalmembran an ihrer Basis bei *1*. Die Knospe ist hammerförmig und zeigt eine apikale Einfurchung in der Symmetrieebene der Teilungsfigur bei *2*. Die wuchernden Pole der Tochterknospen sind an der Verdünnung der Basalmembran kenntlich.

Gehen wir zur Betrachtung im einzelnen über, so haben wir an der Mutterknospe zunächst nur einen jedoch die Tochterknospen wirklich zwei, einen rechten und einen linken. wachsenden Scheitelpol; sobald angelegt sind, haben wir deren Der Moment der Verdoppelung des Poles kann aber bei unserem Objekte in keiner Weise bestimmt bezeichnet werden. Bei der Betrachtung von außen her gibt jedoch die Basalmembran sehr häufig ein Hilfsmittel an die Hand, um die jeweiligen Wachstumsverhältnisse des Knospenepithels zu beurteilen. Denn dort, wo ein starkes Wachstum, Ausdehnung und Vorwulstung des Epithels statthat, ist die Basalmembran erheblich verdünnt bzw. erst in der Anlage begriffen. Dort jedoch, wo das Wachstum geringer ist bzw. ein relativer Ruhezustand herrscht, ist die Basalmembran dicker. Demgemäß sehen wir, daß nach vollzogener Teilung des Poles

(Abb. 49 und 50) die Basalmembran an den wachsenden Scheitelenden der eben angelegten Tochterknospen besonders dünn ist, während sie am Boden der Einziehung zwischen ihnen bereits einige Dicke gewonnen hat. Demgemäß würde es sich um die sehr bestimmte Frage handeln, was eigentlich bei der Zerlegung der Mutterknospe an deren Scheitelpol vor sich geht. Man würde, wie schon oben hervorgehoben, eine offensichtliche oder latente Einfaltung, letztere mit nachfolgender Epithelioschise vermuten; aber es lehrt die direkte Beobachtung darüber meistenteils nichts. Nur in einem einzigen Falle

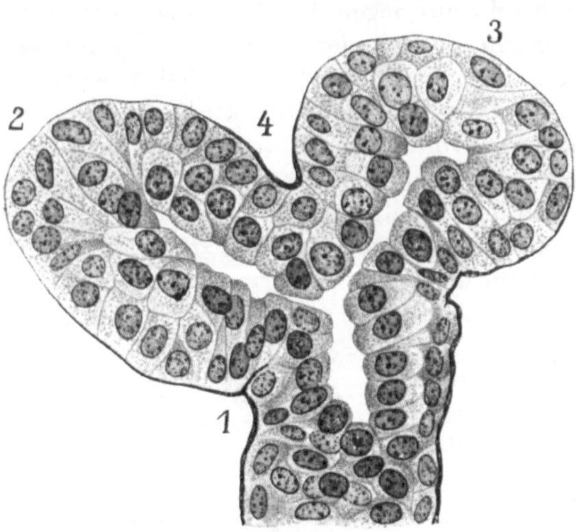

Abb. 50. Submaxillaris, embryonal. Vergr. 575. Zwei schon völlig getrennte Tochterknospen *2* und *3*, die eine (*2*) etwas stärker entwickelt als die andere (*3*). Bei *1* Einfaltung der Basalmembran an der Basis der Tochterknospe. Bei *4* ist die Verdickung der Basalmembran in der Tiefe der Trennungsfurche beider Tochterknospen gut kenntlich.

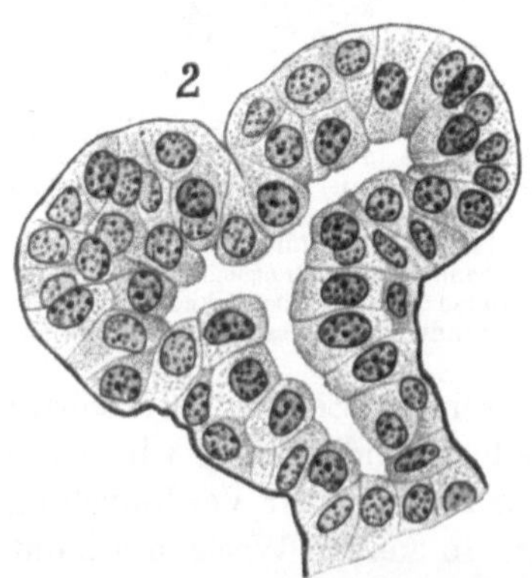

Abb. 51. Submaxillaris, embryonal. Vergröß. 575. Eine in Teilung begriffene Knospe, welche ausnahmsweise eine scharfe Einfurchung in der Symmetrieebene der Teilungsfigur zeigt.

habe ich eine manifeste Faltung in der Begrenzungsebene der beiden Tochterknospen aufgefunden (Abb. 51). Da wir nun genau wissen, daß in der Äquatorialebene der Teilungsfigur im Grunde der Einfurchung zwischen den beiden Tochterknospen später die Gangzellen (Trennungszellen) auftreten, welche ein relativ dünnes Epithel darstellen, während das an gleicher Stelle kurz zuvor befindliche Epithel der Mutterknospe beträchtlich verdickt ist (Abb. 48), so darf geschlossen werden, daß der eigentliche Vorgang der Auseinanderlegung der Tochterknospen mit einer Massenverschiebung verbunden ist, durch welche die Epithelzellen von der Ebene der Einfurchung hinweg in der Richtung lateralwärts abwandern. Nehmen wir an, daß wir mit dieser Auffassung das Richtige getroffen haben, so können wir vielleicht noch einen Schritt weiter gehen und annehmen, daß dieser gemeinte Vorgang der »Abwanderung« mit einer sehr allmählichen und unmerklichen Auseinanderfaltung des Epithels am Scheitelpole dem Wesen nach identisch ist und daß letztere nur gelegentlich einmal deutlicher zum Vorschein kommt (Abb. 51).

Bei den hammerförmigen Knospen findet sich infolge der bedeutenden seitlichen Hervorwulstung des Knospenmaterials häufig eine erhebliche Einziehung der Basalmembran an der Knospenbasis (Abb. 48, 49), ein Befund, welcher schon weiter oben besprochen wurde. Diese Erscheinung erläutert die im Grunde genommen scharfe Begrenzung

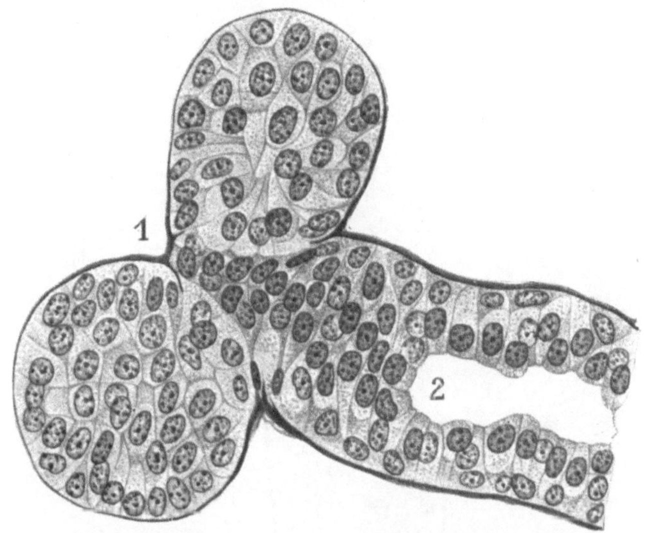

Abb. 52. Submaxillaris, embryonal. Vergr. 575. Tangentialschnitt mit den Trennungszellen zwischen den beiden Tochterknospen in der Richtung von *1—2*.

der Adenomere gegen den präterminalen Gang. Wird eine spätere Teilungsfigur tangential angeschnitten (Abb. 52), so tritt unter Umständen die Zeile der Trennungszellen zwischen den Tochterknospen deutlich durch stärkere Färbung hervor. Sind die Tochterknospen bereits zu einiger Größe gediehen (Abb. 50), so sind die zu ihnen gehörigen präterminalen Gänge bereits in der Anlage begriffen. Es stellt sich demgemäß die weitere Frage, ob die präterminalen Gänge der Tochterknospen aus den Adenomeren abstammen oder von dem Muttergange aus in irgendeiner Weise sich herleiten. Diese Frage läßt sich durch das genaue Studium der lateralen Knospen zur Entscheidung bringen, zu welchem wir nunmehr übergehen.

7. Die lateralen Knospen.

Wie erinnerlich sein wird, kommen an den Drüsenzweigen seitlich gestellte Knospen vor, welche durchaus nicht auf adventivem Wege ihre Entstehung nehmen, sondern vom Sproßgipfel in der Weise abstammen, daß nach der Teilung der Adenomere nur die eine der Tochterknospen sich kräftig weiter entwickelt und den präterminalen Zweig fortsetzt, während die andere in einen zeitweiligen Ruhezustand übergeht und gewissermaßen von dem Sproßgipfel in eine Seitenstellung herabsinkt. Unsere Abbildungen zeigen, daß oft schon in dem Moment,

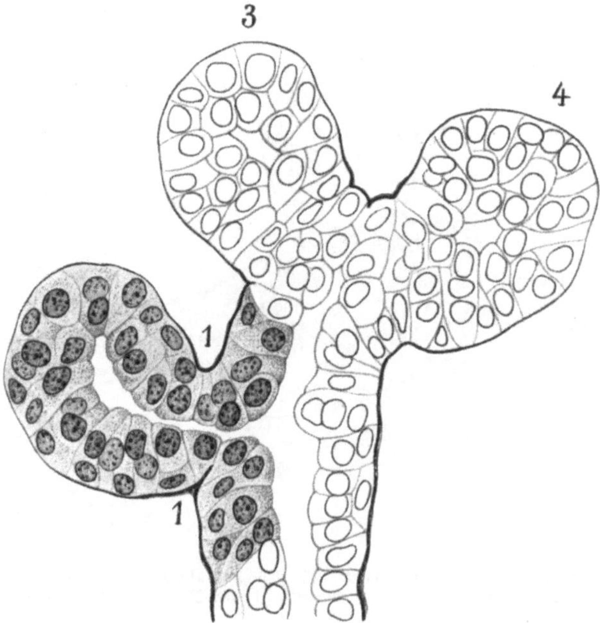

Abb. 53. Submaxillaris, embryonal. Vergr. 575. Endästchen mit lateraler Knospe, welche im Mittelschnitte vorliegt. Bei *1* Einfurchung an der Basis der lateralen Knospe. Bei *3* und *4* die beiden Tochterknospen, welche aus dem Geschwister der lateralen Knospe hervorgegangen sind.

in welchem die Mutterknospe seitlich auszuladen beginnt, bzw. in die Hammerform übergeht, die eine Hälfte der Teilungsfigur von geringerem Umfange ist, also in der Entwicklung gehemmt erscheint (Abb. 47 und 48). Kurz darauf kann dieses Verhältnis schon um vieles deutlicher hervortreten (Abb. 50). Sind die zurückbleibenden Knospen in ihre seitliche Stellung eingerückt und in den Ruhezustand eingetreten, so zeigen sie einige charakteristische Merkmale. Vor allen Dingen ist auffallend, daß die seitlichen Knospen sich durch eine scharfe Einfurchung von dem tragenden Zweig absetzen (Abb. 53), welche häufig noch bestehen bleibt, nachdem die Knospe sich bereits zu einem mehr oder weniger langen Zweige weiter entwickelt hat (Abb. 54 und 55 bei *3* u. *4*). Ich bin der Überzeugung, daß diese Einschnürung der Ästchen an ihrer Basis, welche man als eine »Grenzfurche« bezeichnen kann, sich in einer gewissen Anzahl der Fälle dauernd erhält, da noch beim Erwachsenen oftmals die Seitenzweige der Speichelröhren sich mit einer scharfen Einziehung ihres Umfanges sich gegen den tragenden Zweig absetzen. Bei den lateralen Knospen ist ferner an dieser Stelle die Drüsenlichtung der äußerlichen Formengebung entsprechend oftmals

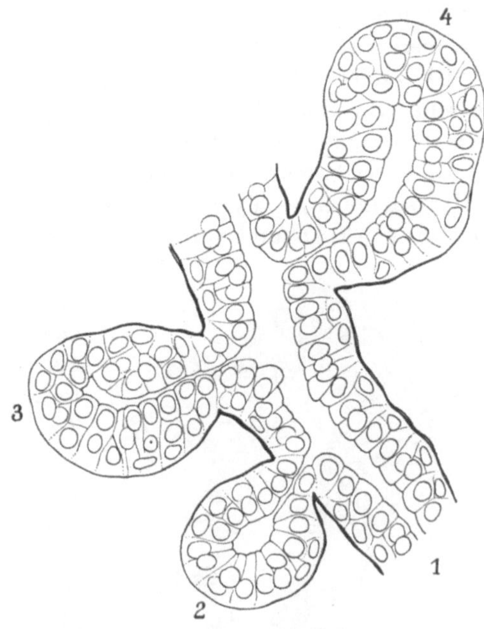

Abb. 54. Submaxillaris, embryonal. *1* basales Ende des Drüsenzweiges; *2* laterale Knospe im Ruhezustande; *3* und *4* kleine Seitenästchen im äquatorialen Durchschnitte, und zwar *4* weiter entwickelt als *3*.

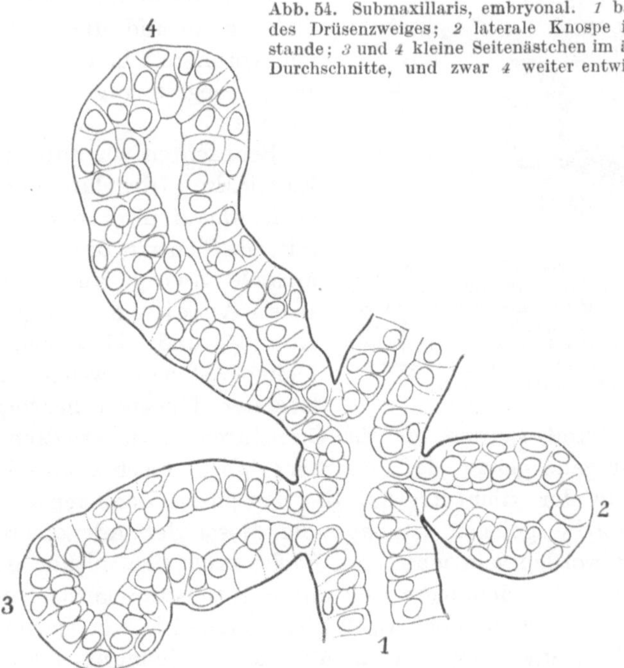

Abb. 55. Submaxillaris, embryonal. *1* basales Ende des Drüsenzweiges; bei *2* laterale Knospe im Ruhezustande; bei *3* und *4* kleine Drüsenästchen im äquatorialen Durchschnitte.

auf einen engen Kanal reduziert (Abb. 53, 54 und 55), welcher peripheriewärts in den weiten Hohlraum der Knospe übergeht.

Die äußere Gestalt der lateralen Knospe pflegt kugelig bis ovoid zu sein. Ihr Epithel verhält sich meist einfach und läßt gewöhnlicherweise nur eine zweireihige Anordnung der Kerne erkennen.

Diese so beschriebenen lateralen Knospen repräsentieren uns den vollkommenen Typus einer Adenomere oder teilbaren Drüseneinheit und ihre basale Grenzfurche, deren Vorhandensein für die Auffassung ihrer morphologischen Individualität in besonderem Grade wichtig ist, leitet sich schon aus dem Teilungsvorgange der Mutterknospe ab. Denn die beiden Tochterindividuen wulsten sich alsbald sehr stark hervor und sind durch eine Einfurchung gegeneinander und gegen den tragenden Zweig abgesetzt. Entwickelt sich jetzt nur die eine Knospe im Sinne eines sympodialen Systems weiter, so rückt die andere in die laterale Stellung ein und die an ihrer Basis von vornherein befindliche furchenartige Begrenzung kann erhalten bleiben.

Beobachten wir nun die weitere Entwicklung der lateralen Knospe nach Ablauf ihrer relativen Ruhezeit, so sehen wir, daß der präterminale Zweig aus ihrem basalen Anteile hervorgeht. Die Abb. 54 und 55 zeigen mehrere kleine Ästchen, welche eben aus lateralen Knospen hervorgegangen

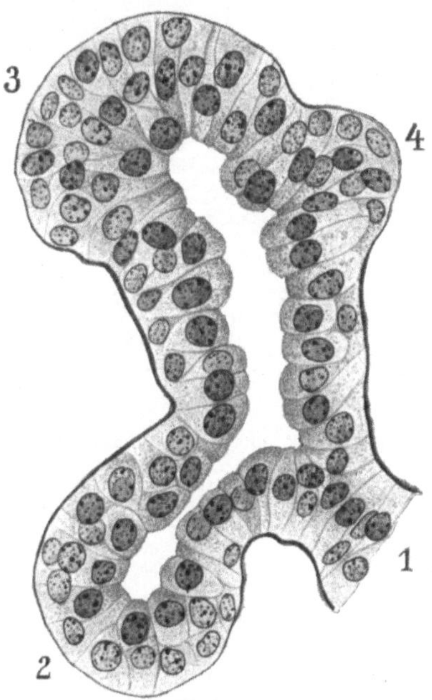

Abb. 56. Submaxillaris, embryonal. Vergr. 575. Endästchen mit einer stark zurückgebliebenen Knospe bei *4*. Bei *1* basales Ende des Drüsenzweiges. Bei *2* laterale Knospe. *3* und *4* sind aus dem Geschwister der lateralen Knospe bei *2* durch Teilung hervorgegangen. *3* ist sehr viel weiter entwickelt als *4*.

sind (bei *3* und *4*), und, da die Grenzfurche sich erhalten hat, so wissen wir ganz genau, daß das Stengelglied, welches zwischen dieser und der in der Richtung auf die Peripherie demnächst folgenden Gabelungsstelle gelegen ist, aus der Basis der Adenomere heraus entwickelt worden sein muß. Die Sache stellt sich mithin im ganzen so dar, daß die Adenomere sich durch Wachstum gewissermaßen in zwei Teile sondert, nämlich a) das Stengelglied letzter Ordnung einerseits und b) die durch einen Akt der Verjüngung rekonstruierte Scheitelknospe andererseits, welche letztere wiederum in Teilung eintritt, um die beiden demnächst folgenden Stengelglieder samt Scheitelknospen zu liefern.

Die in unseren Linienzeichnungen auf S. 79 bei *3* und *4* dargestellten Seitenästchen liegen sämtlich im äquatorialen Schnitte vor, so daß die teils in der Anlage, teils schon fertig gebildeten Tochterknospen ober- und unterhalb der Bildebene zu suchen sind. Der äquatoriale Schnitt

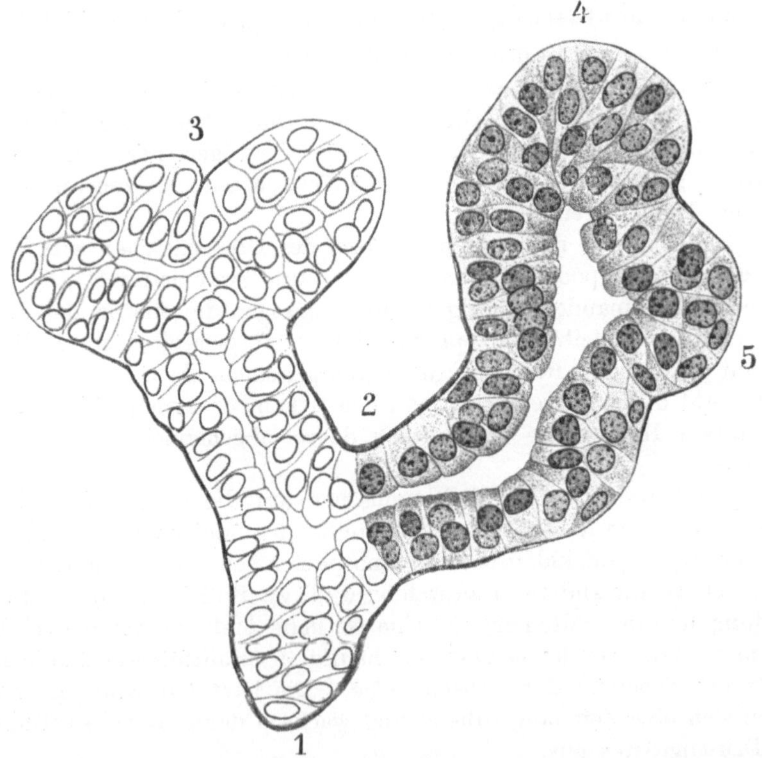

Abb. 57. Submaxillaris, embryonal. Vergr. 575. Endästchen mit einer stark zurückgebliebenen Knospe bei *5*. *1* basales Ende des Zweiges. Bei *2* Dichotomie durch Teilung einer Mutteradenomere. Bei *3* die eine Tochteradenomere in Teilung begriffen. *4* und *5* die Teilungsprodukte der zweiten Tochteradenomere, und zwar *4* stark entwickelt, *5* sehr zurückgeblieben und in den Stand einer lateralen Knospe übergehend.

eines Seitenästchens hat demnach, wie ersichtlich, eine große Ähnlichkeit mit dem axialen Schnitte der lateralen Knospe; dies ist günstig für die Bequemlichkeit des Vergleiches, andererseits muß man sich durch gründliche Untersuchung der Serienschnitte davor sicher stellen, daß man nicht Knospen und kleinere Seitenzweige miteinander verwechselt.

Die lateralen Knospen sind fast immer von erheblicher Größe. In Abb. 56 und 57 führe ich jedoch zwei seltene Beispiele vor, welche sie sehr klein bzw. nur in der Anlage begriffen erscheinen lassen. In beiden Fällen ist der eine Paarling groß und offenbar in schnellem Wachstum begriffen, der andere klein und auf einem sehr frühen Stadium bereits in der Entwicklung zum Stillstand gekommen (Abb. 56 bei *4* und Abb. 57 bei *5*). Ich erwähne diese Fälle nur, weil sie möglicherweise mit gewissen Erscheinungen in der Entwicklung der Lunge in Parallele gestellt werden können.

Zusammenfassung über den embryologischen Teil.

1. Das Wachstum der Submaxillaris beruht zunächst auf einer streng dichotomischen Auszweigung der Drüsenästchen und diese wird vermittelt durch besondere Organe, welche unter dem Bilde dicklicher Scheitelknospen sich darstellen und das Vermögen der Zweiteilung besitzen. Diese Scheitelknospen sind identisch mit den von uns sogenannten Adenomeren.

2. Die primitive dichotomische Form der Drüsenästchen wird sehr bald auf eine sympodiale Form umgesetzt und zwar dadurch, daß von den beiden zueinander gehörigen Auszweigungen die eine in der Entwicklung zurückbleibt, die andere schneller fortschreitet, an Kaliber gewinnt und in die Richtung des voraufgehenden Ästchens sich einstellt. Auf diese Weise erhält man eine scheinbar monopodiale Form mit starker Hauptachse und seitlich davon abgehenden schwächeren Zweigen.

3. Die Umsetzung der dichotomischen auf die sympodiale Form beginnt ungemein häufig schon unmittelbar bei oder nach der Teilung der Scheitelknospen, indem die eine Knospe sich von vornherein schneller entwickelt als die andere. Dadurch wird die zweite Knospe, deren Entwicklung hintangehalten ist, in eine seitliche Stellung hinabgedrückt und man findet sie demgemäß sehr häufig in unmittelbarer Nachbarschaft des Scheitels der Drüsenzweige. Die letzteren Knospen verhalten sich eine Zeit lang ruhend und wachsen dann später zu Teilen des Drüsengeästes aus.

4. Aus diesen Tatsachen geht hervor, daß die Entwicklung des Astwerkes der Drüse an die Zweiteilung der Scheitelknospen oder Adenomeren als an eine conditio sine qua non gebunden ist, während andererseits die daraus unmittelbar hervorgehende stark winklige dichotomische Brechung des Astwerkes auffallenderweise sehr bald verschwindet, um dem physiologisch zweckmäßigeren gestreckten Verlauf der Ausführgänge Platz zu machen. Der Gegensatz zwischen der ursprünglichen dichotomischen Form der Verzweigung und der unmittelbar darauf folgenden Umsetzung auf eine andere Form beweist, daß die Scheitelknospen in der Tat Histosysteme sind, welche mit der unveränderlichen immanenten Fähigkeit der Zweiteilung begabt sind.

5. Die Gangwerke der embryonalen Drüse zeigen ein Zylinder-

epithel mit basalen Zellen; diese letzteren nehmen an den präterminalen Zweigen der Zahl nach ab, lassen sich aber bis in die Scheitelknospen hinein verfolgen. Die etwas größeren Gänge zeigen außerdem eine auffallende »Rosenkranzform« des Lumens, welche eventuell mit der Rosenkranzform der in Entwicklung begriffenen Pankreasgänge (Laguesse) sowie mit der Knotung der Speichelröhren in Zusammenhang zu bringen ist.

6. Die Scheitelknospen oder Adenomeren haben in dem vorliegenden Stadium der Entwicklung immer ein Lumen, welches sich aus dem des präterminalen Ganges kontinuierlich fortsetzt. Ausdehnung und Begrenzung des Lumens sind wechselnd. Die äußere Gestalt der Adenomere ist die einer Drüsenbeere, da der präterminale Gang von etwas geringerem Querschnitte ist.

7. Knospe und Gang begrenzen sich im Beginne der Teilung, wenn das Breitenwachstum der ersteren begonnen hat, durch eine Ringfurche und diese kann sich zu einer Einfaltung des Epithels vertiefen, in welche sich die Basalmembran hineinschlägt. Alsdann sind Knospe und Gang in schärfster Weise gegeneinander abgesetzt.

8. Zwischen den Epithelien des präterminalen Ganges und der Scheitelknospe bestehen gewisse Unterschiede, welche jedoch nicht von wesentlicher Natur zu sein scheinen. In den Gängen hat man ein Zylinderepithel mit basalen Zellen; in den Adenomeren dagegen erscheint das Epithel oft als vielschichtig. Es ist aber möglich, daß in diesem Falle wirklich nur ein bloßer Anschein der Verschiedenheit vorliegt; denn sobald das Lumen der Adenomere einigermaßen geräumig ist und die Epithelien demzufolge niedriger werden, treten auch hier viele Zellen auf, welche von des Basis des Epithels bis zu dessen freier Oberfläche hindurchgehen. Neben diesen sind die basalen Zellen in ähnlicher Art vorhanden wie an den Gängen.

9. Wenn die Adenomere in Teilung eintritt, so entwickelt sie sich in der Breitenrichtung und in Gemeinschaft mit dem präterminalen Gange entsteht die typische »Hammerform«, während das Lumen eine zweizipfelige Ausziehung erleidet. Der eigentliche Teilungsakt, d. h. derjenige Vorgang, welcher bewirkt, daß aus einem einzigen Scheitelpole deren zwei werden, verläuft latent. Was davon erkennbar ist, sind nur Äußerlichkeiten. Man bemerkt, daß in den frühen Stadien der Teilung oberflächlich entsprechend der Symmetrieebene eine sich allmählich vertiefende flache Einfurchung entsteht und daß dementsprechend das Epithel an gleicher Stelle durch Materialverschiebung sich verdünnt, weil ja später an diesem Orte lediglich die dünnen Gangepithelien befindlich sind.

Bilder, welche auf Epithelspaltung hindeuten, scheinen gelegentlich vorzukommen.

6*

10. Die lateralen Knospen setzen sich der Regel nach durch eine scharfe Ringfurche von dem sie tragenden Zweige ab. In dieser Gestalt zeigen sie uns die typische Form der Adenomere. Da die erwähnte Grenzfurche sich zu erhalten pflegt, so wissen wir ferner genau, daß bei späterem Auswachsen der Knospe der präterminale Zweig letzter Ordnung aus ihrem basalen Abschnitte entwickelt wird. Die Aneinanderreihung der Stengelglieder der Drüse von einer bis zur anderen Gabelungsstelle beruht demgemäß auf einer periodischen Funktion der Scheitelknospe.

III. Die Glandula lateralis nasi Stenonis.

1. Einleitung.

Eine Zeitlang befand ich mich auf der Suche nach passenden Embryonalstadien aus der Gruppe der Speicheldrüsen. Bei dieser Gelegenheit wurden unter anderem alte Schnittserien durch die Köpfe verschiedener Säugerembryonen hervorgeholt und es konnte nicht ausbleiben, daß ich auf die Stenosche Nasendrüse, Glandula nasalis lateralis (ventralis), aufmerksam wurde, welche bisher noch wenig bearbeitet worden ist (Kangro, Meyer). Diese Drüse zeigt unter histologischem wie unter embryodynamischen Gesichtspunkte betrachtet gleicherweise Verhältnisse von vorzüglicher Einfachheit und Klarheit, so daß ich nicht umhin kann, auf dieses kleine Objekt besonders aufmerksam zu machen, welches ohnehin in den bekannten Präparaten über Zahnentwicklung immer wieder zum Vorschein kommt. Nirgends kann man den Typ einer acinösen Drüse, die Besonderheit der Adenomeren und ihre polymeren Bildungen mit so vollkommener, sagen wir klassischer Deutlichkeit wahrnehmen wie hier.

2. Material und Methode.

Ich habe frontale und zum Teil auch sagittale Schnittserien durch die Köpfe von Katzenembryonen zur Verfügung gehabt. Leider war aber das Material nicht so vollständig, als wünschenswert gewesen wäre und dazu kommt, daß ich auch die Größe bzw. das Alter der Embryonen in der Mehrzahl der Fälle nicht ganz genau angeben kann, da das Material ehemals ohne genauere Aufzeichnungen konserviert worden war. Nach Ausscheidung geringwertiger Serien standen mir im ganzen 4 Stadien zu Gebote, nämlich ein frühes Stadium, etwa vom ersten Drittel der Tragzeit (ca. 25 Tage, Steiß-Scheitellänge 48 mm), weiter ein mittleres Stadium, wahrscheinlich mehr als doppelt so alt wie das erstere (ca. 55 Tage) und zwei späte Stadien, eines mit schwach entwickeltem Haarkleid des Fetus (ca. 70 Tage) und eines vom Ende der Tragzeit (ca. 85 Tage). Zwischen frühes und mittleres Stadium fällt leider gerade die Zeit des lebhaftesten Wachstums des Drüsenbäumchens, über welches ich somit keine Erfahrungen habe. Unser frühes Stadium zeigt einen noch wenig entwickelten Drüsenkörper und demzufolge auch nur die Anfänge einer Periode der lebhaften Sprossung und Knospung. Von dem mittleren Embryo an handelt es sich aber in Rücksicht auf die Formentwicklung des Organs offenbar nur noch um die Ausarbeitung der Einzelheiten. Wenn also unsere Untersuchung in embryologischer Hinsicht lückenhaft ist, so hat sie doch in embryodynamischer Beziehung alle wesentlichen Aufschlüsse in ausgezeichneter Weise erbracht, wie sich noch zeigen wird, und zwar halte ich mich entsprechend der Brauchbarkeit und Reichhaltigkeit meiner Serien im wesentlichen an einen Vergleich der frühen und späten Entwicklungszustände.

Was die Technik anlangt, so waren die Embryonen der Mehrzahl nach in unserer Susamischung konserviert und die Serien wurden sämtlich mit Azokarmin - Phosphorwolframsäure - Anilinblau gefärbt. Die Präparate boten einen prächtigen Anblick dar. Die Kerne sind hochrot, das Plasma meist rosenrot, die embryonale Knochensubstanz und die Bindegewebsfibrillen tief blau, der Knorpel hellblau gefärbt. Auch die Zahnanlagen ergeben äußerst instruktive Bilder. Leider findet sich an den jüngeren Ästchen der Drüse, auch bei den späten Stadien, noch keine deutliche Basalmembran, so daß hier die blaue äußere Konturlinie der Epithelien, welche uns sonst bei der Untersuchung der Morphologie des Drüsenbäumchens so große Dienste leistete, gänzlich in Fortfall kommt. Da das Zellprotoplasma der Epithelien jedoch überall gut färbbar war, so konnte trotz dessen die äußere Morphologie des Drüsenbäumchens in tadelloser Weise festgelegt werden.

3. Die Lage der Drüse.

Die Stenosche Nasendrüse gehört ihrem histologischen Charakter nach zu der Gruppe der serösen Speicheldrüsen und zeigt beim mittleren und späten Embryo eine sehr deutliche amphitrope Reaktion. Sie zieht sich, wie auch die Autoren sagen, im mittleren Nasengang entlang (Abb. 58). Die Nasenhöhle besitzt jedoch eine erhebliche sagittale Ausdehnung und die untere Muschel findet man nur in ihrem vorderen Anteile; ferner gehört die untere Muschel gewissermaßen der Grenzgegend zwischen Boden und Seitenwand der Nasenhöhle an. Verfolgt man also den Drüsenkörper auf Serienschnitten, so ist es richtig, daß er vorn über der unteren Muschel, mithin im mittleren Nasengange der Autoren liegt; aber wegen der tiefen Stellung der Muschel am Boden der Nasenhöhle liegt der Drüsenkörper dennoch im lateralunteren Nasenraum. Diese Lagebeziehung wird noch deutlicher weiter hinten, wo die untere Muschel nicht mehr gegenwärtig ist. Hier steigt

die Drüse vom Boden der Nasenhöhle anfangend eine Strecke weit
in dem lateral-unteren Anteil der Seitenwand der Nase in die Höhe
(Abb. 58). Das hintere Ende der Drüse entspricht etwa einer
Frontalebene, welche die beiden Augen von vorne her tangential berührt. Man wird also, wenn man den Kopf des Embryos unmittelbar

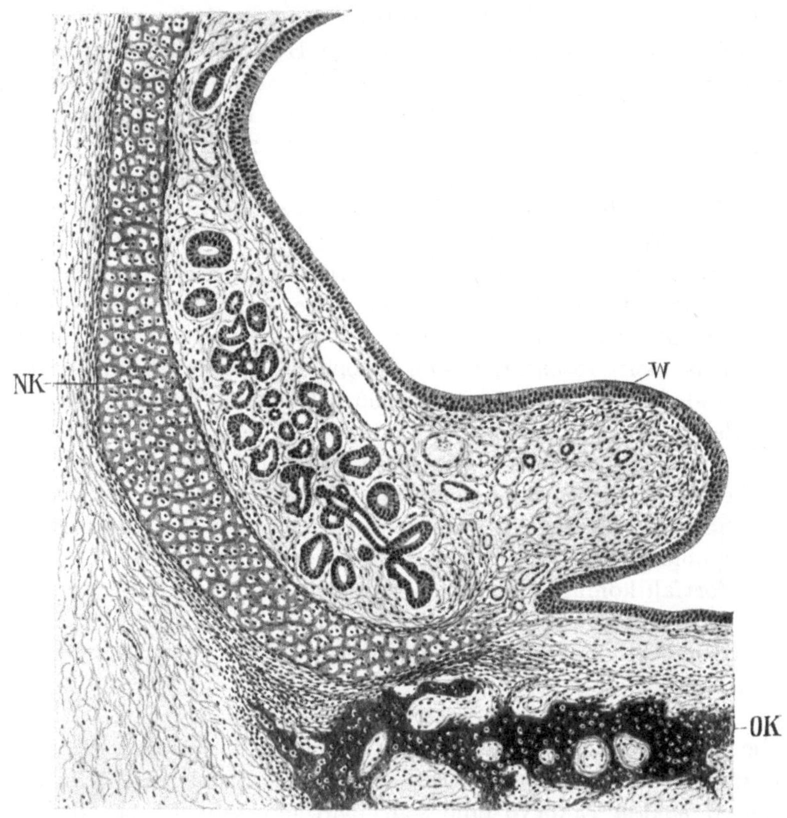

Abb. 58. Glandula Stenonis vom Katzenembryo. Frontalschnitt hinter der unteren Muschel.
OK Oberkiefer; *NK* Nasenknorpel; *W* wulstartige Schleimhautfalte, in welcher in der Richtung
nach vorn die untere Muschel liegt. Lage der Stenoschen Drüse im lateral-unteren Anteil der
Nasenhöhle.

von den Bulbi durchschneidet, immer das hintere Ende der Nasendrüse
durchqueren.

Der Drüsenkörper ist wegen der Einlagerung in die Schleimhaut
im Ganzen flach geformt und besitzt einen Hauptausführungsgang von
sagittaler Richtung, welcher nach vorn verläuft, um in der Nähe der
äußeren Nasenöffnung zu münden. Auf einer sagittalen Schnittserie
wird man daher große Strecken des Ausführungsganges im Längs-

schnitte erhalten und die Präparate der frühen Stadien zeigen, daß auch dessen Seitenäste zum guten Teile ebenfalls in der Richtung nach hinten streichen. Es handelt sich also im ganzen um ein plattgedrücktes Drüschen in der Nasenschleimhaut von sagittaler Richtung und weit nach vorn gelegener Ausmündung.

Weiterhin mache ich darauf aufmerksam, daß die Stenosche Drüse nicht mit jenen solitären Schleimhautdrüschen des mittleren Nasenganges verwechselt werden darf, welche von der ersteren aus in der Richtung dorsalwärts liegen und sich auch noch weiter nach hinten an diese anschließen. Diese Drüschen ergeben eine sehr starke Schleimreaktion und verhalten sich insofern abweichend, als die sezernierenden Zellen den Acini und den Gangwerken gleicherweise zugehören. Die Summe dieser Schleimhautdrüschen bezeichne ich als Glandula lateralis nasi dorsalis.

4. Frühe Stadien der Entwicklung.

a) Der allgemeine Aufbau der Drüse auf frühen Stadien.

Das frühe Stadium liegt mir in zwei Serien vor, einer sagittalen und einer frontalen, welche prächtig konserviert und gefärbt sind. Obwohl nun die beiden Embryonen aus dem gleichen Uterus stammen, zeigte sich bemerkenswerter Weise, daß die Drüse der frontalen Serie im Verhältnis zu der anderen ein wenig weiter entwickelt war, was sich für die genauere Untersuchung als günstig erwies.

Das Drüsenbäumchen läßt zunächst nicht jenen streng gesetzmäßigen Aufbau nach dem Typus der Dichotomie erkennen, welchen wir bei der Submaxillaris gefunden haben. Vielmehr treffen wir auf Bilder von wechselnder Beschaffenheit.

Der Hauptgang der Drüse und einige Seitenzweige bestehen zu dieser Zeit lediglich aus einem einschichtigen, regelmäßig gebauten Zylinderepithel, welches dem Aussehen nach sich bereits verhält wie ein indifferentes Deckepithel. Diese Gänge laufen jedoch zu einem guten Teile in mehrfach verzweigte, mit allerhand Wulstungen und Buckelungen in unregelmäßiger Weise besetzte »Endstücke« aus, welche von einem hochzylindrischen Epithele gebildet werden. Die Gegenwart massenhafter Kernteilungsfiguren deutet an, daß die in Frage stehenden Epithelien um diese Zeit in lebhafter Wucherung begriffen sind und dies ist sicherlich die Ursache der scheinbar unregelmäßigen Bildungen (Abb. 61 S. 91). Mehrfach habe ich beobachtet, daß die indifferenten Epithelien der Gänge haarscharf gegen die gewucherten Bestandteile der Endstücke sich begrenzen. Da nun die genauere Beobachtung lehrt, daß von diesen hochzylindrischen Epithelien aus massenhafte adventive Knospen entstehen, so dürfen wir sie als proliferierende oder Keimepithelien bezeichnen,

welche jedoch nur einem vorübergehenden Stadium der Entwicklung
zugehören. Da die Enden der beschriebenen Gänge zum Teil große
Adenomeren tragen (Abb. 60) oder deutlich zweigeteilt sind, da ferner
die vorhin erwähnten seitlich aufgesetzten Wulstungen und Buckelungen wohl zweifellos eben solchen Bildungen entsprechen, so dürfen
wir die beschriebenen Formationen im allgemeinen dahin deuten,

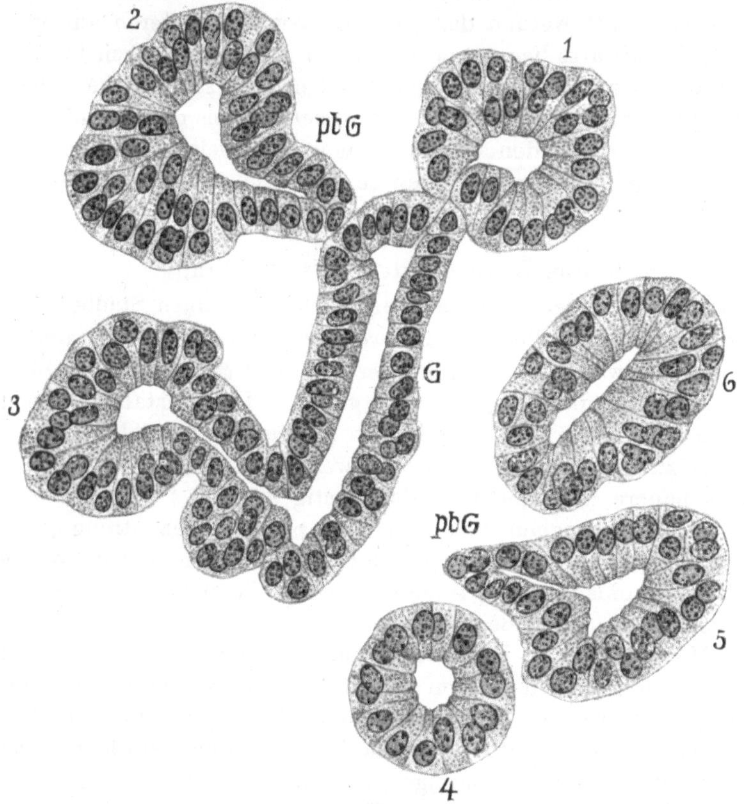

Abb. 59. Katze, Stenosche Nasendrüse, frühes Stadium. Vergr. 575. Bei *G* ein größerer Drüsengang. Bei *1* bläschenförmige Adenomere. Bei *2* und *3* Adenomeren in der Entwicklung des präterminalen Ganges *ptG* begriffen. Bei *4—6* Adenomeren, welche durch das Messer von dem Gange
abgehoben sind.

daß wir sagen, es sei ein Zustand eingetreten, bei welchem die präterminalen Gänge in Wucherung geraten und adventive Knospungen
eingetreten sind, wodurch es zeitweilig erschwert ist, terminale und
kollaterale Knospenbildungen genauer zu unterscheiden.

Hiermit ist nun die allgemeine Beschreibung unseres frühen Stadiums
noch nicht erschöpft. Bisher hatten wir, um es kurz zu rekapitulieren,
beschrieben, daß die von einem zylindrischen Epithele gebildeten ver-

ästigten Drüsenröhren vielfach in eigenartige wuchernde Endstücke übergehen. Das Hauptobjekt der Untersuchung sind jedoch die massenhaften Adenomeren gewesen, welche vermittelst dünner Stiele den vor den Endstücken liegenden, bereits wohl definierten Gangwerken ansitzen. Nach der Lage der Dinge habe ich dahin geurteilt, daß die hier in Rede stehenden schon besser entwickelten Teile des Drüsenbäumchens durch die Wucherungsperiode der Epithelien bereits hindurchgegangen sind, so daß die Gänge inzwischen ihr regelmäßiges Zylinderepithel bekommen haben und die durch adventive Knospung entstandenen Adenomeren aller Stadien ihnen seitlich anhängen (Abb. 59).

Die Schnittmethode liefert von den letzteren Zuständen ungemein charakteristische Bilder. Denn da die Adenomeren verhältnismäßig große Kugeln sind, bestehend aus einem einschichtigen hochzylindrischen Epithele, während ihre Verbindungen mit den Gängen meist sehr schmal gefunden werden, so ereignet es sich, daß die Adenomeren durch das Messer zum größten Teile von den Gängen abgehoben werden (Abb. 59) und es macht oft erhebliche Mühe, die Stelle des Zusammenhanges beider Teile in der Serie der Schnitte aufzufinden. Ich erwähne noch, daß die Adenomeren bei mittlerer Vergrößerung eine merkliche Ähnlichkeit mit kleineren Schilddrüsenfollikeln besitzen, denen sie vielleicht embryodynamisch entsprechen. Die Ähnlichkeit besteht in der runden Form, in der einschichtigen Wand, dem verhältnismäßig großen Lumen und dem kolloidalen oft intensiv färbbaren Inhalt.

b) Die Entwicklung der Adenomeren durch adventive Knospung.

Untersucht man die oben erwähnten proliferierenden Epithelien, welche sich an den Enden längerer Gänge befinden, so gewahrt man, daß sie infolge der vielen Wulstungen und Buckelungen, welche an ihnen hervortreten, eine sehr komplizierte Zusammensetzung haben. Besonders auffällig sind jedoch gewisse kleine Zellgruppen, welche sich in deutlicher Weise aus der Kontinuität der Epithelien herausheben und ihrer Form nach kleinen Geschmacksknospen ähnlich zu sehen pflegen, d. h. es handelt sich gewöhnlich um eine Summe von Zellen, welche fächerartig angeordnet sind, indem sie mit verschmälerten Enden gegen eine kleine Stelle an der Oberfläche des Epithels zusammenneigen und entsprechend mit ihren basalen, kernhaltigen, verbreiterten Teilen bedeutend auseinanderweichen. In Abb. 60 sieht man rechter Hand eine typische Zellgruppe oder Knospe der gedachten Art. Solche Gebilde erscheinen darum als etwas ganz Besonderes, weil sie von ihrer Basis angefangen bis über die Hälfte ihrer Höhe hinaus deutlich durch einen schmalen Spaltraum von dem umgebenden Epithel abgehoben zu sein pflegen. Die Knospe hängt demnach mit ihrer Umgebung nur in der Nähe der freien Oberfläche des Ganges zusammen.

In unserer Abb. 60 hat der Zeichner den umgebenden feinen Spaltraum ein klein wenig zu breit gezeichnet, und deswegen hat man hier nicht mehr so ganz den bestimmten Eindruck, daß die Knospe ein diskreter Teil des Gangepithels ist. Besser ist das natürliche Verhalten in den Abb. 61 und 62 gewahrt worden; hier sieht man, wie das gewöhnlich bei den Keimepithelien der Fall zu sein pflegt, vielfache interzelluläre Spaltlücken auftreten, deren Bedeutung meist nicht näher ausgemacht werden kann. Immerhin aber können viele der von den Spalten umrahmten Zellgruppen ganz bestimmt als adventive Knospen bezeichnet werden, da sie typisch gestaltet sind, in der Serie der Schnitte vollständig kontrolliert und gegen die Umgebung bestens abgegrenzt werden können.

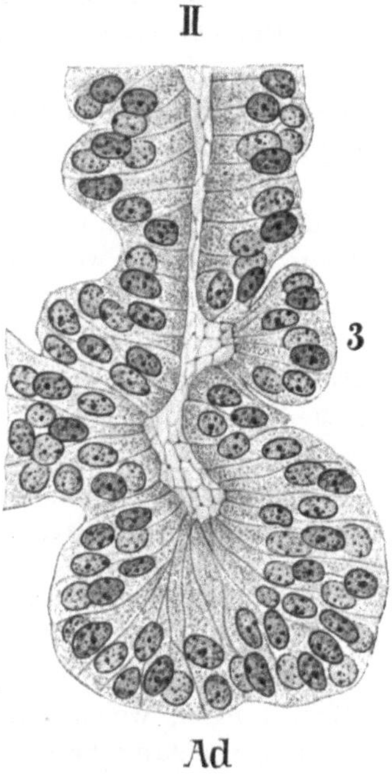

Ferner habe ich nun die Abbildungen so ausgesucht daß ich die Abstammung der Knospen von je einer Mutterzelle wahrscheinlich machen kann. Macht man nämlich einen guten Gebrauch von der Mikrometerschraube, so ist es möglich, in den Knospen die Zahl der übereinander liegenden Kerne zu bestimmen, und auf Grund solcher Beobachtungen läßt sich aussagen, daß die Knospen in allen Größen vorkommen und daß die kleinsten nur aus zwei bis drei Zellen bestehen.

Beispielsweise besaßen in Abb. 61 die Gruppen 6 und 8 je sieben, die Gruppe 7 nur vier Kerne; naturgemäß konnten diese Kerne wegen ihrer Übereinanderlagerung nicht alle in die Zeichnung aufgenommen werden. Die Abbildung zeigt, daß diese aus wenigen Zellen bestehenden Knospen zum Teil den Eindruck kleiner plasmatischer Beutelchen machen, welche mit ihrem verschmälerten Teile gleichsam in den Epithelien der Gänge hängen. Der gleiche Charakter tritt bei der dreikernigen Knospe in Abb. 61 bei *1* deutlich hervor. Diese war bei starker Vergrößerung und gutem Gebrauch der Mikrometerschraube im ganzen Umfange optisch isolierbar und stellte sich demgemäß als eine Bildung besonderer Art dar. Kein Zweifel, daß eine solche Gruppe aus der Teilung einer einzigen Zelle hervorgeht, eine Folgerung, welche lediglich die einfachste Erklärung

Abb. 60. Katze, Stenosche Drüse, frühes Stadium. Vergr. 575. Endgang. Bei *3* eine fortgeschrittene Knospe, welche sich aus dem Epithel herauszuheben beginnt. *Ad* große Adenomere am Ende des Ganges.

des Tatbestandes bevorzugt. Man kann vielleicht einwenden, daß die Abstammung von einer einzigen Zelle am Objekt selbst direkt aufgezeigt werden müsse; aber ich kann dem entgegenhalten, daß dies aus Gründen, die in der Sache selbst liegen, nicht möglich sein wird. Denn die Stammzelle wird den Charakter der umgebenden Epithelzellen haben, mit welchen sie auch in bezug auf ihr latentes Entwicklungsvermögen völlig identisch ist. Sie wird sich also aus der Umgebung aller Wahrscheinlichkeit nach überhaupt nicht herausheben. Tritt sie nun tatsächlich in die fortschreitende Entwicklung ein, so wird die

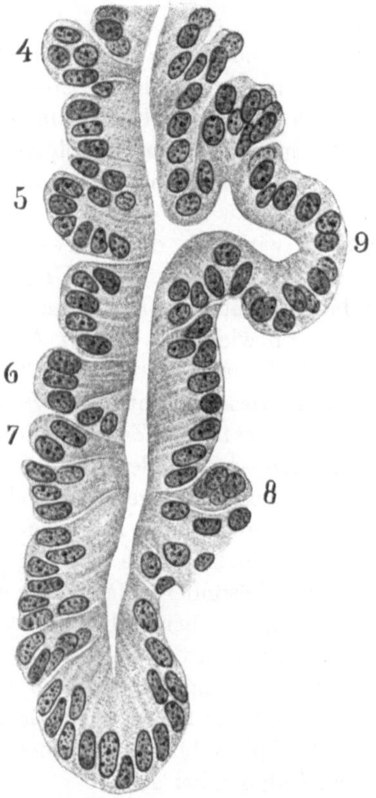

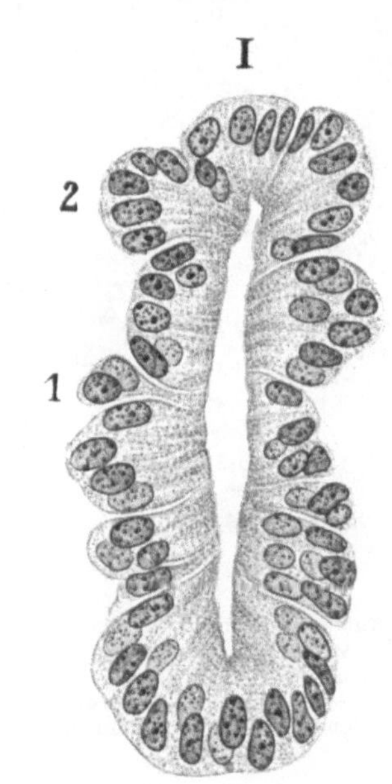

Abb. 61. Katze, Stenosche Drüse, frühes Stadium. Vergr. 575. Endgang. Bei *7* eine Knospe mit vier Zellkernen. Bei *6* und *8* Knospen mit je sieben Zellkernen. Bei *4* und *5* weitere Knospen, bei *9* eine Adenomere.

Abb. 62. Katze, Stenosche Drüse, frühes Stadium. Vergr. 575. Endgang. Bei *1* eine kleine Knospe, bestehend aus drei Zellen. Bei *2* eine größere Knospe.

zweizellige Gruppe sich in bezug auf die Unterscheidbarkeit kaum anders verhalten. Finden wir aber hier, daß die Dreizellengruppe sich bereits von dem umgebenden Epithele sondert, so müssen wir hierin eine ganz besondere Merkwürdigkeit erblicken, welche die einzellige Abstammung verbürgt. Denn die Zellen gleichen Stammes werden von vornherein in einer näheren entwicklungsphysiologischen (histodynamischen) Beziehung stehen als solche Zellen, die genetisch voneinander unabhängig sind, und man kann sich demnach leicht vorstellen, daß vor allen Dingen die **monophyletischen Zellsippschaften** berufen sind, einen in sich festeren Verband zu bilden, sich gegen die Umgebung bis zu gewissem Grade zu isolieren und einen besonderen Anlagekomplex zu bilden.

Ich bin der Überzeugung, daß durch die vorstehenden Beobachtungen und Überlegungen die monozelluläre Entstehung der adventiven Knospen mit vollkommener Sicherheit erwiesen worden ist.

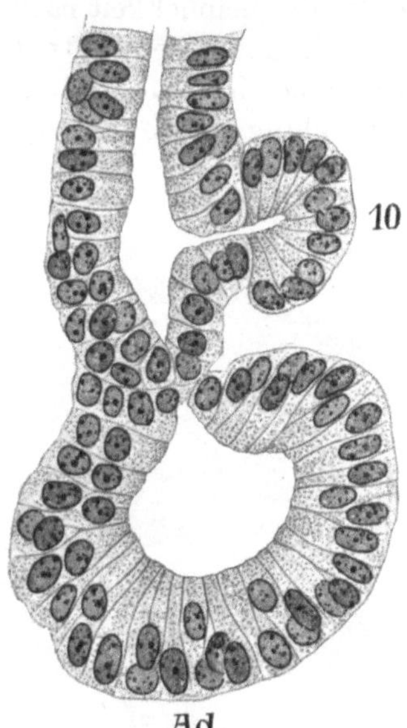

Abb. 63. Katze, Stenosche Drüse, frühes Stadium. Vergr. 575. Endgang mit großer Adenomere bei *Ad*. Bei *10* eine Knospe mit Fächerstellung der Zellen, welche ein deutliches Lumen besitzt.

Denn entscheidend auf unserem Gebiete ist nicht allein der sinnliche Eindruck, sondern auch der logische Zwang, der sich aus der Gruppierung morphologischer Daten und physiologischer Erwägungen ergibt.

Nachdem wir auf diese Weise die Knospen rückwärts bis auf ihren Ursprung verfolgt haben, betrachten wir nunmehr ihre fernere Entwicklung bis zur Adenomere. Abb. 63 zeigt einen deutlichen Fortschritt in dieser Richtung (vgl. mit Abb. 60). Infolge stärkerer Zellvermehrung hat sich die Knospe aus den Gangepithelien gewissermaßen herausgehoben und ein kleines Lumen gewonnen. Man bemerkt noch immer die fächerartige Stellung der Zellen und die besondere Natur des Gebildes gegenüber den benachbarten Gangepithelien. Weiterhin pflegt sich die Knospe in kugelartiger Form von dem Gange abzuheben und liegt dann in Gestalt eines kleinen Epithelbläschens scheinbar neben ihm (Abb. 64 bei *1*).

Dies ist nun der neue unerwartete Befund, daß bei adventiver Knospung die jugendliche Adenomere als ein kugeliges, beinahe ringsum geschlossenes Epithelbläschen entsteht, dessen Verbindung mit dem Gange meist recht schwer auffindbar ist. Bei der Kleinheit dieser Bildungen ist man jedoch in der günstigen Lage, daß auf einer Schnittserie von 5—6 μ Stärke von drei aufeinander folgenden Schnitten jeweils der mittlere die Anlagerung des Bläschens an die Epithelien des Ganges zeigt und daß man demgemäß von vornherein genau weiß, wo der Übergang der Lichtung des Ganges in die Lichtung der Adenomere zu suchen ist. Der Verbindungsgang ist der Regel nach ungemein eng, oft kaum bemerkbar oder vielleicht in manchen Fällen vorübergehend

durch Aufeinanderlagerung der Epithelien tatsächlich vollständig ver-
legt. Jedenfalls ersieht man aus dieser Schilderung, daß die Adenomere ein Embryonalorgan bestimmter Art ist, welches sich
in denkbar schärfster Weise charakterisiert und demgemäß auch die
entfernteste Vermutung, es könne sich in der Adenomere um eine
theoretische Konstruktion des Autors handeln, dahinschwinden muß.
Vielmehr sehe ich in der monozellulären Entstehung der Adenomere
und ihrer ersten Anlage als drehrundes Bläschen, wie wir sie hier bei

der adventiven Knospung
wahrnehmen, ein wertvol-
les Symbol, einen Schlüssel
zum Verständnis der Em-
bryodynamik der sprossen-
den Drüsen.

Diese vollkommen ku-
geligen Adenomeren des
ersten Stadiums trifft man
in verschiedener Größe an.
In Abb. 59 S. 88 bei *1* habe
ich ein schönes Exemplar
von erheblicher Größe ab-
gebildet, dessen Lumen
durch einen äußerst feinen,
kaum bemerkbaren Kanal
mit dem des Ganges verbunden war. An einem solchen
Gebilde kann man zweck-
mäßig schon jetzt entsprechend dem Verhältnis der
Anlagerung an den Drüsen-
gang Basis, Scheitelpol und
Längsachse unterscheiden.

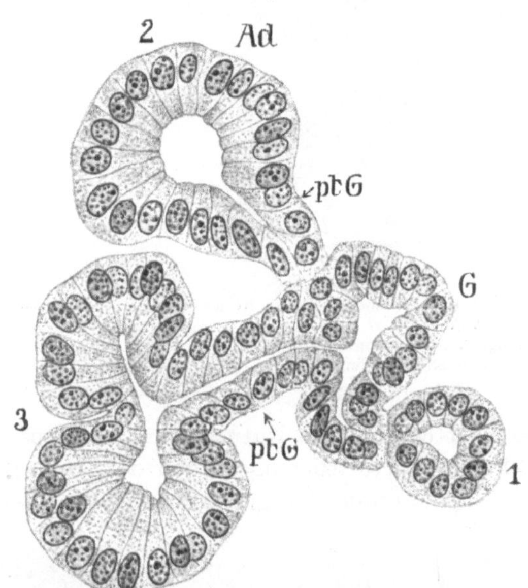

Abb. 64. Katze, Stenosche Nasendrüse, frühes Stadium.
Vergr. 575. Bei *G* Querschnitt eines größeren Drüsenganges.
Bei *1* jugendliche Adenomere in Form eines Epithelbläschens. Bei *2* größere Adenomere mit der Anlage des präterminalen Ganges *ptG*. Bei *3* Rekonstitution der Scheitelknospe, welche in Teilung begriffen ist, und präterminaler
Gang bei *ptG*.

Im weiteren Fortgange verändert die Adenomere in charakteristischer Weise ihre Gestalt, indem nämlich ihr basaler Teil in der
Richtung gegen den Gang hin sich verschmälert und in die
Länge streckt. Den Beginn dieses Vorganges sieht man in Abb. 65;
hier war die Adenomere genau axial getroffen und der Verbindungs-
kanal mit dem Lumen des Ganges war kaum kenntlich. Fortgeschrit-
tenere Bilder sieht man in Abb. 64 und 59 S. 88 bei *2*, wo jedoch die Verbindung zwischen Lumen der Adenomere und Lumen des Ganges nicht
im Schnitte lagen. Die Streckung des basalen Abschnittes ist in beiden
Beispielen um vieles deutlicher geworden und es läßt sich schon jetzt
erkennen, daß der in Streckung befindliche Teil nichts anderes ist als

die Anlage des präterminalen Ganges (*ptG*), welcher somit aus der Adenomere selbst hervorgeht, wie wir dies auch schon bei der Submaxillaris nachweisen konnten. Eine ganz besondere Merkwürdig-

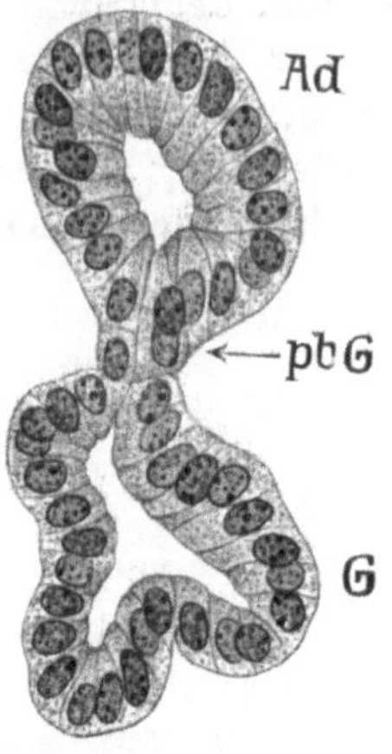

Abb. 65. Katze, Stenosche Drüse, frühes Stadium. Vergr. 575. Bei *G* Querschnitt eines größeren Ganges. *Ad* Adenomere in Streckung begriffen. Bei *ptG* erste Andeutung des präterminalen Ganges.

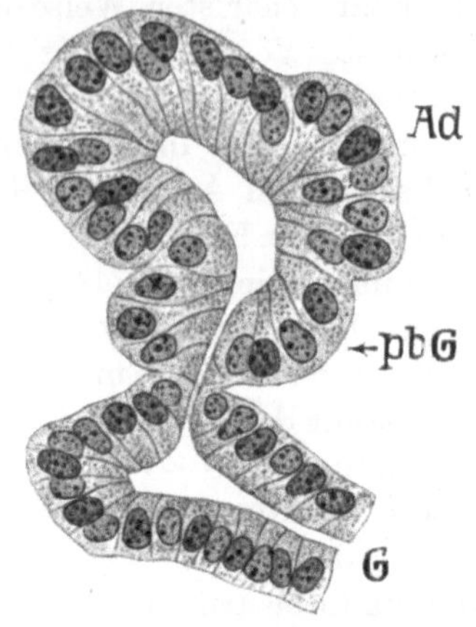

Abb. 66. Katze, Stenosche Drüse, frühes Stadium. Vergr. 575. Bei *G* Drüsengang. *A* Adenomere, welche durch eine Einfurchung die Anlage des präterminalen Ganges *ptG* abgesetzt hat.

keit ist es, daß die Natur früher oder später die Scheitelknospe oder rekonstituierte Adenomere von der Anlage des präterminalen Ganges durch eine Einfurchung absetzt, welche auf einem guten axialen Schnitte

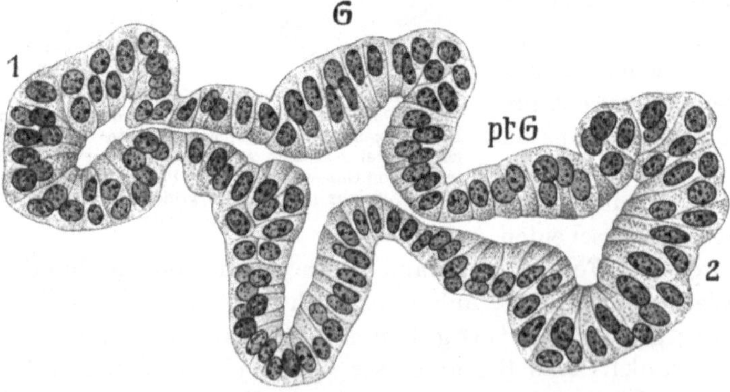

Abb. 67. Katze, Stenosche Drüse, frühes Stadium. Vergr. 575. *G* Querschnitt eines größeren Ganges. Bei *2* eine Adenomere, welche sich in den präterminalen Gang *ptG* und die Scheitelknospe zerlegt hat. Letztere ist in der Vorbereitung zu einer Teilung begriffen.

als Kerbe erscheint (Abb. 66). Ist das Gebilde noch etwas weiter fortentwickelt, so kommt man zu einer charakteristischen Ansicht, welche uns Abb. 67 bei *2* verdeutlicht. Präterminaler Gang (*ptG*) und Scheitelknospe sind bestens voneinander abgesetzt; letztere ist in transversaler

Ausdehnung begriffen und steht in den ersten Anfängen der Teilung. Schließlich sehen wir in Abb. 64 bei *3* den präterminalen Gang in seiner typischen Form fertig angelegt und die verhältnismäßig große endständige Adenomere bereits in Zweiteilung begriffen.

Auf den mir vorliegenden Serien schneidet die Entwicklung der adventiven Knospen im allgemeinen mit dem zuletzt beschriebenen Stadium ab. Erst nach langem Suchen habe ich den in Abb. 68 abgebildeten kleinen Zweig von stark gedrungener Gestalt getroffen, welcher

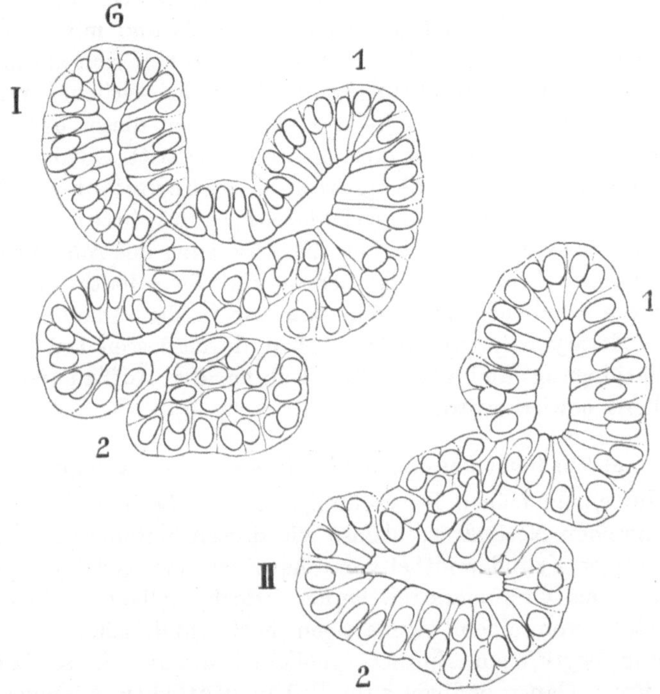

Abb. 68. Katze, Stenosche Drüse, frühes Stadium. Vergr. 575. *I* und *II*. Zwei aufeinanderfolgende Schnitte durch einen kleinen, auf adventivem Wege entstandenen Seitenast, welcher die im Gang begriffene zweite Teilung der Scheitelknospe zeigt. Bei *G* Querschnitt eines größeren Ganges, der sich von den Seitenästchen durch eine scharfe Einschnürung absetzt. Vgl. den Text.

ausnahmsweise bereits die in Gang begriffene zweite Teilung der Scheitelknospe aufweist. Auf dem Querschnitte eines größeren Ganges (*G*) sitzt ein äußerst kurzer Seitenzweig erster Ordnung, dessen Basis, wie so häufig, stark eingeschnürt ist. Dieser leitet in die beiden ebenfalls sehr kurzen Gabeläste über, welche jedoch an ihren Enden bereits große, in transversaler Ausdehnung begriffene Scheitelknospen tragen (bei *1* und *2*). Diese liegen auf dem nächst folgenden Schnitte in ganzer Ausdehnung vor (bei II) und die eine von ihnen läßt bereits eine beginnende Einfurchung erkennen (bei *2*).

Die an den adventiven Knospen der Glandula nasalis gewonnenen Ergebnisse stimmen genau mit den aus der Entwicklung der Glandula submaxillaris abgeleiteten Beobachtungen überein. Im besonderen lassen sich die adventiven Knospen der Nasendrüse mit den typisch gebildeten lateralen Knospen der Submaxillaris vergleichen. Beide zeigen die scharfe Absetzung gegen den tragenden Zweig und die Enge des Verbindungsganges hier und dort. Bei beiden geht der präterminale Zweig aus dem basalen Teile der Knospe hervor und im Zusammenhang damit gewinnt das Gebilde alsbald eine ausgesprochene Keulenform mit dem verschmälerten Ende gegen die Basis und mit dem verbreiterten nach der Peripherie hin. Ebenso wiederholt sich an den adventiven Knospen die Beobachtung, daß infolge der seitlichen Wucherung der neu sich bildenden Scheitelknospe zwischen dieser und dem präterminalen Gange eine Begrenzungsfurche auftritt. Jedoch sind bei der Nasendrüse alle wichtigeren morphologischen Verhältnisse in einfacherer, deutlicherer, schärferer Weise ausgeprägt. Insbesondere tritt hier die Absetzung der Adenomere gegen den tragenden Zweig sehr klar hervor und wir erhalten hier den unmittelbaren sinnlichen Eindruck, daß wir in der Adenomere ein besonderes Embryonalorgan vor uns haben, durch dessen Teilung, Wachstum, Verjüngung und abermalige Teilung der Aufbau des Drüsenbäumchens bewirkt wird.

c) Zusammenfassung über die adventive Knospung.

1. Auf einem frühen Entwicklungsstadium besteht der Hauptgang der Stenoschen Nasendrüse ebenso wie dessen Seitenzweige aus einem einschichtigen Zylinderepithel vom Charakter eines gewöhnlichen Deckepithels. Die Verzweigungen laufen jedoch vielfach in Endstrecken aus, welche von einem eigenartigen hochzylindrischen, in lebhafter Knospung begriffenen Epithele gebildet werden. Diese besonderen Strecken der Gänge endigen zum Teil in deutlichen Adenomeren und sind vielfach seitlich von groben Wulstungen und Buckeln bedeckt, welchen mindestens teilweise die gleiche Bedeutung zukommt. Auffallend ist ferner, daß die knospenden Epithelien von allerhand spaltartigen Lücken durchsetzt werden, welche einzelne Portionen der Epithelien voneinander abscheiden.

An den mittleren Abschnitten der Gänge, d. h. denjenigen Teilen, welche vor den knospenden Gängen befindlich sind, findet man zahlreiche teils gestielte, teils ungestielte Adenomeren von jeder Größe anhängend. Es macht den Eindruck, als ob diese letzteren schon besser entwickelten Teile des Gangsystems durch das Wucherungsstadium bereits hindurchgegangen wären, so daß ihnen nunmehr die aus der Knospung hervorgegangenen Adenomeren aller Stadien seitlich ansitzen.

2. Die adventiven Knospen gehen zweifellos aus je einer Zelle hervor, denn man kann die Knospen bis auf das Dreizellenstadium herab verfolgen, wobei aber diese drei Zellen bereits einen besonderen gegen die Umgebung durch erweiterte Interzellularräume abgegrenzten Anlagekomplex bilden. Die Entstehung eines solchen Komplexes ist nur dadurch denkbar, daß die wenigen in ihm enthaltenen und eine engere Gemeinschaft bereits bildenden Zellen von einer einzigen Mutterzelle abstammen und eben aus diesem Grunde in einem besonderen Anlagekomplex vereinigt bleiben.

3. Die adventiven Knospen gleichen auf den ersten Stadien ihrer Entwicklung kleinen Geschmacksknospen, insofern ihre fächerartig angeordneten Zellen an der Basis verbreitert und gegen die Epitheloberflächen hin verschmälert sind. Die Gesamtfigur gleicht oft der eines kleinen Beutelchens, welches lose im Epithel hängt und mit dem verschmälerten oberen Ende in demselben festgelegt ist.

4. Durch Zunahme der Zellenzahl vergrößert sich dieses Gebilde, hebt sich immer mehr aus dem Epithel hervor und gewinnt dabei ein enges Lumen. Schließlich liegt die fertig gebildete Adenomere als ein kleinstes epitheliales Bläschen dem Gange von außen her an, mit ihm verbunden durch eine Berührungsstelle geringen Umfanges. Die Verbindungsstelle zwischen dem Lumen der Blase und dem des Ganges ist ungemein fein, oftmals nicht aufzufinden.

5. Diese vollkommen kugeligen Adenomeren des 1. Stadiums nehmen erheblich an Größe zu und verändern später ihre Gestalt, indem ihr Basalteil sich in der Richtung gegen den Gang hin streckt. Dieser verschmälerte basale Teil ist schon jetzt als Anlage des präterminalen Ganges zu bezeichnen.

6. Auf einem folgenden Stadium setzt sich die Anlage des präterminalen Ganges gegen den Endteil durch eine besondere Furche ab, welche sich im Schnittbilde unter der Gestalt einer auffallenden Einkerbung zeigt. Der Endteil entwickelt sich zur Scheitelknospe, welche sich durch Breitenwachstum alsbald stark vergrößert, während der basale Teil durch Zellvermehrung und Streckung den präterminalen Gang liefert. Die Scheitelknospe geht alsbald in ihre erste Teilung über.

7. Die Entwicklung der adventiven Knospen der Nasendrüse zeigt mit vollkommener Deutlichkeit, daß die Adenomere ein besonderes Embryonalorgan ist, auf dessen Teilungsfähigkeit das Wachstum des Drüsenbäumchens beruht.

8. Im einzelnen stimmen die Erfahrungen an der Glandula lateralis nasi mit denen an der Submaxillaris überein, da in beiden Fällen der präterminale Gang aus der Basis der Adenomere hervorgeht und ebenso in beiden Fällen die Scheitelknospe gegen den letzteren hin sich durch eine besondere Einfurchung abgrenzt.

5. Mittlere und späte Stadien der Entwicklung.

a) Übersicht.

Das von mir erwähnte mittlere Stadium der Entwicklung (s. oben S. 84) war dick geschnitten (35 μ) und die Serie war demzufolge nur für Übersichtsbilder zu gebrauchen. Die Drüse ist um diese Zeit vollständig in allen Teilen angelegt, d. h. sie besteht aus einem reich verästelten System von Gängen, an denen zahllose schön entwickelte Acini hängen wie Früchte an dünnen Stielen. Da das Gesamtbild sich nicht anders darstellt als in den späteren Stadien und die Serie kurz vor dem Ende der Tragzeit (etwa 70 Tage) prächtige Bilder lieferte, so halte ich mich im wesentlichen an diese.

Das Organ zeigt nunmehr durchaus den Typus einer tubulo-acinösen Drüse (Abb. 69), welcher leicht erkennbar ist, da zwischen den epithelialen Bestandteilen immer noch reichliche Mengen eines locker gebauten Bindegewebes vorhanden sind. Die Gänge sind durch das Azokarmin schön rot gefärbt und an den Enden verhältnismäßig dünn, während sie in der Richtung basalwärts (nasenwärts) vielfach verhältnismäßig rasch an Kaliber zunehmen und dann im ganzen betrachtet eine kurze und gedrungene Gestalt annehmen, etwa wie ein Baum, der unterhalb der Schneeregion in langen Jahren kümmerlich aufgewachsen ist. An den dünnen Endzweigen hängen nun massenhaft die großen Acini, welche infolge einer amphitropen Reaktion der Drüsenzellen schön himmelblau gefärbt sind. Auf diese Weise entsteht ein leicht übersichtliches und zudem sehr zierliches Färbungsbild: rote Gänge, blaue Drüsenbeeren, beides ausgebreitet auf dem hellen Grunde eines noch reichlich vorhandenen feinfaserigen Bindegewebes.

Alle größeren und viele feineren Gänge sind nunmehr zweischichtig (vgl. auch Abb. 74 S. 104). Die äußere oft dickliche Zellschichte zieht sich vielfach bis an die Acini heran; sie dürfte den basalen Zellen der Ausführwege der Speicheldrüsen entsprechen. Eine feine Basalmembran ist an den Gängen entwickelt (Abb. 69), an den Drüsenbeeren aber kaum bemerkbar, so daß im einzelnen Falle ein Urteil darüber sehr schwer wird, ob zwei dicht gegeneinander gepreßte Acini voneinander getrennt oder zur Bildung eines Dimers vereinigt sind.

Die Acini selbst besitzen bei geräumiger Lichtung sehr schöne hohe radial gestellte Zylinderzellen (Abb. 69) mit stark färbbarem, rundlichem oder rundlich-eckigem, basal gestelltem Kern. Der Zellenleib zeigt meiner Meinung nach, besonders gut unter Immersion, massenhafte außerordentlich feine Granula, welche in dem bläulich gefärbten Plasma derart eingelagert sind, daß ein dichtmaschiges Wabenwerk dadurch entsteht. Sekretkapillaren sind beschrieben worden und ich glaube diese vielfach zu bemerken, obwohl es mir nicht gelang sie durch Eisenhämatoxylin darzustellen.

Die Drüsenbeeren sind typisch geformt und von den präterminalen Gängen gut abgesetzt. Wegen der streng radialen Stellung der Drüsenzellen und der verhältnismäßigen Weite des Lumens liefert die Schnitt-

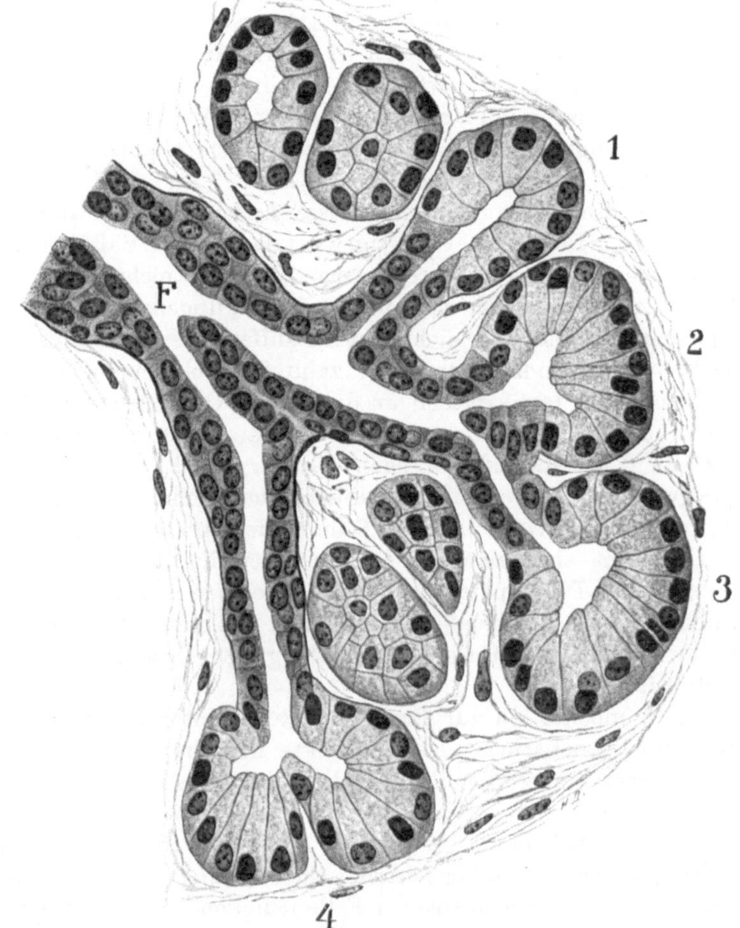

Abb. 69. Katze, Stenosche Drüse, spätes Stadium. Vergr. 575. Bei *1—4* Adenomeren. *2* und *3* in transversaler Ausbreitung, *4* in Teilung. Bei *4* sieht man die umgekehrt kegelförmige Zelle und den Beginn der Epithelspaltung. Bei *F* Auftreten einer ungespaltenen Trennungsfalte.

methode von den Drüsenbeeren viele ausgezeichnet übersichtliche Bilder, welche für feinere morphologische Studien durchaus geeignet sind. Allerhand Formverhältnisse, die man bei anderen Drüsen erst durch längeres Studium richtig erfassen kann, treten hier mit vollkommener Deutlichkeit hervor. Das Breitenwachstum der Adenomeren (Abb. 69), die Überwallung der Sproßenden (Abb. 71), die Teilungsfiguren, die polymeren Komplexe, welche durch radial gestellte Einfurchungen in mehr oder weniger deutliche Unterabteilungen gegliedert werden, fallen ohne weiteres ins Auge.

Es dürfte vielleicht kein weiteres Objekt gefunden werden, wo die Folgen der fortgesetzten Teilung der Adenomeren, nämlich die **Poly- merisierung der Struktur durch Synthese der Nachkommen- schaft**, so deutlich vor Augen treten wie hier. An vielen Zweigenden finden sich umfangreiche, aus fortgesetzter Teilung entstandene Büschel oder Dolden teilweise miteinander verwachsener Adenomeren, welche auf dem Durchschnitte fächerartig angeordnet das Gesetzmäßige der Erscheinungsweise sofort erkennen lassen (Abb. 77 und 78 S. 107).

Die Nasendrüse läßt außerdem gewisse Anzeichen von Rudimentierung erkennen. Diese deutet sich zunächst dadurch an, daß besonders in manchen Gegenden ihres Parenchyms zahlreiche nicht vollständig entwickelte Drüsenzweiglein von oft stark gedrungener Gestalt mit relativ kleinen, histologisch nicht gut ausdifferenzierten Acinis auftreten. Weiterhin finden sich dann zahlreiche blumenkohlähnliche Figuren, welche sich fast sämtlich an die äußere Oberfläche der Drüse anlehnen, gleich als ob sie an dieser Stelle an ihrer weiteren Entwicklung einen Widerstand gefunden hätten. Nach unserer früheren Darlegung handelt es sich in ihnen um Hemmungsbildungen, die aus einer fortgesetzten inneren Teilung der Adenomeren hervorgehen. Inwieweit sich aber diese einstweilen in der Entwicklung zurückgebliebenen Teile später noch ausdifferenzieren mögen, ist mir unbekannt geblieben. Voraussetzen darf man vielleicht, daß vor allen Dingen die zellularhistologische Entwicklung der Drüsenzellen noch nachgeholt wird.

Theoretisch möchte ich zur Frage der Rudimentierung erwähnen, daß unter phylogenetischem Gesichtspunkte die Drüse vielleicht als rückgebildet betrachtet werden darf. Es ist wenigstens möglich, daß sie in unvordenklichen Zeiten bei dem Geschlechte der Katzen einmal eine sehr viel größere Ausdehnung gehabt hat. Hieraus dürfen jedoch keine falschen Schlüsse auf die ontogenetische Entwicklung gezogen werden, denn diese ist auch in einem solchen Falle lediglich eine **fortschreitende**. Die Drüse beginnt klein, wird fortdauernd größer und nimmt ebenso dem Grade der Differenzierung nach ständig zu. Die Frage ist nur, welche Folgen es für gewisse Teile der Drüse haben kann, wenn sie im Verhältnis zu anderen Teilen in der Entwicklung angehalten sind.

b) Der Teilungsvorgang der Adenomere.

Die genaue Durchsuchung der Nasendrüse hat gelehrt, daß sie auch auf dem in Rede stehenden späten Entwicklungsstadium immer noch massenhafte Teilungsbilder der Adenomeren enthält, wobei allerdings nicht behauptet werden kann, daß alle diese Teilungen auch wirklich zum Ablauf gelangen. Vielmehr wird ein gewisser Prozentsatz derselben nach unseren Erfahrungen an den Speicheldrüsen sicherlich in den Dauerzustand übergehen und durch das ganze Leben hindurch sich erhalten. Aber dieser Nebenumstand spielt gar keine Rolle, wenn es sich lediglich um Ermittlung des Teilungsvorganges handelt und dieser tritt hier in so klarer Weise zutage und kann so genau beschrieben werden, daß wir unseren früheren Erfahrungen eine sehr willkommene Ergänzung hinzufügen können.

Wir gehen zunächst von unserem Übersichtsbilde Abb. 69 aus; dieses zeigt einen axialen Schnitt durch ein Drüsenläppchen mit 4 Adenomeren, welche eine verschiedene Breitenausdehnung erkennen lassen. Die eine ist schmal (*1*), zwei andere (*2* und *3*) zeigen bereits in sehr deutlicher Weise die seitliche Ausladung, welche unter anderem auch nach der Form des Lumens beurteilt werden muß, die letzte (*4*) ist in der Teilung begriffen. Die Teilungsfigur zeigt in deutlicher Weise einige charakteristische Merkmale, nämlich außer der Zweizipfeligkeit des Lumens eine apikale Einfurchung in der Äquatorialebene und dieser entsprechend einen Vorsprung des Epithels in der Richtung gegen das Lumen, welcher im wesentlichen gebildet wird durch eine »umgekehrt kegelförmige« Zelle, d. h. durch eine Zelle, deren breite Basis nach einwärts, deren Spitze nach auswärts gelegen ist. Vergleicht man die beiden Adenomeren *4* und *3* miteinander, so ergibt sich, daß die mit dem Beginn der Teilung eingetretene Veränderung besteht: erstlich in einer schwachen Einfaltung des Epithels entsprechend der Symmetrieebene der Teilungsfigur und zweitens in einer von außen eindringenden Spaltung desselben an gleicher Stelle. Wir stehen also wiederum vor der Frage, ob beim Teilungsvorgange eine Faltung oder eine Spaltung des Epithels das Wesentliche sei, oder wie man sich sonst die Sache zu denken habe.

Wir sind nun bei diesem neuen Objekte in der glücklichen Lage, daß wir den Teilungsvorgang, soweit er überhaupt in sichtbarer Weise zutage treten kann, in allen Einzelheiten wirklich beobachtet haben, und zum Zwecke der ausführlicheren Schilderung lenken wir vorerst die Aufmerksamkeit wiederum auf die keilförmige Zelle bei *4* in Abb. 69, denn diese entspricht ganz offenbar bereits der »Trennungszelle« unserer früheren Nomenklatur, d. h. sie gehört einer Reihe von Zellen an, welche im Grunde der Einfurchung zwischen den beiden Tochteradenomeren sich entlang ziehen und später zu Gangzellen werden. Es wird sich demgemäß fragen, wie diese Zelle an ihren Ort gekommen ist und wie die ihr entsprechende offene Furche entstand. Dies läßt sich sehr genau zeigen.

Im ersten Beginne der Teilung (Abb. 70) findet in den beiden Halbteilen der Adenomere rechts und links von der präsumptiven Symmetrieebene der Teilungsfigur eine Zellwucherung statt und infolgedessen wird die auf der Grenze zwischen beiden Halbteilen gelegene mittlere Reihe der Zellen unter starke Pressung gesetzt, was sich daran erkennen läßt, daß diese an ihrer Basis sich verschmälern und mit ihrem Plasmaleibe in der Richtung nach einwärts hervorquellen (Abb. 70). Da der im Epithel herrschende Seitendruck sicherlich im ganzen Bereiche der Adenomere überall im wesentlichen der gleiche ist, so muß angenommen werden, daß die in der Symmetrieebene liegenden Zellen von vornherein bestimmt sind, sich passiv zu verhalten und nachzugeben; geringe Unterschiede des Turgors könnten hierbei eine maßgebliche Rolle spielen.

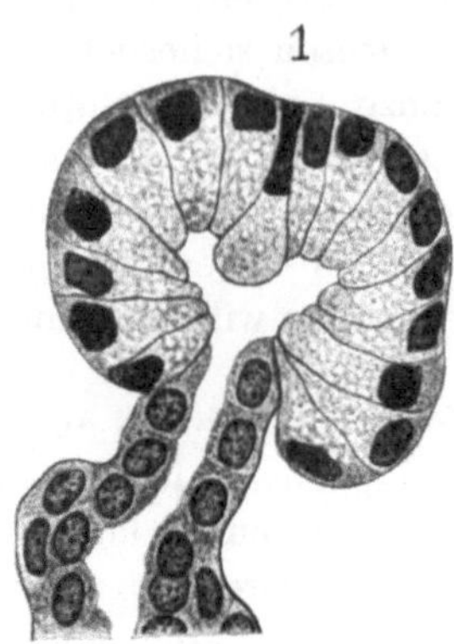

Abb. 70. Katze, Stenosche Nasendrüse, spätes Stadium. Vergröß. 635. Erster Beginn der Teilung der Adenomere. Bei *1* Entstehung der umgekehrt kegelförmigen Zelle in der Symmetrieebene der Teilungsfigur.

Der auf diese Weise eingeleitete Vorgang einer spezifischen Umlagerung innerhalb des Epithels setzt sich nun in gleicher Weise fort. Abb. 71 zeigt das nächste Stadium bei einem polymeren (drei- bis vierteiligen) Objekte. Der

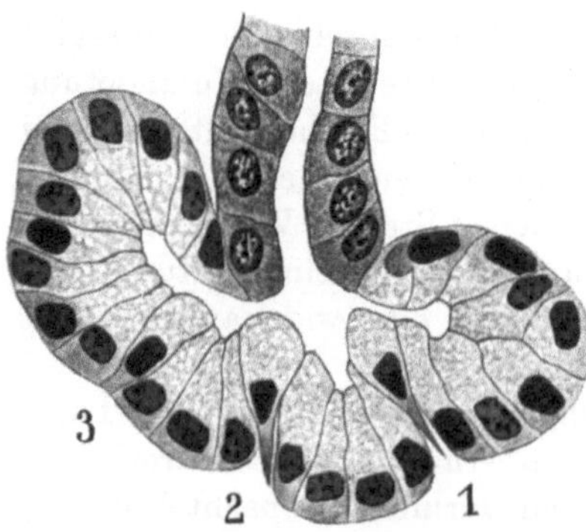

Abb. 71. Katze, Stenosche Nasendrüse, spätes Stadium. Vergr. 635. Trimere. Bei *3* erster Beginn der Entstehung der umgekehrt kegelförmigen Zelle. Bei *1* und *2* fortgeschrittene Stadien mit oberflächlicher Einfurchung und Beginn der Epithelspaltung.

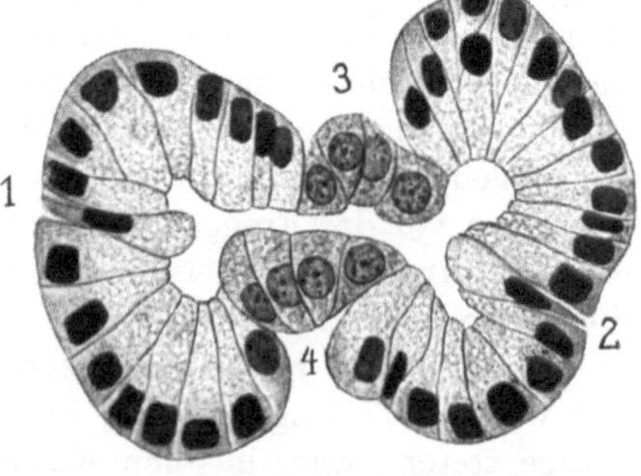

Abb. 72. Katze, Stenosche Drüse, spätes Stadium. Vergr. 635. Querschnitt durch das Scheitelende eines Drüsenzweiges. Bei *3—4* Querschnitt durch das äußerste Ende des präterminalen Zweiges. Rechter und linker Hand bei *1* und *2* je eine Adenomere, welche in Teilung begriffen ist. Man erkennt die umgekehrt kegelförmigen Zellen und den Beginn der Epithelspaltung.

Kern der unter Pressung stehenden Zelle hat sich nunmehr nach einwärts in der Richtung gegen das Lumen verlagert und der basale Zellteil ist in eine ganz schmale zugespitzte Form übergegangen (Abb. 71

bei *1* und *2* im Vergleich zu dem Initialstadium bei *3*). Andererseits sind wegen fortgesetzter Zellvermehrung in den werdenden Tochteradenomeren diese stärker hervorgequollen, so daß zwischen ihnen flache äußerliche Furchen bestehen (vgl. auch Abb. 72 bei *1* und *2*).

Weiterhin wird der schmale basale Teil der umgekehrt kegelförmigen Zelle auf den kernhaltigen Abschnitt hin zurückgezogen und daraus ergibt sich eine Epithelspaltung im eigentlichsten Sinne des Wortes. Vgl. hierzu der Reihe nach Abb. 73 bei *2* und *4* sowie Abb. 74 bei *1*. Es entsteht zwischen den benachbarten Adenomeren eine tiefe Furche oder Spalte, in deren Grunde die stark verkleinerten bzw. um vieles niedriger gewordenen Trennungszellen liegen, welche allmählich ihre Struktur verändern und in Gangzellen übergehen. Der durch die Trennung innerhalb des Epithels erzeugte scharfwinklige Einschnitt wird aber weiterhin dadurch vertieft, daß die Tochteradenomeren durch Zellvermehrung sich noch stärker als bisher hervorwulsten. Man kann also sich etwa dahin ausdrücken, daß auf der Epithelspaltung die

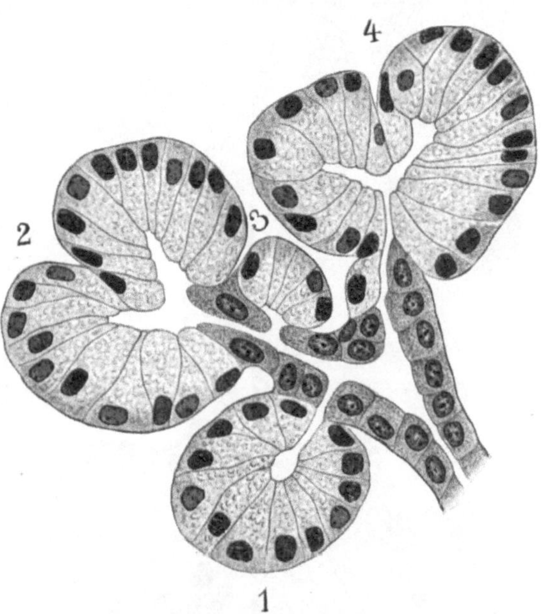

Abb. 73. Katze, Stenosche Drüse, spätes Stadium. Vergr. 635. Kleines Drüsenzweiglein. Bei *2* und *4* in Teilung begriffene Adenomeren. Bei *1* und *3* Adenomeren in lateraler Stellung.

Trennung der Tochteradenomeren in der Grundlage beruht, daß aber weiterhin zu dieser noch eine äußere Furchenbildung hinzukommt, welche durch das natürliche Wachstum der Tochteradenomeren beiderseits der Symmetrieebene bedingt ist. Das Ende der Reihe zeigt Abb. 75; hier haben die Trennungszellen der Zahl nach zugenommen und die Anlagen der neu zu bildenden Gänge letzter Ordnung sind in Erscheinung getreten.

Die Epithelspaltung halte ich für zweifellos erwiesen. Denn man sieht an den Präparaten genau, daß der zugespitzte Fortsatz der umgekehrt kegelförmigen Zelle sich in seiner Umgebung lockert, bevor er schwindet (Abb. 71 und 72). Er gibt also seine

Verbindung mit den Nachbarzellen auf und die Flanken der letzteren werden freigemacht, indem auf den in Betracht kommenden Strecken die Interzellularbrücken schwinden. Der Vorgang ist mithin ein ganz ähnlicher wie bei der Sonderung der adventiven Knospen innerhalb des Epithels der Gänge bei ihrer ersten Entstehung. Auf passend gelagerten Durchschnitten des geeigneten Stadiums sieht man ungemein leicht, daß der basale verdünnte Teil der Trennungszelle beiderseits von einer verhältnismäßig weiten interepithelialen Spalte eingefaßt wird und auf diese Weise freigelegt wird; erst dadurch ermöglicht sich seine Zurückziehung auf den nach einwärts gewandten kernhaltigen dickeren Zellteil.

Auf der anderen Seite ist klar, daß nicht nur die Trennungszelle ihre Form ändert, sondern daß auch die benachbarten Zellen, welche an sie anschließen, an dieser Formänderung bis zu gewissem Grade Teil nehmen (Abb. 74). Auch ist wohl möglich, daß gelegentlich an Stelle einer einzigen mehrere Zellreihen, welche der Symmetrieebene der Teilungsfigur benachbart sind, in der analoge Formänderungen

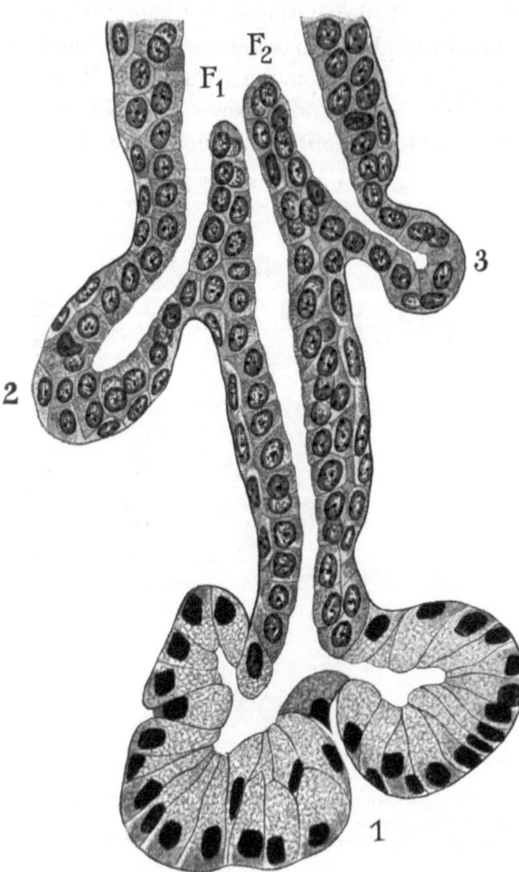

Abb. 74. Katze, Stenosche Drüse, spätes Stadium. Vergr. 635. Drüsenästchen mit Scheitelknospe nach vollendeter Teilung. Bei *1* die Trennungsfurche, in deren Grunde die Trennungszelle sichtbar ist. Bei *2* und *3* abgeschnittene Seitenästchen. Bei *F*₁ und *F*₂ zwei basalwärts fortwachsende Trennungsfalten.

Richtung nach einwärts entweichen und durchmachen (Abb. 76). Dies wäre dann aber eine seltene Ausnahme.

Von außerordentlicher Bedeutung ist der Umstand, daß gelegentlich der Teilung der Adenomere sich die Trennungszellen, welche ihrem histologischen Charakter nach zunächst typische Drüsenzellen sind, sich in indifferente Gangzellen umbilden. Die Tatsache dieser Rückverwandlung ist in gar keiner Weise zu bezweifeln und läßt sich in genügender Weise verfolgen. Die Adenomere der späten Stadien besteht, wie erinnerlich, aus typischen Drüsenzellen, deren Plasmaleib amphitrope Reaktion, d. h. in unseren Präparaten eine bläuliche Färbung besitzt, eine Unmasse feinster Drüsengranula enthält und einen homogen färbbaren Kern aufweist. Kommen diese so beschaffenen Drüsenzellen in den Grund der Trennungsfurche zu liegen, so zeigen sie nur noch anfangs ihren besonderen histophysiologischen Charakter. Späterhin verschwindet allmählich die granulierte Struktur ebenso wie die bläuliche Färbung ihres Plasmas. Die Zellen sinken zusammen, werden dunkler, röt-

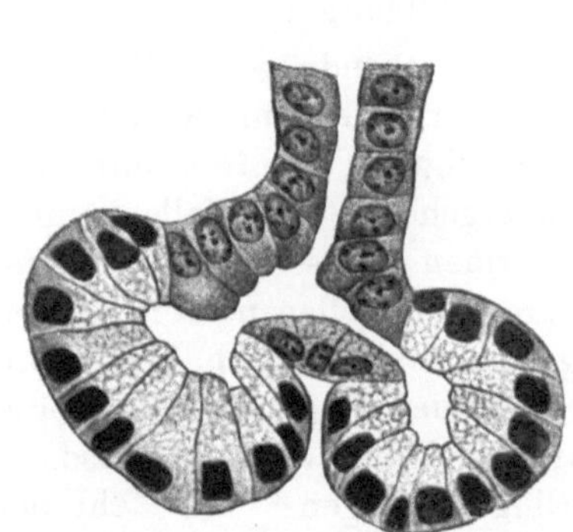

Abb. 75. Katze, Stenosche Drüse, spätes Stadium. Vergr. 635. Zwei zueinander gehörige Tochteradenomeren, bei welchen die präterminalen Gänge deutlich angelegt sind.

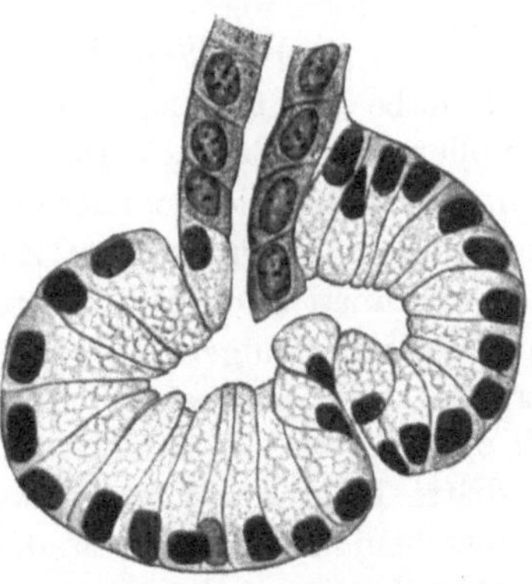

Abb. 76. Katze, Stenosche Drüse, spätes Stadium. Vergr. 635. In Teilung begriffene Adenomere. Im Grunde der Trennungsfurche mehrere in der Richtung nach einwärts entwichene Zellen.

licher, und die Kerne ändern ebenso entsprechend ihren Färbungscharakter. Schließlich sind die Gangzellen fertig. Diese können dann im Verein mit anderen entsprechend gelagerten Zellen durch Wachstum und Teilung zur Entstehung der präterminalen Gänge letzter Ordnung Veranlassung geben.

Wie aber hier Drüsenzellen in Gangzellen sich verwandeln, kommt es gelegentlich auch vor, daß einzelne Gangzellen hier und dort den Charakter spezifischer Drüsenzellen annehmen. Es ist dies eine Erscheinung, welche dem Auftreten der Becherzellen in den indifferenten Epithelien der Schaltstücke durchaus analog ist. Ich erinnere auch daran, daß gelegentlich der adventiven Knospung die Gangzellen sich ebenso als Urmutterzellen der Gangwerke wie der sezernierenden Endabschnitte erwiesen haben. Nach diesen Erfahrungen ist vollkommen klar, daß die Zellen der Gänge und die der Knospen völlig äquipotent sind und zwar in einem doppelten Sinne. Erstlich in bezug auf die Formentwicklung, insofern jede Gangzelle eine neue Scheitelknospe und auch jede Scheitelknospe neue Gangzellen liefern kann; und zweitens in bezug auf die histophysiologische Differenzierung, indem die scheinbar indifferente Gangzelle sich in eine sezernierende Zelle und umgekehrt die letztere sich in eine Gangzelle zu verwandeln vermag. Was aus der Zelle wirklich wird, das scheint von der Stellung abzuhängen, welche sie in dem Systeme einnimmt. In der Gangzelle haben der Regel nach gewisse Entwicklungspotenzen eine Hemmung erfahren, so daß sie nicht zum Vorschein kommen, und die Drüsenzellen verhalten sich ganz ähnlich, nur gewissermaßen in umgekehrtem Sinne. Ich wüßte nicht, woher die spezifische Hemmung rühren sollte, wenn nicht die Stellung im Systeme mit ins Spiel käme.

c) Polymere Formen und Mißbildungen.

Ich habe nicht Gelegenheit gehabt, die Nasendrüse im Zustande der vollendeten Entwicklung zu untersuchen und kann daher nicht sagen, inwieweit die beobachteten Teilungsfiguren als Hemmungsbildungen in den permanenten Zustand übergehen. Jedenfalls können viele von ihnen auch als dimere Dauerformen angesehen werden, besonders alle diejenigen, bei denen die Trennungszellen noch nicht den Charakter von ausgesprochenen Gangzellen haben (Abb. 77). Nun trifft es sich, daß, ehe die erste Teilung vollendet ist, schon eine zweite, eine dritte Teilung usf. beginnt und auf diese Weise entstehen alsdann die verschiedensten Formen der Mehrlingsbildungen. Die Zahl der Unterabteilungen in letzteren richtig zu bestimmen, ist schwierig und oft unmöglich, da nur die axialen Durchschnitte übersichtliche Bilder liefern, während die tangential liegenden entsprechend undeutlich sind. So läßt sich von dem axialen Schnitte der Abb. 78 wohl sagen, er habe eine polymere Form; wieviel Abteilungen hier aber in allen drei Richtungen des Raumes aneinander gesetzt waren, darüber vermag ich keine Auskunft zu geben.

Im übrigen resultieren aus den vielfach aufeinander folgenden Teilungen der Adenomeren durchaus typische, büschelförmige Gebilde, welche die Adenomeren in den verschiedensten Formen der mehr oder weniger vollständigen Abgrenzung enthalten. Charakteristisch ist z. B. unsere Abb. 77; hier schloß sich im Präparat bei *1* noch ein drittes Ästchen an, welches gleich den beiden ersten eine dimere Form zeigte, so daß die ganze Figur etwa die Gestalt eines schön geformten Straußes hatte. Bei einer solchen Bildung bedeuten die tiefsten Einschnitte die früheren, die weniger tiefen die späteren Teilungen.

Gleichfalls sehr charakteristisch ist das Objekt der Abb. 78. Hier ist zunächst das anscheinend sehr weite zentrale Lumen auffallend, welches die aus den Adenomeren kommenden Gänge aufnimmt. Dieses

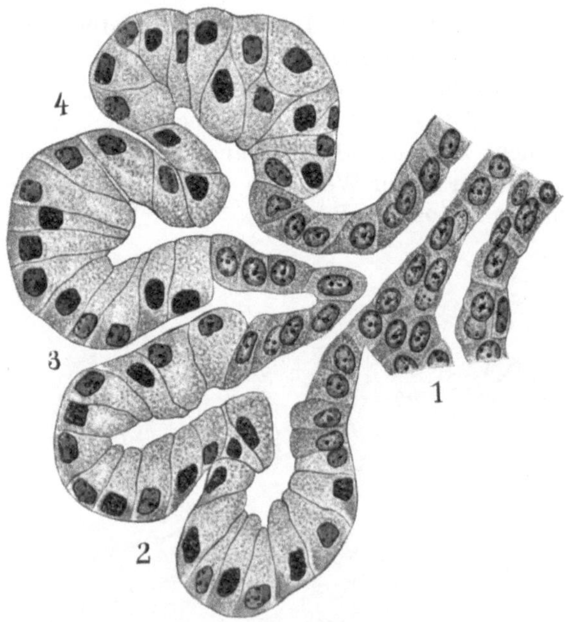

Abb. 77. Katze, Stenosche Drüse, spätes Stadium. Vergr. 635. Büschelförmige Endverzweigung eines Drüsenganges. Die Abbildung zeigt zwei axial getroffene Endästchen, welche je eine Zwillingsbildung tragen. Bei *1* war ein drittes Ästchen gleicher Art abgeschnitten. Die Ziffer *3* bezeichnet die erste Teilung einer Mutteradenomere, die Ziffern *2* und *4* Teilungen der Tochteradenomeren. Letztere sind nicht vollständig geworden, da in der Tiefe der Einfurchungen typische Gangzellen nicht entwickelt worden sind.

hatte jedoch die Form eines sehr schmalen Spaltes, welcher durch das Messer zufälligerweise in größter Ausdehnung getroffen war; es lag also dem Rauminhalte nach betrachtet durchaus keine sehr beträchtliche Erweiterung des ausführenden Systemes vor. Nichtsdestoweniger halte ich diese Formengebung, welche an die eines Nierenbeckens erinnert, für sehr bezeichnend. Denn für den Fall, daß viele Teilungen der Adenomere aufeinander folgen, während die zugehörigen präterminalen Gänge nicht gebil-

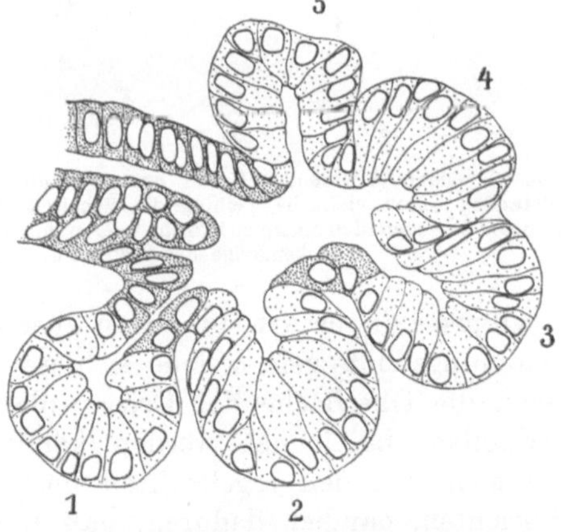

Abb. 78. Glandula Stenonis, Katze, spätes Stadium. Vergr. 450. Durchschnitt durch ein büschelförmiges Ende mit 5 Adenomeren, welche durch Teilung aus einer einzigen Scheitelknospe entstanden sind.

det werden oder rudimentär bleiben, muß sich ein gemeinschaftlicher zentraler Raum bilden, in welchen die Lumina aller Knospen einmünden. Der hier vorliegende Durchschnitt ist fünfteilig. Bei *1* ist ein kurzes präterminales Gangstück bereits gebildet. Bei *2* haben wir eine deutliche Begrenzung der Adenomere zur Rechten wie zur Linken durch deutliche Gangzellen, während zwischen *3* und *4*, *4* und *5* solche noch nicht zur Ausbildung gelangt sind. Im ganzen zeigt also unsere Figur in sehr klarer Weise die wechselnde Form der Trennung der Adenomeren in solchen Büscheln.

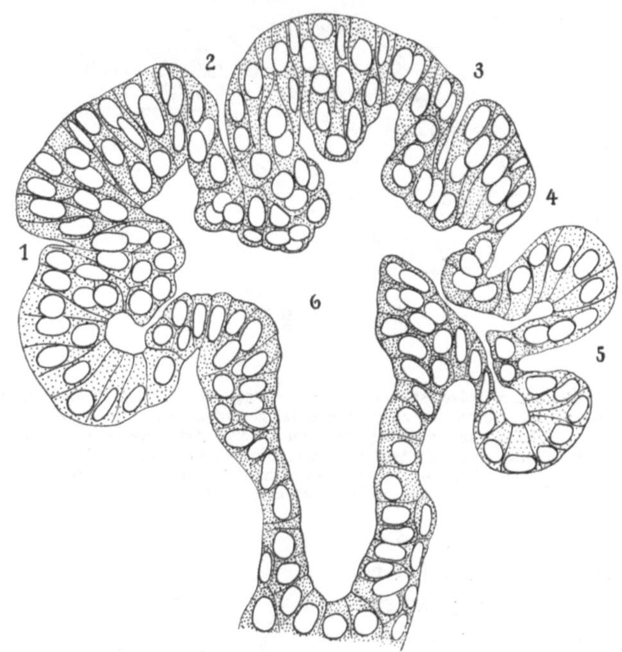

Abb. 79. Glandula Stenonis, Katze, spätes Stadium. Vergr. 450. Blumenkohlähnliche Figur, entstanden durch vielfache Teilung der Scheitelknospe. Die Ziffern stehen bei den Einfurchungen zwischen den unter sich mehr oder weniger verwachsenen Adenomeren. Bei *6* nierenbeckenartige Erweiterung des ausführenden Systemes.

Objekte dieser Art leiten nun über zu jenen oben bereits erwähnten Hemmungsbildungen, welche sich mit ihrem Scheitel der Regel nach gegen die Oberfläche der Drüse anlehnen und als blumenkohlartige Endkolben bezeichnet werden können (Abb. 79). Sie unterscheiden sich von den regelrechten büschelartigen Figuren in mehreren Hinsichten, nämlich dadurch, daß 1. die Unterabteilungen bei ihnen fast immer mehr oder weniger vollständig verwachsen erscheinen; 2. die Analoga der Drüsenzellen nicht regelrecht histophysiologisch ausdifferenziert sind, also weder deutliche Granula zeigen, noch auch deutliche amphitrope Reaktion ergeben; 3. die Komplexe der Trennungszellen sich von den ersteren nicht oder nicht gut unterscheiden lassen;

4. der ableitende Kanal unterhalb der Adenomeren im Anschluß an die zentrale beckenartige Erweiterung ebenfalls erweitert ist; 5. dieser erweiterte Kanal von eigentümlichen Faltungen durchwachsen sein kann, welche von den Trennungswinkeln der Adenomeren herunterkommen und auf diese Weise das Lumen des ausleitenden Kanales in Unterabteilungen zerlegen. Auf diesen letzteren Punkt werden wir weiter unten noch besonders zurückkommen.

Unsere Abb. 79 zeigt in skizzenhafter Darstellung einen blumenkohlähnlichen Endkolben. Dieses Objekt wurde darum zur zeichnerischen Wiedergabe ausgewählt, weil es im Verhältnis zu anderen ähnlich gearteten Bildungen immerhin noch ziemlich deutlich seine morphologische Gliederung erkennen läßt, und zwar besonders wegen der oberflächlichen Furchenbildungen, welche die in ihm enthaltenen Unterabteilungen noch teilweise voneinander trennen. Ist die Verwachsung vollkommener, so ist es meist unmöglich, die Analyse der Figur durchzuführen (ähnlich wie in Abb. 39 S. 56 von der Sublingualis). Die starke Breitenentwicklung des Objektes, hervorgehend aus dem transversalen Wachstum der Scheitelknospen und deren mehrfacher Teilung, ist leicht kenntlich. Diese Breitenentwicklung hat nun eine entsprechende Ausweitung des beckenartigen Lumens und ebenso in weiterer Folgewirkung auch die des ableitenden Kanales nach sich gezogen. Man bemerkt, daß die Trennungsfalten, welche die Unterabteilungen des Kolbens voneinander sondern, auf dem vorliegenden ebenen Durchschnitte warzenartig in den zentralen Hohlraum vorspringen, welchen sie auf diese Weise einengen. Und hier ist nun der Punkt, wo wir die Zeichnung nicht unerheblich schematisiert haben. Die genannten warzenartigen Teile springen nämlich von der gesamten Wandfläche gegen das Lumen vor, also nicht allein von dem epithelialen Gewölbe, welches die Zeichnung zur Anschauung bringt. Da nun bei aller Gesetzmäßigkeit des Aufbaues im ganzen alle Anordnungen im einzelnen von unregelmäßiger Natur sind, so durchquert man auf einem derartigen Mittelschnitte viele unregelmäßige Warzen und Faltungen, welche gegen das Lumen von den seitlich der Schnittebene liegenden Wandteilen hervorragen. Diese Durchschnittsfiguren liegen mithin scheinbar innerhalb des beckenartig erweiterten Raumes; da sie aber durch das Messer von den Wandteilen völlig abgehoben wurden, so konnten sie in der Zeichnung weggelassen werden. Nur auf diese Weise war es möglich, die Ausdehnung des zentralen Hohlraumes richtig zu charakterisieren.

Es kommt aber noch ein zweiter Zustand der Entwicklung dieser Endkolben vor, welcher es kaum erlauben würde, das ableitende Kanalsystem zeichnerisch in annähernd richtiger bzw. übersichtlicher Weise zur Darstellung zu bringen. In diesem Falle sind die zwischen den einzelnen Unterabteilungen der blumenkohlähnlichen Figur befindlichen

Trennungsfalten in der Richtung nach abwärts gegen das ausleitende Kanalsystem hin heruntergewachsen und haben letzteres in mehrfache unregelmäßige Unterabteilungen zerlegt. Dieser Vorgang ist gleichbedeutend mit einer oft mehrfachen Längsspaltung des präterminalen Gangsystems und hängt, wie ich noch zeigen werde, damit zusammen, daß die Drüse offenbar im Zustande der Rudimentierung bzw. des angehaltenen Längenwachstums der Drüsenröhrchen befindlich ist. Da im übrigen das Vorwachsen der Trennungsfalten und die damit zusammenhängende Längsspaltung der ausleitenden Kanäle für die blumenkohlähnlichen Figuren nicht im besonderen Grade charakteristisch ist, sondern allenthalben in der Drüse bei im übrigen normaler Zweiteilung der Adenomere vorkommt, so werden wir unsere Betrachtungen weiterhin an diese einfacheren Fälle anschließen.

d) Die Vermehrung der ableitenden Drüsenkanälchen auf dem Wege der Längsspaltung.

Schon seit mehr als einem Dezennium habe ich im Zusammenhang mit der Teilkörpertheorie die Frage zu lösen versucht, ob die Vermehrung des Astwerkes einer Drüse auch dadurch zustande kommen könne, daß die Röhrchen ausgehend von den Gabelungsstellen in der Richtung proximalwärts gespalten werden. Diese Frage glaubte ich nach einer durchaus eingehenden Untersuchung an den Lieberkühnschen Drüsen in positivem Sinne beantworten zu müssen. Jedoch habe ich mich veranlaßt gesehen, eine ausführliche Veröffentlichung über diesen Gegenstand einstweilen noch zurückzubehalten, weil mir die Sache schließlich doch noch nicht ganz sicher erschien. Die Untersuchung selbst und besonders die Beurteilung der Befunde leidet nämlich in Ansehung unserer Fragestellung unter ganz besonderen Schwierigkeiten, wie sich leicht einsehen läßt.

Nehmen wir an, wir hätten entsprechend unserem Schema in Abb. 80 bei *I* die Gabelungsstelle eines Drüsenrohres im Gesichtsfelde, bei welchem die zwischen den beiden Ästchen befindliche Trennungsfalte *F* in der Richtung proximalwärts vorwächst, so würde doch in den darauf folgenden Stadien (*II* und *III*) das mikroskopische Bild sich kaum irgendwie ändern. Es wird eben unter gewöhnlichen Umständen in dem Objekte der feste Punkt fehlen, in bezug auf welchen die Entwicklungsbewegung taxiert werden kann. Denken wir uns demgemäß die Abszissenlinie in unserem Schema hinweggenommen, so werden die drei nebeneinander stehenden Bilder für unseren Anblick identisch werden. Man ist daher gezwungen, das Urteil über den Vorgang aus den Nebenumständen zu entnehmen. Wenn man z. B. findet, daß den zeitlichen Verhältnissen nach bei bevorstehender Spaltung der Muttergang immer auf annähernd den doppelten Querschnitt anwächst, wie ich dies bei den Darmdrüsen wahrgenommen zu haben glaube, so ist dies bei dem Mangel anderer offensichtlicher Befunde immerhin schon ein wichtiger Befund.   Oder man sucht zu einem bindenden Schlusse zu kommen, indem man sich bemüht, die entsprechenden Hemmungsbildungen aufzufinden.   So habe

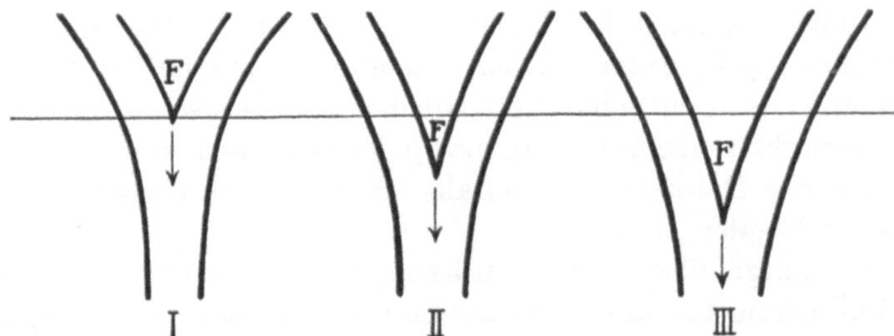

Abb. 80. Schema zur Spaltung der Drüsenröhren. Die Spaltung geht von der zwischen zwei Gabelästen gelegenen Trennungsfalte *F* aus, welche sich in der Richtung basalwärts allmählich vorwärts schiebt. Die Wachstumsbewegung ist nur dann erkenntlich, wenn es möglich ist, sie auf eine feste Abszisse zu beziehen.

ich unter den Darmdrüsen solche beobachtet, welche wenigstens doppelt so breit waren als gewöhnlich der Fall zu sein pflegt und schloß demgemäß auf unterbliebene Spaltung.

Bei der Glandula Stenonis treffen wir nun auf ganz offenbare Hemmungsbildungen, welche in unmittelbarer Weise darauf hinleiten, daß die Gänge einer langsamen disto-proximalwärts fortschreitenden Spaltung fähig sind. Wie wir schon an früherer Stelle erwähnten (S. 100), ist das Wachstum der Drüsengänge besonders in den peripheren Teilen hintangehalten; sie erscheinen gewissermaßen verkürzt und gewinnen infolgedessen oft eine ausgesprochen konische Form, wie man dies in unserer Abb. 74 S. 104 deutlich wahrnimmt. Unter der Bezeichnung »konische Form« verstehe ich jedoch

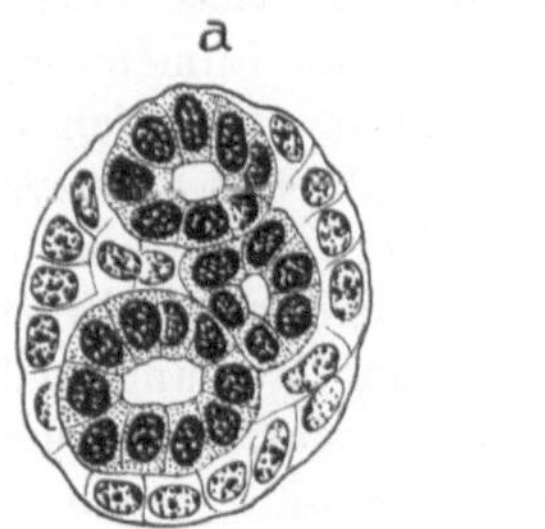
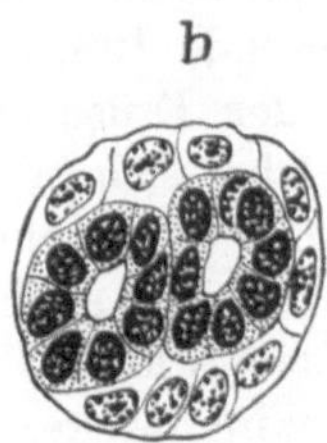

Abb. 81 *a* und *b*. Katze, Stenosche Drüse, spätes Stadium. Vergr. 635. Querschnitte durch zwei Drüsengänge mit innerer Teilung. Bei *b* doppeltes, bei *a* dreifaches Lumen.

eine Gestaltung, bei welcher der Querschnitt der ausleitenden Kanäle in der Richtung nach basalwärts (nasalwärts) unverhältnismäßig schnell wächst.   Mit dieser Gestaltungsweise verbindet sich ganz gewöhnlich ein zweiter bemerkenswerter Befund. Wir treffen nämlich an der Gabelungsstelle eines solchen Kanales recht häufig auf eine Epithelfalte, welche sich in der Richtung basalwärts erstreckt und den ausleitenden

Kanal auf diese Weise in zwei miteinander verwachsene Halbteile zerlegt (Abb. 69 S. 99 bei F). Die vordringende Falte besteht demgemäß immer aus einer doppelten, in sich verklebten Epithellamelle. Wachsen von zwei oder mehreren Gabelungsstellen solche Falten aus, so kann das gemeinschaftliche Stämmchen in mehrere (meist drei) parallele Abschnitte zerlegt werden (Abb. 74 S. 104 mit zwei nebeneinander liegenden Epithelfalten F_1 und F_2). Wie der Aufbau der Drüsenzweiglein unter solchen Umständen beschaffen ist, zeigen mit vollkommener Deutlichkeit die zugehörigen Querschnitte (Abb. 81). Man gewahrt dann mehrere Lumina, jedes umgeben von einer besonderen Hülle von Epithelzellen und alle vereint durch ein gemeinschaftliches Lager basaler Zellen.

Den hier mitgeteilten Befunden kann ich nur die folgende Deutung geben. Ich nehme an, daß schon normalerweise eine langsame Spaltung der Drüsenröhren ausgehend von den Gabelungsstellen statthat, wobei die an dieser Stelle einspringende scharfe Epithelfalte allmählich in der Richtung proximalwärts sich entwickelt. Von dieser Art des Wachstums wird aber gewöhnlich nichts bemerkbar werden, weil die vorwärts dringende Falte normalerweise eine offene ist und demzufolge das histologische Bild scheinbar unveränderlich bleibt. Im Falle der Rudimentierung jedoch ist das peripheriewärts gerichtete Wachstum der Drüsenröhren in stärkerem Grade angehalten als das basalwärts, mithin in umgekehrtem Sinne erfolgende Wachstum der Epithelfalten an den Gabelungsstellen. Daher treten diese plötzlich im histologischen Bilde der Drüse in Erscheinung und zwar als epitheliale Doppellamellen, welche das Lumen des ableitenden Kanales in parallel laufende Röhren sondern. Oder ich könnte auch sagen: Wir haben in der Drüse ein ausgebreitetes interstitielles Wachstum aller Teile, welches sich in einer Verlängerung aller Drüsenzweige in der Richtung auf die Peripherie, proximo-distalwärts, geltend macht. Außerdem haben wir noch an den Gabelungsstellen ein besonderes progressives Wachstum der Trennungsfalten, welches in umgekehrtem Sinne, disto-proximalwärts, fortschreitet. Beide Formen des Wachstums stehen normalerweise in einer bestimmten strengen Korrelation. Wird nun das interstitielle Längenwachstum seinem Betrage nach stärker vermindert als das Wachstum der Falten an den Gabelungsstellen, so kommen diese als ungespaltene Hemmungsbildungen zum Vorschein.

Was die blumenkohlähnlichen Figuren anlangt, so haben wir bei diesen in der Gegend der Trennungsstellen zwischen je zwei Adenomeren genau jenen Ort, welcher der vorspringenden Falte an der Gabelungsstelle eines Drüsenröhrchens entspricht. Wenn also von jenen Trennungsstellen her epitheliale Faltungen und Zapfen herunterwachsen, welche den Schaft der blumenkohlähnlichen Masse in mehrfache Kanalsysteme komplizierter Art zerlegen, so haben wir auch hier im Prinzip die Erscheinung einer nachträglichen unvollkommenen Spaltung des ausleitenden Kanalsystems.

Nachschrift: Die Vermehrung epithelialer Röhren auf dem Wege der Längsspaltung läßt sich in großartiger Weise an den Sammelröhren der embryonalen Niere zeigen. Mir liegt eine tadellos konservierte und außerordentlich schön gefärbte Frontalschnittserie einer menschlichen Niere vom Ende des 4. Fetalmonats vor (Technik: Susa-Azanmethode), welche innerhalb der Pyramiden an beliebig vielen Stellen die von den Gabelungsstellen ausgehende Zerlegung der Sammelröhren in schönster Weise erkennen läßt. Es kommt hier, ähnlich wie bei der Stenoschen Drüse, vorübergehend zur Bildung von epithelialen Röhren mit mehrfachem Lumen, da die in der Richtung auf das Nierenbecken sich vorschiebenden Trennungsfalten anfänglich in sich selbst kein Bindegewebe enthalten. Somit kann man sagen, daß in solchen Fällen zunächst eine innere Teilung der Sammelröhren bei mangelnder äußerer Teilung statthat, wobei die zwei-, drei-, viermal in sich geteilten Kanäle von einer gemeinschaftlichen Basalmembran umscheidet werden. Eine eingehendere Darstellung bleibt vorbehalten.

e) Anhang: Die Glandula lateralis nasi dorsalis.

Auf allen meinen Serienschnitten älterer Embryonen der Katze ist neben der Stenoschen Nasendrüse ein zweiter Drüsenkomplex enthalten, welchen ich zu einem kurzen Vergleich herbeiziehe. Diese Drüse liegt, wie schon eingangs berichtet, in der Richtung dorsalwärts und auch nach hinten von der Stenoschen Drüse; sie unterscheidet sich von ihr zunächst dadurch, daß sie keinen einheitlichen Ausführungsgang besitzt, vielmehr durch einen Komplex mehrerer Einzeldrüschen verschiedener Größe dargestellt wird, welche an einem schmalen sagittalwärts sich hinziehenden Epithelstreifen der Nasenhöhle zur Ausmündung gelangen. Dieser Epithelstreifen war streckenweise durch den Mangel an Cilien ausgezeichnet.

Die gemeinten Drüschen (Glandula lateralis nasi dorsalis) gehören dem tubulo-acinösen Typ an und sind der äußeren Formgestaltung nach im Prinzip der ventralen Nasendrüse ähnlich. Von dieser sind sie jedoch leicht dadurch unterscheidbar, daß ihre sezernierenden Zellen gut färbbare Granula enthalten, welche das Anilinblau stark annehmen. Daher sind alle sezernierenden Teile der dorsalen Drüse in unseren Präparaten schon bei schwacher Vergrößerung durch einen prachtvoll indigoblauen Ton in hohem Grade auffallend, aus welchem dann die basal gestellten Kerne in hochrotem Tone hervorleuchten. Nach der Farbenreaktion zu urteilen handelt es sich um eine Schleimdrüse, welche sich allerdings vor den Schleimdrüsen der gewöhnlichen Art durch die schöne Erhaltung der Granula auszeichnet. Indem ich die histophysiologische Beschreibung der Drüse späteren Untersuchern vorbehalte, beschränke ich mich weiterhin auf die Darstellung der morphologischen Eigentümlichkeiten.

Die sezernierenden Zellen sind hochgeformt, besonders in allen knospenartig hervortretenden Teilen, während die Gangzellen niedrig-kubisch oder stark abgeflacht sind, — also Verhältnisse, wie wir sie in ähnlicher Art schon bei der ventralen Drüse kennen gelernt haben. Jedoch wir haben gegenüber der letzteren auch einen sehr charakteristischen Unterschied in der Ausbildung der Epithelien anzumerken. Während nämlich bei der Stenoschen Drüse die Adenomeren die beinahe ausschließlichen Träger der sezernierenden Zellen sind, zeigen sich bei der dorsalen Drüse in die Gangepithelien einge-schaltet teils einzelne Drüsenzellen, teils Gruppen und Längsstreifen von solchen, teils auch Knospenbildungen verschiedener Art und Größe, unter Umständen bis zu dem Grade der Ausdehnung, daß strecken-weise alle oder fast alle Gangzellen in Drüsenzellen verwandelt sind. In besonderem Grade auffällig war mir, daß an den größeren Gängen häufig lange Streifen von Drüsenepithelien wahrnehmbar sind, welche sich in der Richtung peripheriewärts mehr oder weniger knospenartig aus dem Gange herausheben.

Durch diese Erscheinungen wird der Typ der Drüse bei oberfläch-licher Betrachtung erheblich abgeändert. Denn das Charakteristikum der tubulo-acinösen Drüse liegt in dem Gegensatz zwischen den schmalen Gängen mit ihren indifferenten Epithelien und den Acini mit ihren hochgeformten Drüsenzellen. Hier nun verwischt sich dieser Unter-schied durch das massenhafte Auftreten der sezernierenden Zellen in den Gängen selbst. Man darf sich aber dadurch nicht täuschen lassen. Die Sache liegt ganz klar wie folgt.

Der Acinus bzw. die Adenomere ist in erster Linie ein teilungsfähiges Embryonalorgan, durch dessen Tätigkeit die Drüse im synthetischen Aufbau erzeugt wird. Schon embryonal stellt sich daher ein Unter-schied zwischen den Gängen und den teilungsfähigen Scheitelknospen her. Tritt in letzteren später die histophysiologische Umdifferenzierung auf, so wird dieser Unterschied noch mehr betont. Dieser Fall liegt in reiner Weise bei den serösen Speicheldrüsen und bei der Stenoschen Nasendrüse vor. Nun wissen wir aber aus dem Auftreten der adven-tiven Knospen an den Gängen, daß die Gangzellen dem Ursprunge nach in ihrem entwicklungsgeschichtlichen Vermögen den Zellen der Scheitelknospen äquivalent sind. Tritt also bei der Glandula dorsalis die histophysiologische Differenzierung zur Drüsenzelle über große Strecken der Gänge hin auf, zugleich verbunden mit allerhand Formen der Knospung, welche zur Erscheinung zahlreicher seitlich gestellter Acini führen, so wird natürlich der histologische Unterschied zwischen Gängen und Scheitelknospen teilweise aufgehoben.

Es wäre möglich, daß dies der gewöhnliche Fall ist bei den reinen Schleimdrüschen, z. B. bei denen am Zungengrunde des Menschen. Man muß sich hierbei vergegenwärtigen, daß die Schleimfunktion von besonderer Art ist, insofern sie bei vielerlei Epithelien, vor allem auch bei den indifferenten Deckepithelien, teils nur gelegentlich und nur in geringerem Grade, teils gewohnheitsgemäß und dann oft in größerem Umfange auftritt. Dies hat Geltung für die Flimmerepithelien aller Arten, für die Epithelien des Magens und des Darmes, für die Epithelien der Blase bei niederen Wirbeltieren und vor allen Dingen auch, wie wir oben gesehen haben, für die Epithelien der Schaltstücke in den Speicheldrüsen. Demnach ist auf den Unterschied der Form zwischen den tubulo-acinösen Drüsen einerseits und den reinen Schleimdrüsen andererseits vorerst kein besonderer Wert zu legen. Übrigens ist möglich, daß auch die dorsale Nasendrüse nach genauerer Untersuchung ihres histophysiologischen Charakters späterhin zu den typischen Schleimdrüsen wird gerechnet werden müssen. Einstweilen spricht die auffallend gute Erhaltung ihrer Granula gegen die vollkommene Identität mit den Schleimdrüsen; vielmehr könnte es sich auch in ihr um eine Drüse von serösem Charakter mit stark amphitroper Reaktion handeln.

Die dorsalen Nasendrüschen sind nun aber noch in einer anderen Richtung von besonderem Interesse. Wie erwähnt, findet man an ihren Gängen teils einzelne Drüsenzellen, teils Gruppen von solchen, teils auch Drüsenknospen der verschiedensten Größe. Ich halte mich für befugt, aus diesem Nebeneinander der Dinge eine genetische Reihe zu machen und den monozellulären Ursprung der Knospen als höchst wahrscheinlich hinzustellen. Maßgeblich für unser Urteil ist unter anderem unsere frühere Erfahrung, daß die besondere Form der Hervorbuckelung kleiner adventiver Knospen auf der sukzessiven Teilung einer Urmutterzelle und ihrer Nachkommen beruht, welche sich, auf dem Durchschnitt betrachtet, fächerartig zu gruppieren pflegen.

Andererseits findet man nun aber auch die an dem Oberflächenepithel der Nasenhöhle anhangenden Einzeldrüschen selbst in jeder beliebigen Größe. Die meisten sind allerdings von erheblicher Ausdehnung, auch reich verzweigt, und kriechen deswegen mit ihren Ästen weit in der Schleimhaut entlang. Daneben treffen sich aber auch kleinere und allerkleinste Drüschen ohne Verzweigung, welche zu den größeren gewissermaßen als unentwickelte, rudimentäre Formen hinzugehören und wie diese an dem erwähnten

8*

sagittalen Epithelstreifen der Nasenhöhle anhangend getroffen werden. Einige dieser kleinen Drüschen haben etwa die Form von Adenomeren, andere sind noch beschränkter im Umfang und allerletzten Endes fand ich sie in mehreren Fällen bis auf je zwei, übrigens durchaus spezifische Zellen reduziert, welche in das Oberflächenepithel der Nasenhöhle eingelagert waren. Wegen der Fülle der spezifischen Granula, welche sie enthielten, konnte an ihrer Zugehörigkeit zu dem System der dorsalen Nasendrüse nicht der geringste Zweifel obwalten.

Demnach gilt auch für die Einzeldrüschen als Ganzes das Prinzip der monozellulären Entstehung (vgl. hierzu die Diskussion auf S. 90f.), und es würde daraus folgen, daß die embryo-dynamische Potenz der Gangepithelien und der Epithelien der Nasen-höhle in bezug auf die Hervorbringung der Drüsenschläuche, ob es sich nun um Einzeldrüschen oder Zweige von solchen handelt, ganz und gar die gleiche ist.

f) Zusammenfassung über die späten Entwicklungsstadien der Glandula nasalis lateralis.

1. Auf den späten Stadien zeigt das Organ den Bau einer Drüse vom tubulo-acinösen Typ, welcher leicht kenntlich ist, da noch viel embryonales Zwischengewebe vorhanden ist, welches die epithelialen Bestandteile in reinlicher Weise voneinander scheidet. An den ver-gleichsweise dünnen Endzweigen hängen massenhafte große Acini oder Adenomeren, welche infolge einer amphitropen Reaktion schön himmel-blau gefärbt sind, während die Gangzellen die rote Farbe des Azokar-mins angenommen haben.

Die Gänge zeigen nunmehr eine zweite äußere Zellschicht, welche oft bis dicht unter die Endbeeren verfolgbar ist. Letztere bestehen aus schönen großen klaren Drüsenzellen mit stark färbbarem, basal gestelltem, rundlich-eckigem Kern und einem Zellenleibe, in welchem eine Unzahl feiner farbloser Drüsengranula eingebettet sind. Inter-zellulare Sekretkapillaren wurden beobachtet.

2. In der Nasendrüse lassen sich leicht alle diese bestimmten Form-verhältnisse beobachten, welche mit der fortgesetzten Teilung der Drüseneinheiten in Zusammenhang stehen, also vor allen Dingen das Breitenwachstum der Adenomeren, die verschiedenen Teilungszustände und das Auftreten der polymeren Bildungen höherer Ordnungen, welche durch radial gestellte Einfurchungen in mehr oder weniger deutliche Unterabteilungen gegliedert werden.

3. Die Nasendrüse läßt in den späten Stadien offenbare Anzeichen von Rudimentierung erkennen. In manchen Gegenden des Organs zeigen sich zahlreiche nicht vollständig entwickelte Drüsenästchen mit verhältnismäßig kleinen Drüsenbeeren und gedrungener Form der ab-

leitenden Kanäle. Außerdem finden sich viele blumenkohlähnliche Figuren, die sich mit ihrem Scheitel gegen die Drüsenoberfläche wenden, gleich als ob sie hier im Wachstum angehalten worden wären. Inwieweit diese einstweilen in der Entwicklung gehemmten Teile später noch ausdifferenziert werden, kann an unserem Materiale nicht festgestellt werden.

4. Der Teilungsvorgang der Adenomere läuft in folgender Weise ab. Rechts und links von der präsumptiven Symmetrieebene der Teilungsfigur findet eine Zellvermehrung statt und dadurch wird auf die in der Symmetrieebene selbst gelegenen Zellenreihe von beiden Seiten her ein starker Druck ausgeübt. Dies hat zur Folge, daß die unter Pressung stehenden Zellen der mittleren Reihe im ganzen sich verschmälern, jedoch mit ihrem gegen das Lumen der Adenomere hin gewandten Teile unter erheblicher Verbreiterung hervorquellen. Dadurch gewinnen diese Zellen im Verhältnis zu ihren Nachbarn die beschriebene »umgekehrt kegelförmige Gestalt«.

Im zweiten Stadium folgt der Kern der Verlagerung des Plasmas und entweicht in der Richtung nach einwärts, während das basale Zellenende sich in einen stark verschmälerten Zellfortsatz auszieht. Zugleich bemerkt man am Scheitelpole der Adenomere eine flache äußere Furche.

Im dritten Stadium verschwindet der basale Zellfortsatz, indem er sich auf den kernhaltigen Teil des Zellkörpers zurückzieht. Daraus ergibt sich eine epitheliale Spaltung im eigentlichsten Sinne des Wortes. Zu dieser epithelialen Spaltung tritt jene oberflächliche Furchung hinzu, welche durch die Emporwulstung der beiden Tochteradenomeren bedingt ist. Dieser letztere Vorgang kann eventuell auch als teilweise Einfaltung unter Materialverschiebung bezeichnet werden.

5. Biologisch von außerordentlichem Interesse ist der Umstand, daß bei Gelegenheit der Teilung der Adenomeren sich die in der Symmetrieebene der Teilungsfigur gelegenen Drüsenzellen durch Rückverwandlung in typische Gangzellen übergeführt werden. Da andererseits gelegentlich einzelne Gangzellen sich in Drüsenzellen verwandeln, so ist die embryodynamische Äquipotenz der Drüsen- und Gangzellen vollständig erwiesen. Was aus den in der Drüsenanlage enthaltenen Embryonalzellen schließlich wird, scheint vor allen Dingen von der Stellung der Zellen im Systeme der Drüse abzuhängen.

6. Von den beobachteten Teilungszuständen der Adenomeren gehen aller Wahrscheinlichkeit nach viele in den permanenten Zustand über und würden in der fertigen Drüse als Zwillingsbildungen oder Dimeren auftreten. Im übrigen folgen die Teilungen so schnell aufeinander, daß auch viele polymere Formen zustande kommen, also Trimeren, Tetrameren usf. Sehr charakteristisch ist, daß in der Nasendrüse aus den

mehrfach hintereinander folgenden Teilungen büschelförmige Gruppierungen hervorgehen, welche die Adenomeren in den verschiedensten Zuständen mehr oder weniger vollständiger Abgrenzung enthalten, also mit oder ohne Dazwischentreten wirklicher Gangzellen in der Tiefe der Trennungsfurchen usf.

7 Die büschelförmigen Anordnungen leiten dann über zu den blumenkohlähnlichen Figuren, welche schon eher als Mißbildungen aufzufassen sind. Sie entstehen jedenfalls infolge fortgesetzter Teilung der Adenomere, wobei jedoch die Nachkommenschaft in starkem Grade unter sich verwachsen bleibt. Auch die histophysiologische Ausdifferenzierung der Drüsenzellen unterbleibt oder ist wenigstens unvollständig.

Bei dieser Form kommt es häufig zu einer Erweiterung des ableitenden Kanales, welcher peripher breit beginnt und in der Richtung nasalwärts sich verengt. Der Anfangsteil, in welchen die Teilknospen der blumenkohlähnlichen Figur einmünden, kann nierenbeckenartig erweitert sein.

8. Bei angehaltener Entwicklung gewinnen in den peripheren Teilen der Drüse die ableitenden Kanäle eine konische Form und es treten vielfach von den Gabelungsstellen ausgehende Falten auf, welche nasalwärts vorwachsend den ableitenden Kanal der Länge nach in der Art teilen, daß sein Lumen verdoppelt wird. Gehen von mehreren benachbarten Gabelungsstellen derartige Faltungen aus, so kann der gemeinschaftliche ableitende Kanal auch in mehrfache Unterabteilungen zerlegt werden. Diese Erscheinungen sind nur dann erklärbar, wenn angenommen wird, daß schon normalerweise die Drüsenästchen von den Gabelungsstellen her allmählich in proximalwärts fortschreitender Richtung gespalten werden.

9. Die Glandula lateralis nasi dorsalis wurde zum Vergleich mit herangezogen und hat die folgenden Resultate ergeben.

a) In diesem Organ handelt es sich um einen Komplex von Einzeldrüschen dorsalwärts und zum Teil nach hinten von der Stenoschen Nasendrüse. Diese geben in ihren sezernierenden Zellen eine starke Schleimreaktion und danach dürfte es sich wohl um eine Schleimdrüse handeln, obwohl die in ihr enthaltenen Drüsengranula entgegen dem Verhalten der gewöhnlichen Schleimgranula sich in sehr vorzüglicher Weise konserviert haben.

b) Für diese Drüschen ist charakteristisch, daß die sezernierenden Zellen sich nicht allein in den Scheitelknospen finden, sondern daß die Zellen der Gänge sich in massenhafter Weise als Drüsenzellen ausdifferenzieren, wodurch der Unterschied zwischen den Adenomeren und den Gängen verwischt wird.

c) Demgemäß findet man an den Gängen sowohl vereinzelt stehende Drüsenzellen wie auch kleine und größere Gruppen von solchen, aber auch buckelig hervorgewölbte Knospen in allen Größen. Nach diesen Erfahrungen ist es sehr wahrscheinlich, daß die Knospen adventiv entstehen und sich von je einer Urmutterzelle ableiten.

d) Andererseits kommen auch die Einzeldrüschen in allen Größen vor. Die meisten sind allerdings reichlich verzweigt und kriechen mit ihren Ästchen weithin in der Schleimhaut entlang. Jedoch andere gewissermaßen aberrante Drüschen sind nur kurze, unverzweigte Schläuche oder kleine unansehnliche Beutelchen, welche dem Oberflächenepithel der Nasenhöhle abhängen. Im äußersten Falle reduzieren sich die Drüschen auf ein interepithelial gelegenes Zellenpaar, dessen Zugehörigkeit zu dem Komplex der übrigen Drüschen durch die spezifische Farbenreaktion der im Plasmaleibe massenhaft gespeicherten Granula sichergestellt wird.

e) Wir sehen daher auch die monozelluläre Entstehung der Einzeldrüschen als gesichert an und haben damit eine Parallele zu der monozellulären Entwicklung der Seitenzweige auf dem Wege der adventiven Knospung gewonnen.

IV. Die Arbeit von Laguesse über das Pankreas und seine Entwicklung.

Die Arbeit von Laguesse über die Entwicklung des Pankreas vom Jahre 1896 ist meines Wissens die einzige, welche in einer näheren Beziehung zu meiner vorliegenden Untersuchung steht, weil der Autor die Vorgänge der Furchung und Teilung an den Sprossungsenden des Drüsenbäumchens tatsächlich beobachtet hat. In der morphologischen und genetischen Deutung der Erscheinungen ist jedoch der Autor nicht weit gekommen, da ihm der besondere Begriff der teilungsfähigen Drüseneinheit fehlte. Der Autor war nicht in der Lage diesen Begriff aus seinen Beobachtungen abzuleiten, weil das Pankreas jene strenge Form der Zweiteilung der Scheitelknospen, wie wir sie bei der Submaxillaris zuerst kennen gelernt haben, auf keiner Stufe der Entwicklung erkennen läßt. Für Laguesse sind auch die »zentroacinären« Zellen verhängnisvoll geworden, da ihre Gegenwart den Autor verleitet hat, das Drüsenepithel im Prinzip als zweischichtig anzuerkennen, während wir dieser Annahme durch das Prinzip der latenten Faltungen aus dem Wege gegangen sind. Aber gleichwohl, es ist durchaus notwendig, über die Arbeit von Laguesse in extenso zu referieren und die Parallelen aufzuzeigen. Dabei wird von besonderem Interesse sein, unsere neueren Deutungen der älteren Auffassung gegenüber zu stellen.

Die Untersuchungen von Laguesse beziehen sich auf das Schaf und zwar hat der Autor eine erhebliche Anzahl der verschiedensten Entwicklungsstadien untersucht angefangen vom 13 mm-Embryo. Bei diesem kann man die doppelte dorsale und ventrale Anlage des Pankreas noch deutlich voneinander unterscheiden. Es werden aber zu dieser Zeit beide Anlagen bereits auf der dorsalen Seite unmittelbar nebeneinander gefunden, die erstere dorsalwärts und links, die letztere dorsalwärts und rechts vereinigt mit der Mündung der Ductus choledochus. Die Drüsenanlage besteht zunächst aus unregelmäßigen, wurstförmigen, soliden Strängen, welche sich in allen Teilen gleichartig verhalten. Unmittelbar darauf, beim Embryo von 15 mm mit Verzweigungen 3. und 4. Ordnung, stellt sich das Pankreas als ein dichtes Strauchwerk mit dicken, gewundenen Ästen dar, welche unregelmäßig knotig geformt und stellenweise mit außerordentlichen Verbreiterungen versehen sind. Vom 18 mm-Embryo angefangen findet man die Zweige des Drüsenbaumes bis auf einzelne Stellen mit durchgehendem Lumen versehen. Eine Differenzierung in sezernierende und ausführende Teile ist noch nicht vorhanden. Das Drüsenbäumchen zeigt vielmehr in sich gleichartige, knotige, windungsreiche Verzweigungen bis zur 5. und 6. Ordnung, welche merkwürdigerweise zum Teil durch Anastomosen unter sich verbunden sind. Letztere schwinden allmählich, wurden aber bis zum Embryo von 115 mm beobachtet.

[Das Auftreten der Anastomosen, welche nach Laguesse im Pankreas der Fische häufig vorkommen, ist ungemein merkwürdig. Ihr Zustandekommen läßt eine doppelte Erklärung zu, nämlich 1. durch sekundäre Verwachsung vorher getrennter Zweigenden; 2. durch unvollständige Längsspaltung der Zweige mit Bildung von Maschen oder Ösen. Da es nach unseren Beobachtungen zweifellos ist, daß Drüsenröhren durch Längsspaltung sich vermehren, so möchten wir die Entstehung der Anastomosen durch sekundäre Verwachsung für unwahrscheinlich annehmen.]

(S. 493.) Die Pankreasanlage nimmt fortdauernd durch interstitielles Wachstum in allen Teilen zu, besonders aber wächst sie an den blinden Enden der Tubuli, welche vornehmlich auch in der Drüsenperipherie sich finden. Diese blinden Enden erweitern sich vielfach zu einer bläschenförmigen Bildung mit ansehnlichem Lumen, »massues renflées«. Die Wand dieser Bläschen ist öfters mehrschichtig und enthält viele Kernteilungen; sie haben eine Tendenz lappig zu werden, indem sie sich einfalten, und es entsteht auf diese Weise eine Gruppe von Tochterbläschen. Geht der Prozeß in gleicher Weise fort, so können komplizierte Bildungen entstehen, »en bouquet«, »en une sorte de chou-fleurs«.

[Es ist klar, daß der Autor hier die Entwicklung komplizierter polymerer Bildungen beobachtet hat, welche zum Teil wohl nur vorübergehender Natur sind. — Zum Verständnis der fortschreitenden Schilderung mache ich darauf aufmerksam, daß der Autor die Endbläschen der jungen Stadien von den »acini« oder »cavités sécrétantes« der späteren Zeit unterscheidet. Letztere sind durch das Auftreten der Zymogenkörnchen charakterisiert. Diese Unterscheidung ist aber nur im Sinne der Histophysiologie richtig, nicht aber im Sinne der Embryodynamik. Weil der Autor sich hierüber nicht klar ist, wird die Untersuchung der Teilungszustände in der Arbeit zweimal gebracht an zwei verschiedenen Stellen, zuerst bei den Endbläschen — »massues renflées« — der frühen, später bei den »acini« oder »cavités sécrétantes« der fortgeschrittenen Stadien.]

Laguesse tritt nun in sehr bestimmter Weise dafür ein, daß es sich bei der Vermehrung der Endbläschen um eine wirkliche Teilung handelt. Er sagt darüber etwa folgendes (S. 483): Der gewöhnliche Fall beim Prozeß der Knospung und Sprossung beruht auf einem »zentrifugalen« Wachstum, d. h. die Scheitelknospe wächst und zerlegt sich allmählich in zwei Individuen; aus den Tochterknospen wachsen dann die neuen Zweiglein aus. Hier aber ist der Vorgang anderer Natur und verläuft gewissermaßen zunächst in umgekehrtem, »zentripetalen« Sinne. Wenn das Endbläschen sich teilen will, so entsteht von seinem Scheitel her ein Epithelvorsprung in der Richtung nach innen hinein, gegen das Zentrum der Blase, welche dadurch zweiteilig wird. Die Lappung wird demgemäß zunächst nur innerlich, nicht äußerlich sichtbar. Die Zellen des erwähnten Vorsprunges sind nach Laguesse der Sache nach identisch mit den zentroacinären Zellen. Auch wird der Vorsprung anfangs nur von einer einfachen Lage von Zellen gebildet, welche sich später verdoppelt. Die doppelten Wandschichten entfernen sich dann voneinander immer von der Peripherie gegen das Zentrum hin. [Hier hat der Autor ganz offenbar ein gutes Beispiel der Epithelioschise vor sich gehabt.]

(S. 495.) Bevor die neugebildeten Bläschen sich wiederum teilen, strecken sie sich in die Länge und bilden »rosenkranzähnliche« Röhrchen, ein Anblick, welchen man besonders bei Embryonen von 65 bis 69 mm vorfindet. Diese »primitiven« Pankreastubuli haben zu dieser Zeit ein sehr bestimmtes regelmäßiges Aussehen gewonnen. Jeder Tubulus wird von einer Kette heller Bläschen gebildet und trägt von Ort zu Ort Zweiglein von gleicher Beschaffenheit, welche an den Enden die beschriebenen Sträuße von Endbläschen tragen. Beim weiteren Wachstum des Pankreas geht die Rosenkranzform der ausführenden Kanälchen wiederum verloren. Die bläschenförmigen Erweiterungen verschwinden zuerst an den Hauptstämmen und von da schreitet die Umwandlung allmählich gegen die Peripherie fort. Beim Embryo von 16 cm sind die Rosenkranzformen fast ganz verschwunden.

[Diese Rosenkranzform der Pankreasgänge dürfte, wie schon oben erwähnt, identisch sein mit der Kammerung der Speichelröhren in der

Submaxillaris. Da die letztere Drüse ektodermal, die erstere entodermal ist, so stehen sie durchaus nicht in verwandtschaftlichen Beziehungen und die Rosenkranzform muß demnach ein Ausdruck gewisser embryodynamischer Vorgänge sein.]

Weiterhin beschäftigt sich Laguesse mit der Bildung und Entwicklung der sezernierenden Endabschnitte, »cavités sécrétantes«, welche auch als »Acini« bezeichnet werden. [Diese sind jedoch keineswegs identisch mit den Acini oder Drüsenbeeren meiner Terminologie, vielmehr handelt es sich in ihnen bei Laguesse oftmals um hochzusammengesetzte komplizierte Bildungen.] Charakteristisch für die »Acini« oder »cavités sécrétantes« ist lediglich das Auftreten der Drüsengranula, durch deren Anwesenheit sie sich von den Endbläschen der früheren Stadien unterscheiden. Der Autor beschreibt zunächst seine Beobachtungen an Zupfpräparaten, um die allgemeinen Formverhältnisse festzustellen, und geht dann weiter zur Untersuchung der Serienschnitte über.

Zupfpräparate (S. 171). Wenn man ein Zupfpräparat vom Pankreas eines 10—12 cm langen Schafembryos untersucht, so gewahrt man, daß das Organ sich aus feinen Läppchen zusammensetzt, welche ihrerseits im wesentlichen aus einer Vielzahl von Drüsenbeeren bestehen. Diese erweisen sich bei stärkerer Vergrößerung betrachtet zum Teil als zwei- und dreilappig. Bei einem Embryo von 30—40 cm sind die »Acini« viel voluminöser und vielfach gelappt [polymere Formen]. Gewöhnlicher Weise haben sie die Form der Niere eines Fetus (Furchenniere), denn sie sind von verlängerter Gestalt [wir würden sagen: in transversaler Richtung verbreitert] und durch oberflächliche Einfurchungen vielfach gelappt. An einer Stelle, welche dem Hilus dieser nierenförmigen Gestaltung entspricht, findet sich der ableitende Kanal [vgl. auch unsere Beschreibung blumenkohlähnlicher Endkolben mit nierenbeckenartiger Erweiterung, S. 108f]. Nach diesen Beobachtungen schließt der Autor, daß die »Acini« bei ihrem ersten Auftreten klein und einfach gestaltet sind, daß sie allmählich wachsen, lappig werden und Selbstteilungen zu unterliegen scheinen. [Der Begriff der teilbaren Drüseneinheit und des Polymers ist jedoch bei unserem Autor nicht vorhanden; daher werden die Monomeren und Polymeren gleicher Weise als »Acini« bezeichnet.]

Untersuchung auf Serien (S. 173ff.). Sezernierende Endabschnitte entstehen entweder durch Umwandlung aus den Endbläschen oder durch adventive Knospung.

Umwandlung aus Endbläschen. Der Autor beschreibt, daß die sezernierenden Zellen in Form einer halbkugeligen Schale oder Lunula aufzutreten pflegen, welche das blinde Ende des Tubulus bedeckt. Die Beerenform ist also meistenteils noch nicht vorhanden, weil unterhalb des sezernierenden Abschnittes das Drüsenröhrchen noch nicht verschmälert, noch nicht halsartig zusammengezogen ist. Später (S. 180) gewinnen die Lunulae an Umfang, vertiefen sich und gehen in die sphärische Form über, wobei der ausleitende Kanal sich zusammenzieht, so daß das Resultat die Form einer gestielten Beere ist. [Diese Beobachtung, daß beim Pankreas die sezernierenden Zellen in Form halbkugeliger Schalen auf den Endbläschen auftreten, ist für weitere vergleichende Untersuchungen im Auge zu behalten. Das Endbläschen dürfte im ganzen der Adenomere entsprechen, ihr basaler granulafreier Teil jenem Abschnitte, welcher bei der Glandula nasalis den präterminalen Teil liefert.]

Adventive Knospen (S. 179, 182). Die neu entstehenden seitlichen Knospen sind beim Embryo von 65 mm noch wenig zahlreich, finden sich beim Embryo von 82—140 mm in größerer Zahl und werden von da ab selten, so daß die primitiven Röhrchen die Fähigkeit neue Knospen zu treiben zu verlieren scheinen. Die Epithelien der Gänge platten sich nunmehr ab und unterscheiden sich dadurch in typischer Weise von den Drüsenzellen, welche Zylinderform besitzen.

Betreffs der Entstehung der seitlichen Knospen sagt der Autor folgendes: Man findet an den Gängen kleinste Häufchen trüber Zellen, welche lunulaartig dem Verlauf der Gänge aufsitzen [also etwa entsprechend unserer Abb. 60 S. 90 von der Stenoschen Nasendrüse]. Diese Gruppen sollen dann ein Lumen erhalten, welches mit dem des Ganges in Zusammenhang befindlich ist, und auf diese Weise soll dann die Form des Acinus zum Vorschein kommen. [Die Abstammung der Knospe aus einer einzigen Mutterzelle wurde von dem Autor nicht in Erwägung gezogen.]

Zentroacinäre Zellen (S. 176, 180—183). Der Autor sieht das Epithel der Drüse im Prinzip als zweischichtig an. Zu einer äußeren Schichte rechnet er die sezernierenden Zellen, also die Acini einschließlich der trüben Zellen der adventiven Knospen, zur inneren Schichte dagegen rechnen die zentroacinären Zellen und die Epithelien der Gänge. Ferner stammen die zentroacinären Zellen nach seiner Darstellung aus zwei Quellen, nämlich erstlich aus der Wand der Endbläschen, »centroacineuses primitives«, [welche identisch sind mit unseren Trennungszellen oder Zellen der Gänge, welche bei Gelegenheit der Teilung der Adenomeren in der Tiefe der Einfurchung zum Vorschein kommen; vgl. hier Abb. 32 S. 48], und zweitens aus der Wand des präterminalen Ganges, »centroacineuses secondaires«, indem sie von diesem aus nachträglich in den sezernierenden Endabschnitt eindringen [identisch mit denjenigen Gangzellen, welche nach unserer Schilderung auf dem Wege der Überwallung durch die sezernierenden Zellen von außen her bedeckt werden; vgl. Abb. 16 S. 33 oder Abb. 24 S. 40].

[Diese Hypothese von der Doppelschichtigkeit des Drüsenepithels besteht m. E. nicht zu Recht. Sie hat bei Laguesse zweifellos ihren Ursprung von der besonderen Lage der Trennungszellen genommen, welche bei latenter Faltung scheinbar eine zweite innere Schichte bilden. Ebenso bilden die adventiven Knospen bei ihrer ersten Entstehung nur scheinbar die Repräsentanten einer rudimentären äußeren Zellenschichte. Es trifft daher auch die Folgerung des Autors nicht zu, daß die gesamten Drüsenzellen sich aus einer besonderen Anlage, einer diskontinuierlichen Oberflächenschichte der Epithelien, herleiten. Vielmehr ist das Epithel der Drüse einschichtig und die sämtlichen Epithelzellen des Drüsenbäumchens sind, wie wir gezeigt haben, dem Ursprunge nach äquipotent, so daß somit aus jeder Gangzelle durch Knospung ein sezernierender Acinus sich entwickeln kann.]

Umwandlung der Acini oder »cavités sécrétantes«. Laguesse tritt dafür ein, daß die Acini sich späterhin nicht nur vergrößern und A. durch Furchung Lappungen erzeugen — »lobation des cavités sécrétantes« —, sondern daß diese Läppchenbildung B. gelegentlich bis zur Durchteilung fortschreitet — »division des cavités sécrétantes«. Hierin liegt dann der hauptsächliche Grund des Größenwachstums in späterer Zeit.

A. Furchung der Drüsenbeeren (Lobation, S. 184 ff.). Man bemerkt leicht, daß einige Drüsenbeeren breiter sind als andere. Die breiteren zeigen auf der Oberfläche eine zunächst nur schwache Einfurchung und gegenüber derselben sieht man im Inneren ein bis zwei zentroacinäre Zellen oder ein Häufchen von solchen, welche gegen das Lumen hervorspringen und die Zerlegung desselben in zwei Halbteile andeuten. Der Verfasser ist daher der Meinung, daß die zentroacinären Zellen eine Rolle bei der Teilung der Acini spielen, und daß überall da, wo im Beginn des Prozesses ein oder zwei Zellen am Lumen des Acinus in einigem Abstande sichtbar sind, diese schon die Grenzen der späteren Unterabteilungen bezeichnen. [Diese Deutung ist zweifellos richtig, ganz entsprechend dem Auftreten der gleichen Zellen in den späteren Stadien der Entwicklung der Submaxillaris, Abb. 32 S. 48; sie entsprechen den Trennungszellen in der Tiefe offener Furchen.]

Der Autor bespricht genauer einen Fall, wo die zentroacinären Zellen an der Innenwand des Acinus drei meridional gestellte Leisten bildeten, entsprechend einer beginnenden Dreiteilung, zum Teil mit korrespondierender Dreiteilung an der Oberfläche. Derartige Leisten findet man ungemein häufig in den Endbläschen. Sie laufen aber nicht ausschließlich meridional, sondern in jeder Richtung, so daß die gelappten Bildungen, welche daraus hervorgehen, oft umfangreiche, vielfach gebuckelte, hohle, sehr unregelmäßige Massen am Ende des Ausführungsganges bilden. Der Autor spricht ferner die Meinung aus, daß bei Gelegenheit der vielfachen Teilungen der Drüsenzellen sich an Ort und Stelle neue zentroacinäre Zellen bilden, welche somit von den Drüsenzellen selbst abstammen.

[Bei der Nasendrüse erschien es ganz und gar fraglos, daß die Drüsenzellen, welche in den Grund der Einfaltung zu liegen kommen, eine Rückwärtsverwandlung in Gangzellen erleiden.]

B. Teilung der Drüsenbeeren (Division, S. 188 ff). Die eben beschriebenen großen, außen gelappten, innen hohlen Endkammern fand der Autor bei Embryonen von 11—16 cm. Bei eben diesen Embryonen beobachtet man nun auch die eigentlichen Teilungsvorgänge.

Die peripher entstandenen Leisten der zentroacinären Zellen fangen an zu wuchern und treffen sich allmählich in der Mitte des Lumens, wodurch sie dieses fast ganz ausfüllen, bis auf einige kleine Lumina längs den Wandungen des »Acinus«, welche der Lage nach den in den Lappungen hervorgetretenen Unterabteilungen entsprechen. Diese Lumina vereinigen sich an der Basis des Acinus zum Ausführungsgang. [Bis dahin handelt es sich offenbar um die innere Teilung einer Adenomere auf Grund des Auftretens latenter Faltungen.] Der Autor bemüht sich noch weiterhin an der Hand von Abbildungen zu zeigen, daß die oberflächlichen Einfurchungen sich vertiefen, durch das Drüsenepithel hindurchschneiden und auch noch in die zentralen Massen der zentroacinären Zellen eindringen [Epithelioschise der latenten Faltungen].

(S. 193.) Im Gegensatz zu der obigen Darstellung hat der Verfasser gelegentlich auch die Teilung der Adenomeren durch offene Einfaltung tatsächlich beobachtet, gibt aber darüber eine sehr komplizierte Erklärung ab. Das Wesentliche seiner Beobachtung ist, daß eine offene Einfaltung des Acinus eintritt, wobei zwischen den Gruppen der Drüsenzellen in der Tiefe der Einfurchung indifferente Zellen auftreten [Trennungszellen]. Diese kann der Autor nicht auf »zentroacinäre« Zellen zurückführen, da sie auf demselben Niveau bzw. in derselben Reihe wie die Drüsenzellen liegen, und aus diesem Grunde muß er nun auf eine zweite besondere Art der Vermehrung der »Acini« schließen, [was aber überflüssig ist, da auch die zentroacinären Zellen der nämlichen Schichte zugehören wie die Drüsenzellen. Die wesentliche Identität von offenen und latenten Faltungen wurde nicht erkannt].

Endstadien der Entwicklung (S. 195; s. auch »Le pancréas«, S. 585). In den späteren Stadien, vom 20 cm-Embryo ab, nehmen die endständigen Knospen noch mehr an Größe und Komplikation zu, indem sie fortfahren sich zu lappen und sich zu teilen. Es gehen daraus sehr komplizierte Gebilde zu 100—150 μ Größe hervor. Beim Embryo von 30 cm fand Laguesse sehr große nierenförmige, stark gelappte Endkomplexe mit einem ausleitenden Kanal, welcher sich von der Stelle des sogenannten Hilus aus fortsetzte. [Demnach wäre das Pankreas beim Schaf im ausgebildeten Zustande wesentlich aus hochkomplizierten, polymeren Körpern zusammengesetzt.]

Zusammenfassung.

Die Arbeit von Laguesse war für mich schwierig zu lesen, wie immer, wenn die ganze Einteilung des Stoffes, die Terminologie, die Beschreibung und Beurteilung der Beobachtungen von einer gänzlich anders gearteten Auffassung geleitet wird. Ich habe versucht, von den Resultaten des Autors ein möglichst klares Bild zu geben und den Stoff so anzuordnen und darzustellen, daß die Übereinstimmungen, soweit solche vorhanden sind, möglichst klar zutage treten.

Richtig gesehen hat Laguesse nach meiner Meinung:

1. die Furchung und Teilung der Scheitelknospen, einschließlich des Auftretens der Gangzellen an der Basis der latenten Faltungen;
2. den besonderen Vorgang der Epithelioschise;
3. die daraus hervorgehende Entstehung vielfach gefurchter Komplexe, also polymerer Bildungen;
4. die adventive Knospung.

Dagegen fehlt nun offenbar bei Laguesse infolge der relativen Ungunst seines Objektes die richtige Einsicht in die Zusammenhänge der Entwicklung. Ich hebe die folgenden Punkte hervor.

1. Es hat sich aus der Untersuchung des Pankreas nicht ergeben, daß die primitive Form der Vermehrung der Scheitelknospen die Zweiteilung ist. Dies hat darin seinen Grund, daß beim Pankreas ein beschleunigtes Größenwachstum statthat und daher die Teilungen sehr schnell aufeinander folgen. Ehe noch die erste Teilung vollständig abgelaufen ist, setzt schon die zweite ein und so kommt es, daß die vielfachen Lappungen der Endabschnitte durchaus im Vordergrunde stehen.

2. Da das Bild der Dichotomie beim Pankreas zurücktritt, konnte der Autor zu dem Begriffe einer durch Zweiteilung zerlegbaren Drüseneinheit nicht gelangen und so fehlen ihm auch die daraus folgenden naturhistorischen Begriffe der polymeren Körper verschiedener Ordnungen.

3. Der Autor war nicht in der Lage, aus seinen Beobachtungen ableiten zu können, daß die Epithelien des Pankreas lediglich einschichtig sind. Daher wurden die »zentroacinären« Zellen für eine besondere innere Schichte angesehen und die latenten Faltungen, welche den offenen durchaus entsprechen, wurden als solche nicht erkannt.

4. Obwohl Laguesse von der Verbreiterung der Drüsenbeeren vor der Teilung spricht, hat er doch den durchaus typischen Vorgang des »transversalen« Wachstums nicht erkannt und damit fallen auch die

Beobachtungen bzw. die richtige Deutung betreffend die Überwallung des präterminalen Ganges fort. So kommt der Autor auf eine zweite Quelle der »zentroacinären« Zellen von dem peripheren Ende des Ganges her.

5. Die Endbläschen bzw. die Acini sind bei Laguesse zunächst nichts anderes als die blinden Enden der Drüsentubuli. Es ist ihm nicht bekannt geworden, daß die Scheitelknospe sich auf einem gewissen Stadium der Entwicklung in sehr bestimmter Weise gegen den vorhergehenden Gang absetzt. Aus diesem Grunde war es dem Autor auch nicht möglich festzustellen, daß der präterminale Gang aus der Basis des Endbläschens hervorgeht, und zwar vermöge des Aktes einer Knospung. Hierfür ist die Ungunst des Objektes verantwortlich zu machen.

6. Da alle empirischen und theoretischen Voraussetzungen fehlen, war es für Laguesse unmöglich, bis zu einer synthetischen Anschauung vom Aufbau des Drüsenkörpers fortzuschreiten (Stockbildung, Metamerie bzw. Schizomerie usf.).

V. Synthetischer Teil.

A. Synthesiologie des Drüsenbäumchens.

1. Einleitung.

Im Eingang dieser Arbeit haben wir darauf aufmerksam gemacht, daß die Anatomie bisher eine analytische Wissenschaft gewesen ist, wie übrigens auch die Schwesterwissenschaften der Physiologie und Pathologie, und daß wir nunmehr an einem Wendepunkte angelangt sind, von welchem angefangen die wissenschaftliche Betrachtungsweise gewissermaßen umgebogen werden muß. Das Bewußtsein der Einheitlichkeit, der Wesenheit, der Totalität des tierischen und menschlichen Körpers war aus den biologischen Wissenschaften über der Versenkung in zahllose Einzelheiten verloren gegangen. Von der Anatomie kann man sagen, daß sie den Körper als ein Aggregat, als eine Summe außerordentlich vieler Einzelbestandteile auffaßte, deren Tätigkeit dann entsprechend in der Physiologie als eine Unzahl mit- und durcheinander laufender Einzelvorgänge beschrieben wurde. Selbstverständlich spielten auf dem Grunde dieser analytischen Auffassung des tierischen Körpers die Zellen vor allen Dingen die größte Rolle und die gesamte Biologie segelte annähernd 80 Jahre lang unter der Fahne der Morphologie, Physiologie und Pathologie der Zelle. Gewiß war dies im Sinne der Entwicklung unserer Wissenschaft historisch genommen notwendig und auch von der größten Bedeutung für die Gewinnung einer soliden Grundlage in den organischen Naturwissenschaften. Aber es muß nun auch einmal anders kommen.

In der Anatomie wenigstens müssen wir neben der Fortsetzung analytischer Studien auch die Ausarbeitung einer morphologischen Systemlehre oder die Synthesiologie betreiben, deren nächstes Objekt allerdings die Zelle selbst ist, welche jedoch weiterhin über die Zelle hinaus die Gewebe, Organe, Geschöpfe als organisierte Verbände höherer Ordnung kennen lehrt. Die Systeme, von denen hier die Rede ist, sind aber nicht solche wie das Blutgefäß- oder Nervensystem in physiologischem Verstande, welche gewisse ökonomische Funktionen, Leistungen der Betriebsphysiologie oder der Werktätigkeit übernommen haben, sondern es handelt sich um die genetischen Systeme, von denen die Formbildung abhängt, deren Funktionen und Reaktionen nunmehr zur Darstellung gebracht werden müssen.

Was nun unser Objekt, diese bestimmte Art von Drüsen, welche ein reich verzweigtes Sprossungssystem besitzen, anlangt, so wurden diese bisher, wie alle anderen Organe und Teile des Körpers auch, lediglich nach der analytischen Methode zergliedert und der Gelehrte war befriedigt, wenn er das Gangsystem samt den sezernierenden Endabschnitten in die Zellen zerlegt und die Beziehungen der letzteren zu den ökonomischen Funktionen klargelegt hatte. Hierbei ging die Betrachtung des genetischen Systemes, welches in der Form, in der Gestaltung des Ganzen und seiner Teile seinen Ausdruck findet, nahezu völlig verloren. Man kam auf diesem Felde nicht zu dem Begriffe eines lebendigen Wesens, einer Entität von besonderer embryodynamischer Natur, welches nach bestimmten körpereigenen Gesetzen des Wachstums entwickelt wird und, wenn einmal gegeben, sich auch dauernd durch eine eigene Art der Tätigkeit und der Reaktionen in dem Bestande seiner Formen erhält.

Meine vorstehende Untersuchung mußte freilich in weitem Umfange ebenfalls zergliedernd, also analytisch verlaufen. Denn es ist selbstverständlich, daß ohne eine voraufgehende histologische Analyse der Objekte auch eine Feststellung der synthetischen Vorgänge nicht geleistet werden kann. Trotz dessen ist unsere Untersuchung im ganzen genommen von durchaus neuer Art, denn wir haben bei Gelegenheit der histologischen Zergliederung die sämtlichen elementaren Bausteine der synthetischen Theorie der Drüsen aufgelesen. Dies ist freilich nur dann möglich, wenn die Mentalität des arbeitenden Gelehrten auf ein synthetisches Denken veranlagt ist, wenn er also über den schier zahllosen Einzelbeobachtungen Form und Plan des Ganzen nicht aus den Augen verliert.

Und so haben wir gefunden, daß das Drüsenbäumchen in Rücksicht auf Gestalt und Wachstum einem Polypenstocke gleicht, eine Analogie, welche durchaus nicht oberflächlicher Art ist, weil die Formen, welche die Geschöpfe im ganzen zeigen, notwendigerweise auch den Formen der Organe und Teile im Körperinneren ähnlich sein müssen, da nämlich die lebendigen Systeme, ob sie nun ein Ganzes (Geschöpfe, Personen) oder Teile eines Ganzen (Organe) sind, sich nach den gleichen in der Beschaffenheit der lebendigen Materie wurzelnden Grundgesetzen entwickeln müssen.

Und so stellen wir in Abb. 82 zum ersten Male unseren »Drüsenpolypen« vor, ein Schema, in welches alle unsere Einzelbeobachtungen auf Grund der Originalzeichnungen eingetragen worden sind, welches, wie wir hoffen, in eindrucksvoller Weise eine haltbare Auffassung von der Synthesiologie des Drüsenkörpers gibt.

2. Synthese des Drüsenbäumchens im Umriß.

Wie erinnerlich sein wird, sind nach unserer Theorie die genetischen Systeme (Histosysteme) entweder effektiv oder der Anlage nach teilbar. In unserem Falle nun halte ich die Adenomere für ein solches embryonales Histosystem und zwar für ein Embryonalorgan, aus dessen sukzessiven Teilungen das Drüsenbäumchen hervorgeht, während das nämliche Organ in zweiter Linie gegen das Ende der Entwicklung hin sich histophysiologisch ausdifferenziert und zur Drüsenbeere wird.

Auf der linken Seite unseres Schemas ist die Teilung der Adenomere (bei *1, 2* und *3*) und die daraus folgende primäre Dichotomie des Drüsengeästes in der Weise dargestellt worden, wie sie sich aus der unmittelbaren Beobachtung der Submaxillaris und der Glandula Stenonis ergeben hat. Es entspricht jede Gabelungsstelle einem Teilungsakte und das verzweigte Astwerk setzt sich somit aus einer Summe hintereinander folgender Stengelglieder zusammen, welche an den Gabelungsstellen sich gegeneinander begrenzen. Mithin zeigt das Astwerk der Drüse eine primäre Metamerie oder besser **Schizomerie**, da die metamere Folge der Stengelglieder sich an den Internodien jedesmal mit einer Spaltung verbindet. Freilich verschwindet die dichotomische Form der Auszweigung wiederum, indem sie wenig später auf ein sympodiales System umgesetzt wird (s. die rechte Seite unseres Schemas), aber wir sind vielleicht berechtigt anzunehmen, daß die durch die Entstehung begründete besondere Folge der Stengelglieder sich auch in der neuen Gestalt, wenn auch für unser Auge nicht direkt erkennbar, sagen wir also in latenter Form, erhält. Weiter haben wir in unserem Schema der Vollständigkeit halber (bei 18) die Knotung der groben Ausführwege, also das Auftreten von Unterabteilungen der Stengelglieder angedeutet, sind jedoch einstweilen nicht in der Lage, dieser auffallenden Erscheinung eine bestimmte morphologische Deutung geben zu können.

Solange das Längenwachstum der Zweige andauert, erfolgt nach jeder Teilung der Adenomere ein Auswachsen ihres basalen Abschnittes,

Abb. 82. Synthetisches Schema einer traubenförmigen Drüse. Linker Hand ein Zweig mit der primitiven Dichotomie, rechter Hand ein solcher mit sympodialer Anordnung.

1—3 Teilungsstadien der Adenomeren; *4* blumenkohlähnliche Figur, hervorgegangen aus der vielfachen Teilung einer Scheitelknospe; *5* Trimere; *6* Dimere mit beginnender Vorschiebung der Trennungsfalte; *7* laterale Knospe; *8* beginnende Verschleimung der Gangzellen nächst der Basis der Adenomeren; *9* Polymer mit halber Verwachsung; *10* Verschleimung des präterminalen Ganges mit Übergang der Adenomeren in die Halbmondform; *11* Polymer mit ganzer Verwachsung; *12* Dimer mit Auftreten mehrfacher Trennungszellen; *13* laterale Knospe; *14* Vierlingsende mit Trennungszellen; *15* Dimer mit verschleimten Trennungszellen, zusammengesetzter Halbmond; *16* zwei rudimentäre Endästchen mit halber Verwachsung und Verschleimung der Trennungszellen; *17* großer Halbmond mit Randfalte; *18* Kammerung der größeren Gänge; *19* Schaltstücke.

welcher das neue Stengelglied bildet, und die Adenomere rekonstituiert sich darauf als Scheitelknospe oder Endglied, welches alsbald zu einer neuen Teilung befähigt ist. Es stellt sich somit das Drüsenbäumchen insgesamt als eine gewebliche Stockbildung, als ein **Histocormus** dar, bestehend aus einer Summe von Stengel- und Endgliedern, welche, obzwar nach Form und Leistung verschieden, beide gleicherweise aus der Fortpflanzung der nämlichen teilungsfähigen Drüseneinheiten hervorgehen.

Was die Stengelglieder anlangt, so wäre noch besonders darauf aufmerksam zu machen, daß sie der Teilungsfähigkeit nicht grundsätzlich ermangeln, da sie nach unseren Wahrnehmungen der Länge nach spaltbar sind (s. das Schema bei *6*), wodurch ihr Systemcharakter aufs deutlichste in die Erscheinung tritt. Weiterhin zeigt das Schema die ausführlich · besprochenen polymeren Bildungen (bei *4, 5, 9, 11, 12, 14, 15, 16*), welche durch unvollkommene Längsteilung der Adenomere bei gleichzeitiger mangelnder Ausbildung oder Unterdrückung der zugehörigen Gänge letzter Ordnung entstehen.

Als Resultat steht somit fest, daß das Drüsenbäumchen aus der fortgesetzten Teilung eines embryonalen Histosystems hervorgeht. Da nun dieses Prinzip der Entwicklung jedenfalls nicht besonderer, sondern allgemeiner Natur ist und sich an den verschiedensten Orten unseres Körpers in ähnlicher Art wiederholen dürfte, so bedeutet die Teilkörpertheorie zugleich auch eine **Theorie der teilbaren Anlagekomplexe.** Hierbei denke ich zunächst an diejenigen teilungsfähigen Embryonalanlagen, welche wirklich histologisch greifbar sind. Einer späteren Ausdehnung der Theorie auf latente Anlagen, etwa auch von solcher Art, wie sie in der Theorie der Vererbung eine Rolle spielen, würde nichts im Wege stehen, sobald sich auf Grund eines reicheren Materiales die Notwendigkeit ergibt, auf solche Vorgänge, welche sich unserem Auge nicht mehr in sinnlicher Weise darstellen, Rückschlüsse zu machen.

Was die Umsetzung der Dichotomie auf die sympodiale Form anlangt, so wird erinnerlich sein, daß sie auf dem Zurückbleiben der einen Tochterscheitelknospe beruht, welche dadurch in eine laterale Stellung hineingedrängt wird. Dieser Vorgang ist ungemein wichtig im Hinblick auf die Frage, wie es kommt, daß während der Entwicklung das ganze Drüsenvolumen in stetiger Weise mit Teilen des sezernierenden Parenchyms aufgefüllt wird. In früheren Jahren hatte ich ganz vergeblich versucht, mir von diesem Vorgange eine zureichende Vorstellung zu machen. Denn es ist klar, daß man unter der Voraussetzung einer dichotomischen Verästigung der Drüse bei identischer Wachstumsgeschwindigkeit aller Zweige niemals zu einem Drüsenparenchym kommen würde, welches in allen Teilen von gleichartiger Beschaffenheit ist. Vielmehr müßten die sezernierenden Endabschnitte alle peripher, an der Oberfläche der Drüse, die ableitenden Kanäle radial geordnet in der Richtung nach einwärts liegen. Die Lieberkühnschen Drüsen, welche büschelförmig gestaltet sind, wobei die sezernierenden Drüsenzellen (Panethsche Zellen) endständig gelegen sind, entsprechen gewissermaßen einem Sektor einer Drüse von dem vorgestellten radialen Bau.

Auf Grund der vorstehenden Übersicht ergibt sich eine Synthese der Drüse in mehreren einander superponierten Ordnungen.

Gehen wir von den Zellen aus, welche allen Teilen des Drüsenbäumchens zugrunde liegen, so haben wir in diesen zunächst teilbare Histosysteme einer gewissen niederen Größenordnung. (Daß sie nicht einfacher Natur sind, sondern in sich selbst wiederum als komplexe Teilkörpersysteme aufgefaßt werden können [vgl. M. Heidenhain, Anat. Anz. 1911], spielt bei unserer gegenwärtigen Betrachtung keine Rolle und kann außer dem Spiele bleiben.) Sind die Zellen freilebend, Zellpersonen (z. B. Amöben, Infusorien usw.), so werden bei Gelegenheit der Teilung die Tochterindividuen der Regel nach vollkommen frei. Anders bei der Gewebebildung. Denn die in den Aufbau einer Drüse eingehenden Zellen treten bei Gelegenheit ihrer Teilung durch Synthese zu einem epithelialen Verbande zusammen. Daß es sich in diesem um ein histodynamisches System handelt, dafür haben wir auch ein äußeres Anzeichen in den Interzellularbrücken, welche nicht nur in den Epithelien überhaupt, sondern auch in den Drüsen häufig genug beobachtet wurden. In unserem Falle nun formt sich der epitheliale Verband, aus welchem die Drüse hervorgeht, von Anfang an unter dem Bilde der Adenomere, welche ihrerseits gleich der Zelle teilungsfähig ist, also im Verhältnis zu dieser ein Histosystem oberer Ordnung vorstellt.

Weiterhin liefern die Adenomeren durch Wachstum und Teilung die heteromorphen Stengel- und Endglieder (Scheitelknospen) des Drüsenbäumchens, welche wiederum in körperlichem Zusammenhange verbleiben und auf diese Weise durch abermalige Synthese zu einem Histosystem dritter Ordnung, dem Drüsenstock (Adenocormus), zusammentreten. Inwieweit die alten Ausdrücke »Sprossung und Knospung« auf das Drüsenwachstum zutreffen, interessiert uns dabei einstweilen wenig und soll diese Frage erst weiter unten im Zusammenhange behandelt werden. Hier muß vor allen Dingen hervorgehoben werden, daß auch die Systeme dritter Ordnung, die Stöcke, ihre Spaltbarkeit im Prinzipe beibehalten, denn nicht nur bleiben die Adenomeren parallel zur Achse des Stengelgliedes teilbar, sondern es sind auch die Stengelglieder selbst durch Vorschiebung der zwischen den Tochteradenomeren befindlichen Trennungsfalten spaltbar, wobei festgestellt werden konnte, daß sich der Spaltungsvorgang über die Internodien hinaus fortsetzen kann. Wenn auch diese letzteren Erscheinungen in unseren Präparaten durchaus nicht von großartiger Natur sind (vgl. oben S. 110 ff.), so zeigen sie doch, daß ganz entsprechend meiner theoretischen Gesamtauffassung allen eigentlich so zu nennenden Histosystemen die Spaltbarkeit immanent ist.

Beim definitiven Ausbau des Drüsenstockes sind sehr wirksam die fortgesetzten Teilungen der Endglieder (Scheitelknospen) bei gleichzeitiger Hemmung bzw. Sistierung des Längenwachstums der Anlagen der Endgänge. Auf diese Weise entstehen dann die zahlreichen polymeren Bildungen an den Zweigenden, welche die Stockbildung sehr wesentlich komplizieren.

3. Betrachtungen über Teilung und Knospung bzw. Segmentierung der Adenomeren.

Da der Nachweis teilungsfähiger Drüseneinheiten ein Dreh- und Angelpunkt der vorliegenden Arbeit ist, so haben wir darauf Bedacht genommen, den Teilungsvorgang bei verschiedenen Objekten in durchaus eingehender Weise zu untersuchen, und es hat sich herausgestellt, daß die objektive Feststellung mehrfacher unter sich vergleichbarer Beobachtungsreihen in unserem Falle von besonderem Werte ist. Denn der Vorgang selbst variiert; er erscheint gleichsam unter verschiedenen Verkleidungen, welche den Kern der Sache bald mehr, bald weniger verhüllen können. Dies ist wichtig festzustellen, damit nicht etwa bei späteren Untersuchungen die Autoren durch scheinbar negative Befunde zu Fehlschlüssen verleitet werden.

Da wir schon oben bei den Einzelabschnitten ausführliche Zusammenfassungen gegeben haben, so wird es sich an dieser Stelle in erster Linie nur um eine kurze vergleichende Übersicht handeln und an diese können wir dann einige weitere Betrachtungen anknüpfen. Die Untersuchung ging aus von den fixierten Teilungszuständen in den Speicheldrüsen des Erwachsenen und es ergab sich demgemäß, daß in den Endstadien der Entwicklung bei Gelegenheit der Teilung der Adenomere zunächst eine latente Faltung entsteht, wobei gleichzeitig auf eine nicht näher zu erörternde Weise die Trennungszellen zur Erscheinung gelangen. Im weiteren wird dann diese Falte gespalten (Epithelioschise) und es können in der Spaltlücke Bindegewebszellen gefunden werden, welche der Bildung der Basalmembran voraufgehen. Danach glaubte ich nun, daß die Embryonalentwicklung der Speicheldrüsen einleuchtende Bilder der Teilung zeigen würden und daß es gelingen müsse, die Herkunft der Trennungszellen bei dieser Gelegenheit einwandfrei festzustellen. Allein die Untersuchung mittlerer Embryonalstadien der Speicheldrüsen hat dann gezeigt, daß der Vorgang der

Zweiteilung der Scheitelknospe bei diesem Objekte nahezu latent verläuft. Beobachtet wurde die strenge Dichotomie der Scheitelknospen
einerseits und ihre scharfe Absetzung gegen den präterminalen Zweig
andererseits, beides Erfahrungen, welche erneut auf ein der Zweiteilung
fähiges Organ schließen ließen. Allein der Teilungsvorgang selbst verläuft unter dem Bilde einer allmählich sich vollziehenden Massenverschiebung des Zellmateriales, welche kaum diskutierbar ist und zu
scharf ausgeprägten histologischen Bildern nicht führt. Nach diesen
Erfahrungen ist es also nicht mehr zu bezweifeln, daß bei den Speicheldrüsen auf frühen und mittleren Stadien der Embryonalentwicklung
die Teilung der Adenomere unter anderen Bildern verläuft als in den
Endstadien, denn die beim Erwachsenen beobachteten mehrteiligen
Formen können nichts anderes sein als fixierte Teilungszustände und
diese leiten in unmittelbarer Weise auf den Vorgang der Epithelspaltung hin.

Es war daher für den Erfolg der Untersuchung von höchstem Werte,
daß bei der Stenoschen Nasendrüse (welche gleichfalls zur Gruppe der
Speicheldrüsen gehört) eine dritte einfache, unkomplizierte, leicht übersichtliche Form der Fortpflanzung der Adenomeren beobachtet wurde,
welche man als eine solche von »primitiver« Art bezeichnen kann,
wobei man sich aber darüber klar sein muß, daß es sich zunächst nicht
um eine primitive Teilung im Sinne der Phylogenese, sondern im Sinne
der Embryodynamik handelt. Was kann einfacher sein als das Breitenwachstum der Adenomere, ausgehend von zwei seitlichen Zentren, die
Pressung der Drüsenzellen in der Äquatorialebene der Teilungsfigur
und ihr Abwandern in der Richtung nach einwärts mit nachfolgender Epithelspaltung, das Hinzutreten der oberflächlichen Furchenbildung usf.

Wir haben demnach hier zum ersten Male einen bestimmten hoch-
wichtigen Grundvorgang der Natur in vollständiger und nahezu elemen-
tarer Abwandlung der Bilderfolge vor uns, welcher keinen Zweifel
darüber läßt, daß wir mit ihm vor einem Wendepunkte in den Betrachtungen der wissenschaftlichen Anatomie stehen, denn wir haben in der
Adenomere einen Zellenkomplex aufgefunden, welcher nichts weniger
ist als ein Aggregat von Einzelindividuen, vielmehr ein Histosystem,
ein Anlagekomplex, welcher tatsächlich mit der Eigenschaft der
Zweiteilung begabt ist und in dieser Beziehung vielen tierischen Personen verglichen werden kann, welche der Reihe der Wirbellosen zugehören und das Vermögen der Fortpflanzung auf ungeschlechtlichem
Wege durch Teilung besitzen. Über die embryodynamischen Analogien,
welche zwischen der Spaltung embryonaler Gewebekomplexe und der
ungeschlechtlichen Fortpflanzung bestehen, habe ich mich im übrigen
schon mehrfach a. a. O. ausgesprochen.

Wichtig aus der in Rede stehenden Bilderfolge ist die Feststellung, daß die Trennungszellen durch Rückwärtsverwandlung bereits spezialisierter Drüsenzellen entstehen und sich binnen kurzem in vollkommene Gangzellen wiederum verwandeln. Ich zweifle nicht, daß auch in der ausgehenden Entwicklung der Speicheldrüsen der gleiche Vorgang wirklich vorhanden ist, denn das unvermutete Auftreten der Trennungszellen (Gangzellen) in Abb. 32 S. 48 kann keine andere Ursache haben.

Hält man die Untersuchungsresultate, welche sich aus den verschiedenen teils im entwickelten, teils im Embryonalzustande befindlichen Drüsen ergeben haben, zusammen, so ist als ein wichtiges Ergebnis festzustellen, daß der Teilungsvorgang bei nächstverwandten Objekten, ja sogar bei dem nämlichen Objekte zu verschiedenen Zeiten sehr verschieden verlaufen kann. Auf diese Weise wird offenbar, daß bei einem Entwicklungsvorgange in der belebten Natur das rein Mechanische, d. h. dasjenige, was sich eventuell auf eine Formel bringen läßt, wechselnder Natur und von geringerer Bedeutung ist, während das Wesen der Sache in einer zwingenden Dynamik liegt, die in allem Wechsel der mechanischen Verhältnisse sich gleich bleibt. Dies hatten wir »Zytologen« schon in den 90er Jahren des vorigen Jahrhunderts erfahren, als der Streit über die Mechanik der Zellenteilung im Gange war. Der Rest war hier, daß die »Mechanik« der Teilung bei verschiedenen Zellarten wechselnd ist, während das in einem höheren Sinne Dynamische an der Sache, nämlich der Trieb oder Anstoß, welcher die Zelle zur Zweiteilung zwingt und diese beherrscht, welcher ferner bewirkt, daß in der Zweiteilung eine Übertragung der erblichen Anlagen statthat, überall dem Wesen nach als in sich übereinstimmend gedacht werden muß.

Nunmehr habe ich die Aufgabe, die Teilung der Adenomere theoretisch nach rückwärts zu verfolgen, um der verborgenen Ursache dieses Vorganges näher zu kommen. Dies ist durchaus nicht unnützlich, denn nach den Erfahrungen allgemeiner Natur, welche bei Gelegenheit dieser Untersuchung sich aufgedrängt haben, ist es durchaus nicht ausgeschlossen, daß späterhin gelegentlich Objekte zum Vorschein kommen werden, bei denen die Grundvorgänge der Teilung, welche in den bisher von uns beobachteten Fällen latent verliefen, der Wahrnehmung zugänglich gemacht werden können.

Wie schon früher dargelegt worden ist, treten bei der Teilung der Adenomere rechts und links einer präsumptiven Symmetrieebene zwei »Zentren« der Zellwucherung auf, zwischen denen das Epithel gewissermaßen einsinkt. Die Lage dieser beiden Orte ist also vorherbestimmt und es ergibt sich aus den Umständen der Rückschluß, daß an Stelle dieser beiden Zentren ursprünglich ein einziges bestand, welches durch einen besonderen Akt der Spaltung sich verdoppelte. Bei unseren gegenwärtigen Objekten und mit unseren gegenwärtigen Hilfsmitteln erscheint es aussichtslos, die Art dieses einheitlichen Zentrums näher bestimmen zu wollen. Man kann aber hypothetisch annehmen oder, sagen wir, man kann die Fiktion unterlegen, daß das gesuchte Zentrum identisch ist mit einer Urmutterzelle, welche der Zweiteilung unterliegt. Haben wir doch gesehen, daß bei der adventiven Knospung die teilbare Adenomere ebenfalls aus nur einer Zelle hervorgeht. Läßt man nun diese Hilfshypothese zu, so schlage ich weiterhin vor, die zellenreiche Mutterscheitelknospe zu betrachten wie ein durchfurchtes Ei, so daß die aufeinander folgenden Adenomerenteilungen eventuell einigermaßen den Ebenen der Durchfurchungen entsprechen könnten. Auf Einzelheiten kann man sich hier natürlich nicht einlassen. Vielmehr handelt es sich vorläufig nur um eine Allgemeinvorstellung, deren Spezialisierung und Rektifizierung von der Zukunft abhängig ist. Würden wir diese Hypothese irgendwie näher auszuführen versuchen, so würden wir Gefahr laufen, den Beobachtungen zuvorzukommen und der Natur einen Zwang aufzuerlegen, was ich vermeiden möchte.

Wir begnügen uns demgemäß mit dem Gesagten und werfen schließlich die Frage nach der Entstehung des präterminalen Ganges und nach der Natur der Knospungserscheinungen auf.

Das Tatsächliche ist darin gegeben, daß unmittelbar nach der Teilung der Adenomere die Anlage des präterminalen Ganges letzter Ordnung in ihrer Basis gegeben ist und daß diese Anlage sich einige Zeit später von der wieder angebildeten Scheitelknospe durch das Auftreten einer quer gerichteten Trennungslinie abgliedert. Wir haben demgemäß aufeinander folgend 1. die Längsteilung oder Verdoppelung der Mutteradenomere; 2. die Querteilung der Tochteradenomeren mit Ausscheidung eines verhältnismäßig kleinen Stückes an ihrer Basis. Dieser letztere Vorgang läßt sich unter anderem in sehr gefälliger Weise bei Gelegenheit der adventiven Knospung beobachten. Anschließend an diese Erfahrungen ergeben sich nun zwei Grundfragen, nämlich 1. ist die Anlage des präterminalen Ganges bereits in der Mutteradenomere enthalten und wo? Und 2. wie ist die quere Abgliederung des basalen Stückes der Tochteradenomere entwicklungsgeschichtlich zu beurteilen?

Was die erste Frage nach dem ursprünglichen Sitze der Anlage des Ganges letzter Ordnung anlangt, so würden die meisten Embryologen wohl unbedenklich dahin urteilen, daß diese Anlage selbstverständlich in der Mutteradenomere bereits enthalten ist und ihren Sitz hat in der Symmetrieebene der Teilungsfigur, weil der Endgang von dieser Stelle her entwickelt wird.

Das wäre nun tatsächlich in dem nämlichen Sinne geurteilt, wie man etwa sagen könnte, daß die Anlage des präterminalen Ganges bereits im Ei enthalten ist. Aber die Anlage im Ei ist nicht eine spezifizierte, histologisch bestimmte, sondern eine histologisch und materiell unbestimmte. Sie ist freilich in dem Ei inbegriffen, wenn wir von dem Stadium des Eies aus die gesamte Entwicklung vorausschauend ansehen, aber sie ist nur embryodynamisch in ihm enthalten, d. h. in dem Spiele der Kräfte gegeben, welches sich entwickeln wird und entwickeln muß.

Kehren wir zu der Mutteradenomere zurück und nehmen wir an, daß die Anlage des präterminalen Ganges der letzten oder n-ten Ordnung in ihr bereits als ein histologisch bestimmbares Zellmaterial vorhanden ist, so stellt sich die Gegenfrage, ob dies ebenso für die Endgänge der n + 1., der n + 2., der n + 3. Ordnung usf. Geltung haben soll, welche zu den nächstfolgenden Teilungen der Adenomere gehören? Mir scheint nun, daß man durch den Versuch des Ausbaues einer solchen Schlußfolge unmittelbar sofort ad absurdum geführt wird und ich halte daher für notwendig, diese ganze Gedankenfolge in der Wurzel zu beseitigen.

Demnach gelangen wir zu der Folgerung, daß das Zellenmaterial der Mutteradenomere nach allen Raumesrichtungen hin in sich äquipotent ist und daß erst mit und durch den Vorgang der Teilung und durch die damit verbundene Zellverlagerung eine vorher lediglich latent gegebene Anlage auf die histologisch bestimmbare Form umgesetzt wird. Diese Gedankengänge weiter zu verfolgen ist hier noch nicht der richtige Ort. Wir werden darauf weiter unten noch einmal zurückzukommen haben.

Ich gehe nunmehr über zu der zweiten Frage, wie die quere Abgliederung des basalen Teiles der Tochteradenomere entwicklungsgeschichtlich zu verstehen ist. Durch diesen Vorgang wird ein neues Stengelglied gebildet und es wird erinnerlich sein, daß wir schon weiter oben den gegliederten Bau des Gangsystemes als eine Art Metamerie und zwar als Schizomerie bezeichnet haben. Die Absetzung des Ganges letzter Ordnung aus der Basis der Scheitelknospe bedeutet mithin nach unserer Terminologie die Entstehung eines neuen Metamers oder Schizomers. Die Metamerenbildung, wo sie in einer ursprünglichen, einfachen Form auftritt, wurde jedoch gewöhnlicherweise als Knospung bezeichnet. Hierbei ist zunächst hervorzuheben, daß der Begriff der Knospung in wechselnder Weise gebraucht wird, und wir konnten daher weiter oben die kollaterale Entstehung seitlicher Sprosse des Gangsystemes aus je einer Zelle als adventive Knospung bezeichnen. Hier dagegen handelt es sich um etwas anderes; es handelt sich um einen Vorgang ähnlich der Strobilisation bei den Quallen oder der Proglottidenbildung bei den Bandwürmern oder auch der regelmäßigen Metamerenbildung im Schwanzteil der Wirbeltiermebryonen, das heißt also, wir haben einen Vorgang, der sich dadurch kennzeichnet, daß aus einer besonderen embryonalen Gewebsmasse in periodischer Folge unter sich gleiche Formstücke abgegliedert werden, welche in den gewöhnlichen Fällen auch in gleicher Richtung, also in axialer Anordnung, als identische Folgestücke aneinander anschließen. Jene embryonale Gewebsmasse kann unter dem Bilde einer Scheitelknospe auftreten, und bei der Speicheldrüse haben wir wiederum den Spezialfall, daß die Knospe sich abwechselnd einmal der Quere und einmal der Länge nach teilt, so daß an Stelle der einfachen Metamerie die Schizomerie tritt.

Da wir nun die Scheitelknospen auf Grund ihrer Vermehrung durch Längsspaltung als teilungsfähige Histosysteme angesprochen haben, stehen wir nunmehr vor der Frage, ob die Abgliederung des Schizomers, welche, wie wir erinnerten, nach einer älteren Auffassung in einem gewissen Verstande als Knospung bezeichnet werden kann, nicht im Sinne unserer neuen Theorie als eine Zweiteilung der Adenomere aufgefaßt werden muß. Dies ist eine prinzipielle Frage und schwer zu beantworten, denn es handelt sich um das Prinzip der Metamerenbildung überhaupt, welche in den verschiedenen Ordnungen der Histomeren immer wieder unter neuen Bildern auftritt. Habe ich doch auch die Querstreifung der Muskelfaser als eine Metamerenbildung bezeichnen können und die Entstehung der Querstreifen von dem ungestreiften Scheitelende der Faser her besprochen. In dem vorliegenden Falle nun würde ich mich, zu einer positiven Äußerung veranlaßt, vorsichtigerweise etwa ausdrücken wie folgt.

Bei der Längsteilung der Adenomere handelt es sich um eine ganz offenbare Teilung im engeren Sinne, denn das Resultat sind zwei dem Wesen nach identische Tochteradenomeren. Nicht so bei der vorausgesetzten Querteilung — wenn man diesen Ausdruck einstweilen zulassen will. Denn diese ist zunächst inäqualer Natur und liefert einerseits die verhältnismäßig kleine unscheinbare Anlage des Endganges und zweitens die relativ große Tochterscheitelknospe. Der erstere Abschnitt ist in seinem Schicksale der Regel nach bereits in einseitiger Weise bestimmt definiert, der zweite Teil ist dies nicht in gleicher Weise, denn aus ihm gehen ebenso der Regel nach zahlreiche Stengelglieder und Acini hervor. (Auf der anderen Seite ist sehr wohl zu beobachten, daß 1. jede Zelle des Endganges das latente Vermögen der adventiven Knospung besitzt und daß 2. in der Scheitelknospe die Anlage der nächst zu bildenden Acini und Stengelglieder ebenso in latentem, nicht aber in histologisch differenziertem Zustande enthalten sind. In letzterem Falle handelt es sich aber sozusagen um eine Latenz 1. Ordnung, da diese Anlagen gewöhnlicherweise im Verlaufe des normalen Geschehens bis zu jener Grenze, welche durch die normale Entwicklungshemmung gegeben ist, auch wirklich entwickelt werden. Man könnte mithin in diesem Falle von einer **Valenz** reden, da es sich um embryodynamisch wirksame Anlagen [von valeo = wirksam sein] handelt, welche zwangsmäßig immer realisiert werden. Dagegen werden die in den Zellen des Endganges enthaltenen Anlagen adventiver Sprosse nur fakultativ und zwar der Regel nach überhaupt nicht entwickelt und darum kann an dieser Stelle von einer Latenz 2. Ordnung gesprochen werden. Diese könnte man auch als eine **Potenz**, eine bloße Entwicklungsmöglichkeit, bezeichnen.) Trennt sich also von der Basis der Tochteradenomere die Anlage des Endganges, so tritt von den vielen in ihr enthaltenen Anlagen e i n e in den manifesten Zustand über. Dies würde ich meinerseits nicht gerne als eine Querteilung der Adenomere bezeichnen, vielmehr genau entsprechend als Manifestation und Abgliederung einer Anlage, einen Vorgang, den wir immerhin als K n o s p u n g, besser als S e g m e n t i e r u n g, bezeichnen können.

Im übrigen möchte ich am Schlusse dieser Diskussion darauf hinweisen, daß der Begriff der Knospung meines Wissens von zoologischer Seite aus noch niemals eingehend behandelt worden ist. Ist die Abgliederung des präterminalen Ganges nicht als eine Querteilung der Adenomere zu bezeichnen, so kann dieser Vorgang doch in der Wurzel auf Teilung beruhen, indem die Vorgänge der Knospung bzw. Segmentierung wahrscheinlicherweise auf Teilung latenter Anlagen zurückgehen. Daher wurden die Knospungsvorgänge schon früher von mir unter die Teilungserscheinungen gerechnet.

4. Theorie der Polymerisation und vergleichende Synthesiologie.

Ich betrachte es als einen grundlegenden Erfolg der vorliegenden Arbeit, daß nunmehr das V o r k o m m e n fixierter Entwicklungszustände im Körper des Erwachsenen ein für alle Mal festgestellt worden ist und erhoffe davon eine sich anbahnende freiere, dem Wesen der Entwicklung immer mehr und mehr sich nähernde, richtigere Auffassung der Organisation tierischer Geschöpfe.

Auf das in Rede stehende Problem stieß ich zuerst bei Gelegenheit meiner Arbeit über das **Myokardium** im Jahre 1901. Damals nahm ich wahr, daß in den Herzmuskelfasern einer erwachsenen Person gewisse »Zwischensarkolemme« vorhanden waren, wodurch sich diese in Unterfaszikel gliedern. Diese Tatsache deutete in zweifelloser Weise auf Faserspaltung hin und ich nahm an, daß die gesamte eigenartige Plexusbildung der Herzmuskelfasern auf unvollkommener Spaltung beruht, eine Folgerung, welche in bester Weise unterstützt wurde durch die Auffindung der besonderen Tatsache, daß in dem Herzmuskelfleische sich die Zellengrenzen oder Schaltstücke seitlich fortschreitend in langen Zügen über ganze Fasersysteme hin verfolgen lassen (M. Heiden-hain, 1901, S. 59—66, Plasma und Zelle, S. 550ff.). Der Herzmuskel des Erwachsenen gibt sich also den Anschein, als sei er in fortdauernder Faserspaltung, in fortdauernder Entwicklung begriffen, und ich deutete diesen Anschein dahin (1901, S. 63), daß das Wachstum des Organs nur sehr allmählich zum Stillstand kommt und bei dieser Gelegenheit gewisse typische Zustände der Entwicklung sich »fixieren«. Die Sache sei auch von physiologischem Interesse (S. 64): »denn dem Herzen kommt auf diese Weise in jedem Augenblicke eine gewisse entwicklungs-mechanische Bereitschaft zu, auf Grund welcher der Prozeß des Wachs-tums von dem erreichten Zustande aus bei vermehrter physiologischer Inanspruchnahme sofort weitergehen kann«. Heute kann ich hinzu-fügen, daß die Frage der fixierten Teilungszustände auch von hohem Interesse ist für die Pathologie und zwar in Ansehung aller auf Grund abnormer Reize sich vollziehenden Entwicklungsvorgänge (Geschwül-ste usw.).

Die fixierten Teilungszustände kamen ferner bei meiner Arbeit über die **Darmzotten** der Katze (1911) in massenhafter Weise zur Beob-achtung. Ich habe damals angenommen, daß die beobachteten Spal-tungsformen nicht auf »effektiver Teilung«, sondern auf »Teilung der Anlagen« beruhen und daß bei unvollkommener Spaltung der letzteren die fertigen Zotten als Zwillings-, Drillingsgebilde usf. auftreten. Dieser letzteren Deutung kommt indessen heutzutage im Verhältnis zu der ersteren der geringere Grad der Wahrscheinlichkeit zu, denn Bujard gibt ganz bestimmt an, daß die neugeborenen Säuger, auch die Katze, lediglich zylindrische (fingerförmige) Zotten besitzen, und in diesem Falle müssen dann die von mir beschriebenen flachen Zottenformen, welche alle nur erdenklichen Zustände der Längsspaltung aufweisen (vgl. 1911, S. 122f., Abb. 3—9), auf dem Wege einer unvollständig gebliebenen effektiven Spaltung aus den ersteren entstanden sein. Ich selbst habe inzwischen die Därme mehrerer Kätzchen des ersten Monats untersucht und fand, daß bei diesen die zylindrischen Formen fast ausschließlich vorkommen, während an gleicher Stelle (Jejunum) schon bei der halbwüchsigen Katze massenhafte Spaltungsformen auftreten. Dies würde mit Bujards Angaben gut übereinstimmen. Doch muß hinzugefügt werden, daß bei erwachsenen Tieren die Zustände des Corpus villosum stark variieren, da gelegentlich einzelne Individuen getroffen werden, bei welchen die zylindrischen Formen überwiegen, bei denen mithin während des Wachstums der Darmoberfläche die Zotten gut durchgespalten wurden.

Daß für die **Darmdrüsen** aller Wahrscheinlichkeit nach das Gleiche gilt wie für die Zotten, habe ich bereits mehrfach erwähnt (vgl. z. B.

Münch. med. Wochenschr. 1918); ich kann aber auf diese Untersuchungen erst nach einer nochmaligen vollständigen Revision aller Beobachtungen zurückkommen.

Schließlich finden sich die fixierten Teilungszustände auch bei den **Geschmacksknospen** (des Kaninchens, 1914, 1918) in außerordentlicher Zahl. Bei diesem einfachen Objekt wurden einerseits die fixierten Zustände der äußeren Teilung beobachtet, auf der anderen Seite fanden sich massenhafte Mehrlingsbildungen, welche man zustandekommend denken muß auf Grund innerer bei ausgebliebener äußerer Teilung.

Hier nun bei den **Speicheldrüsen** hat sich betreffs der fixierten Teilungsformen ein sehr reiches Material ergeben und dies ermöglicht uns, dem Gegenstande auch begrifflich noch etwas näher zu kommen und den Boden für weitere Betrachtungen zu bereiten.

Wie schon vielfach betont, gehört zu den Prinzipien der Synthesiologie die Vorstellung einer aufsteigenden Kombination oder Synthese der Formwerte auf dem Wege der fortgesetzten Teilung, wobei die Nachkommenschaft in einem körperlichen Zusammenhange vereinigt bleibt. Die vorgestellten Teilungen sind also immer unvollständig zu denken in irgendeinem Sinne, insofern die Tochterindividuen nicht vollständig auseinanderfallen, vielmehr in einem Verbande oder Histosysteme höherer Ordnung vereinigt bleiben. Da die geweblichen Spaltungen nichts anderes sind als die entwicklungsphysiologischen Analoga zu den Akten der ungeschlechtlichen Fortpflanzung, so ergab sich unter anderem der Begriff der geweblichen Stockbildung oder des Histokormus.

In diesem Gedankenzusammenhange werden wir nun notwendigerweise auf die folgende Fragestellung geführt, welche die Möglichkeit weiterer begrifflicher Unterscheidungen betrifft.

Wenn schon normalerweise die Histosysteme sich durch unvollständig bleibende Teilungen im aufsteigenden Sinne kombinieren und wenn es dadurch von vornherein feststeht, daß polymere bzw. gewebliche Stockbildungen als das normale Resultat der Entwicklung auftreten müssen, was kann es dann für einen Sinn haben, einige Einzelheiten der synthetischen Verfassung irgendeines Organs herauszugreifen und diese nochmals im Besonderen als Zwillings-, Drillingsbildungen usf. zu beschreiben? Soll damit gesagt sein, daß diese Mehrlingsbildungen **außerhalb** der Norm der Entwicklung stehen oder sollen sie **innerhalb** der Norm begriffen sein? Oder wie soll man normale, abnorme, mißbildete Teile voneinander unterscheiden können? Um zu einer Klärung dieser Frage zu gelangen, will ich von den hier in Rede stehenden Adenomeren oder teilbaren Drüseneinheiten um eine Stufe in der Rangordnung der Histomeren heruntergehen und **auf die Zelle zurückgreifen**, um nach den Prinzipien einer vergleichenden Synthesiologie der Sache näher zu kommen.

Die Natur besitzt in der mehr oder weniger vollständigen Teilung der Zelle ein ganz außerordentliches Hilfsmittel der Kombination oder Synthese in aufsteigender Richtung und vermag dadurch die allerverschiedensten Wirkungen zu erzielen. Bei vollständiger Mitose (Fall A) bleiben gewöhnlicherweise die Zellen auch bei guter gegenseitiger Begrenzung durch Interzellularbrücken oder verästigte Plasmafortsätze unter sich verbunden, so einerseits bei den Epithelien, andererseits bei dem embryonalen und netzförmigen Bindegewebe (Mesenchym und Reticulum), ebenso auch beim Nervenbindegewebe (Neuroglia) und beim Myokardium. Diese Gewebsformationen sind demnach als typische Stockbildungen, Histokormi, zu betrachten. Ihnen allen ist gleicherweise zu eigen, daß die in ihnen verlaufenden Fibrillenbildungen gleichsam ohne Ende durch die verschiedenen Zellenterritorien hindurchverlaufen (Plasmafibrillen bei den Epithelien, Retikulum- und Neurogliafäserchen bei den genannten bindegewebigen Formationen, Myofibrillen beim Herzmuskelfleische). Die Frage, ob wir die Gewebe dieser Art als ein Synzytium mit eingestreuten Kernen oder als aus einer Vielzahl von Zellen bestehend ansehen sollen, ist daher falsch gestellt. Die Wahrheit liegt in der Mitte. Weder haben wir eine vollständige Verschmelzung der Zellen, noch haben wir eine völlige Begrenzung derselben gegeneinander (etwa so, wie die »Bausteintheorie« sich dies vorstellte), vielmehr sind die einzelnen Zellen durch Synthese zu einem System oberer Ordnung zusammengetreten, in dessen Form sie aufgegangen sind, und ein solches System vermag auch entwicklungsgeschichtlich als eine neue Einheit, als eine Wesenheit besonderer Art zu reagieren, und deswegen treten in ihm kontinuierlich verlaufende Fibrillen auf.

Nunmehr gelangen wir zu dem zweiten Hauptfall der zellulären Synthese (Fall B). Bei unvollständiger Mitose, wenn die Teilung des Zelleibes unterbleibt, kommen wir wegen der Kern-Plasmarelation, d. h. also auf Grund des proportionalen Wachstums von Kern- und Zellsubstanz, zu anderen Formen der Synthese. Hier will ich vier Unterarten unterscheiden (a, b, c, d).

a) Wenn der Kern sich verdoppelt und die Masse des Zelleibes entsprechend wächst, so erhalten wir nicht etwa, wie die Autoren sagen, eine »zweikernige« Zelle, sondern den Zellenzwilling oder das Dimer einer Zelle. Diese kommen in allen möglichen Gewebsformen vor, aber bekanntlich in sehr verschiedener Häufigkeit. Niemals fand ich Dimeren unter den Bindegewebszellen. Als äußerste Raritäten finden sie sich im Magen- und Darmepithel und fallen dann durch ihr erhebliches Volumen beträchtlich auf. Etwas häufiger sind sie unter den Belegzellen der Fundusdrüsen des Magens. Sehr zahlreich treten sie ebenso wie Drillinge und Vierlinge in der Leber auf (z. B. beim Kaninchen), wo sie schon zu den typischen Einrichtungen gehören. Alle diese Mehrfachbildungen können nun nicht als abnorm angesehen werden, sondern fallen samt und sonders in die normale Breite der Variation. Der Regel nach wird die Mitose innerhalb der Epithelien zu einem typisch geordneten Wachstum des Histokormus führen; bleibt jedoch die Mitose um einen Grad hier und dort zurück, so treten innerhalb des Epithels pliomere Territorien auf, ohne daß sie von irgendeiner besonderen Bedeutung wären.

b) Da nun ohnehin die unvollständige Teilung das Mittel der aufsteigenden Kombination der Formwerte ist, so erhebt die Natur an gewissen Stellen die Kernteilung bei ausbleibender Zelleibsteilung zum Prinzip. So sind die Leberzellen in der Mitteldarmdrüse der Mauerassel fast durchgehends zweikernig (nach Weber, was ich bestätigen kann) und es resultieren daraus Dimeren von sehr erheblicher Größe; bei diesem Objekte sollte das Vorkommen von Zellen mit einfachem Kerne erneut untersucht werden und zwar mit Rücksicht auf die Frage, ob solche Kerne nicht etwa das doppelte Volumen besitzen. Hier wäre auch zu erwähnen, daß die sympathischen Nervenzellen der Nager (Kaninchen) durchgehends zwei Kerne besitzen. Von größter Bedeutung ist aber das Prinzip der Synthese durch ausbleibende Zelleibsteilung für die Entstehung der Muskelfasern, wie ich in der Schrift über die Noniusperioden auseinandergesetzt habe. Denn die Muskelfasern gehen aus den einkernigen Myoblasten zweifellos durch direkte Teilung der Kerne und entsprechende Plasmavermehrung nach dem Proportionalitätsgesetze hervor. Auf diese Weise stellen sie sich im Sinne der synthetischen Auffassung als höhere Homologen oder Polymeren einkerniger Zellenformen dar.

c) Bleibt der Vorgang der Mitose abermals um einen weiteren Grad in der Zerlegung der Zellbestandteile zurück, so kommen wir zu der Erscheinung, daß die bereits durchgespaltenen Chromosomen sich schließlich zur Bildung eines einheitlichen Kernes versammeln. Dies ist der Fall bei den wohlbekannten sogenannten Megakaryozyten des Knochenmarkes, welche einen besonders eigenartigen Typ der polymeren Zellen darstellen. Aber in dem vorliegenden Zusammenhange ist dies Objekt für uns von geringerer Bedeutung.

d) Während in den letztgenannten Fällen das Ausbleiben der Zellleibsteilung bzw. die Rückbildung der Mitose ein Mittel zur synthetischen Entwicklung typischer normaler Formwerte ist, führt der gleiche Vorgang bei den Geschlechtszellen von *Bombinator* (Broman) zur Bildung von Riesenspermatiden verschiedener Gestaltung, welche lediglich als Mißbildungen angesehen werden können.

Vergleichen wir mit dieser Aufrechnung die Vorkommnisse bei den acinösen Drüsen, so würde bei regelrechtem Ablauf von Teilung und

Segmentierung ein Histokormus mit normaler Stengelbildung und ausschließlich monomeren Scheitelknospen entstehen, vergleichbar den besprochenen Gewebsbildungen unter A). Allein in derartiger Präzision läuft der Entwicklungsvorgang niemals ab, denn wir finden überall in den traubenförmigen Drüsen Mehrfachbildungen der Adenomeren, und sofern diese den niederen Ordnungen zugehören, fallen sie zweifellos in die normale Variationsbreite (Fall B a). Findet jedoch ein Exzeß in dieser Richtung statt, so entstehen polymere Endglieder höherer Ordnung, welche bereits den Mißbildungen zugerechnet werden können, da die Formen typischer Entwicklung überschritten werden (blumenkohlähnliche Figuren in der Sublingualis und besonders in der Stenoschen Nasendrüse) und die normale Funktion dieser Gebilde in Frage gestellt ist (Fall B d).

Auf der anderen Seite ist es nach den Arbeiten von Laguesse über das Pankreas des Schafes sehr wahrscheinlich, daß die sezernierenden Endglieder hier normalerweise sehr bestimmt gestaltete Polymeren oberer Ordnung sind (vergleichbar dem Falle B b), so daß die Natur an dieser Stelle das Mittel der Polymerisation der Struktur benutzt, um auf synthetischem Wege zu komplexen Formen aufzusteigen.

Die früher von mir in ausführlichen Abhandlungen bearbeiteten Geschmacksknospen und Darmzotten lassen sich in das eben aufgestellte Schema des Vergleiches sehr wohl einreihen. Denn die Pliomeren (Mehrfachbildungen) der Geschmackssknospen sind beiläufige Effekte der Entwicklung, welche in die normale Variationsbreite hineinfallen (Fall B a), während die aus unvollkommener Längsspaltung hervorgehenden flachgeformten Zotten als das Produkt einer typisch gerichteten aufsteigenden Kombination einfacher Formwerte zu bezeichnen sind, da sie nämlich, was schon seit einem halben Jahrhundert bekannt ist, zu dem typischen Bestande des kranialen Darmabschnittes gehören (Fall B b, Duodenum usw.).

Diese Parallelen, welche ich hier angezogen habe, gehören als erste Anfänge zu einer vergleichenden Synthesiologie oder vergleichenden Systemlehre, d. h. zu einer vergleichenden Lehre von den Histosystemen der verschiedenen Ordnungen unter dem gemeinschaftlichen Gesichtspunkte der Embryodynamik. Es ist heutzutage nicht nur möglich und nützlich, sondern auch ein unbedingtes Erfordernis, solche Vergleiche anzustellen und z. B., wie hier geschehen, Zellen, Muskelfasern, Geschmacksknospen, Adenomeren, Darmzotten in Parallele zu bringen, mit dem Endzwecke, die durchgreifenden Regeln des Aufbaues und der Entwicklungsgesetze zu ermitteln.

Es ist nun möglich die obigen Betrachtungen in den Einzelheiten noch etwas weiter fortzusetzen. Zu diesem Zwecke ist notwendig, auf die Pliomeren (Mehrlingsbildungen) mit halber und ganzer Verwachsung, Semi- und Holopliomeren, zurückzukommen. Wir haben uns oben betreffs dieser Tatsache dahin ausgedrückt, daß die Natur einen gewissen Unterschied zwischen den rekonstituierten Scheitelknospen und den Ganganlagen macht und daß letztere bei halber Verwachsung von der Spaltung nicht mitbetroffen werden. Dies ist recht kurz ausgedrückt, aber nicht ganz korrekt. Denn bei Gelegenheit der Entstehung einer latenten Faltung tritt zunächst nur eine Reihe von Trennungszellen auf, durch welche das Gangrudiment repräsentiert wird, und diese ist ja überhaupt nicht spaltbar. Man wird also annehmen müssen, daß von dieser Basis ausgehend bei verzögerter Epithelspaltung zunächst die Gangrudimente durch Zellenteilung ein wenig zunehmen, später aber ungespalten bleiben, so daß auf diese Weise die Polymeren mit nur halber Verwachsung zustande kommen.

Wir treffen nun vergleichsweise bei den Dünndarmzotten und den Geschmacksknospen auf Pliomeren von ähnlicher Beschaffenheit. Beispielsweise kommen bei den Zotten Zwillinge und Drillinge vor (1911, S. 118, Abb. 2 bei *B*, S. 124, Abb. 10 bei *B*, *C*, *D*), welche der äußeren Spaltung durchaus entbehren, jedoch die typische flache Form der Mehrlinge aufweisen und in ihrem Volumen den Di- und Trimeren entsprechen. Also haben wir hier Pliomeren mit ganzer Verwachsung. Daneben kommen dann die mehr oder weniger eingespaltenen Formen in großer Zahl vor, welche man als Semipliomeren bezeichnen könnte.

Ganz Ähnliches gilt von den Geschmacksknospen. Der weitaus größte Teil der Mehrlinge ist äußerlich ungespalten, also gänzlich verwachsen; die zwei- bis mehrfache innere Teilung wird jedoch leicht an der Vergrößerung des Volumens und der entsprechenden Vermehrung der Anzahl der Geschmacksporen kenntlich. Daneben kommen jedoch in selteneren Fällen auch Mehrlinge mit teilweiser äußerer Spaltung vor (1914, Tafel XXIV, Abb. 30—34).

Dies sind alles Vorkommnisse, deren Wiederholung in den verschiedenen Ordnungen und bei den verschiedenen Arten der Histosysteme vollkommen natürlich erscheinen muß, sobald der übereinstimmende Vorgang der Entwicklung auf dem Wege der Fortpflanzung durch Spaltung bekannt ist.

5. Parallelen zur Längsspaltung der Drüsenröhren.

Es ist nicht überflüssig, die Frage der Längsspaltung der Drüsenröhren noch einmal eingehender zu erörtern. Denn wo sie auch immer vorkommen mag, nirgends wird sie lediglich als eine Manifestation des Zellenlebens angesehen werden können, vielmehr wird es sich immer um die Funktion eines Systems höherer Ordnung handeln, welches seine eigene genetische Verfassung, seine eigene Wesenheit besitzt. Oder anders ausgedrückt: die Längsspaltung einer epithelialen Röhre bedeutet im Sinne meiner Theorie immer eine zwangsläufige Gemeinschaftshandlung auf Grund der den Verband im ganzen betreffenden systematisierten Regulationen.

Ich bin für meinen Teil, wie schon oben gelegentlich erwähnt wurde, völlig überzeugt davon, daß die Spaltbarkeit allen eigentlich so zu nennenden geweblichen Systemen immanent ist und daß der Systemcharakter in dem Spaltungs- oder Fortpflanzungsvorgange selbst am besten sich kennzeichnet. Ich habe mich aus diesem Grunde schon seit mehr als einem Dezennium lebhaft für die Frage interessiert, ob den epithelialen Röhren das Spaltungsvermögen im Prinzip zugesprochen werden muß. Deswegen hatte ich eine schon mehrfach a. a. O. erwähnte weitschichtige Untersuchung an den Lieberkühnschen Drüsen unternommen und war zu dem Resultate gekommen, daß deren Büschelform auf einer Längsspaltung ursprünglich einfacher Tubuli beruht, welche sich, von ihrem blinden Ende her beginnend, in der Richtung basalwärts bis auf verschiedene Entfernung hin fortsetzt. Von der Veröffentlichung dieser Untersuchung bin ich aber im letzten Augenblicke noch abgestanden, um in Ansehung einer so wichtigen Feststellung jeden, auch den geringsten Zweifel zu beheben.

Es ist oben schon hervorgehoben worden, daß die Spaltung der Drüsenröhren unter den gewöhnlich obwaltenden Verhältnissen schwer zu beobachten bzw. schwer nachweisbar sein wird, weil es sich um das Vorwachsen der an einer Gabelungsstelle des Ganges befindlichen Epithelfalte handeln wird und weil gewöhnlicherweise der feste Punkt im Präparate fehlen wird, in bezug auf welchen der Fortschritt der Entwicklungsbewegung beurteilt werden kann. Es ist also die Frage, wie man zu beweiskräftigen Tatsachen gelangen kann.

Hier führe ich zunächst diejenigen Fälle an, wo typische Anastomosenbildung unter epithelialen Röhren stattfindet. So z. B. hat K. W. Zimmermann beschrieben und an einem Plattenmodell illustriert, daß die parallelläufigen tubulösen Drüsen im Pferdemagen in massenhafter Weise durch Anastomosen unter sich verbunden sind. Es ist nun nach meiner Ansicht undenkbar, daß derartige Verbindungen sekundär entstehen, also gleichsam durch zufällige äußere Berührung und Verwachsung sowie nachträgliche Herstellung einer offenen Kommunikation der Lumina. Es würde dies voraussetzen, daß man den basalen Epithelflächen wachsender Drüsenschläuche ganz sonderbare Fähigkeiten der Zusammenordnung, Verbindung und Verschmelzung zuschreibt. Nun sind aber derartige Anastomosen durch Laguesse auch im embryonalen Pankreas der Säuger, ferner in großer Zahl auch im Pankreas der Fische beobachtet worden. Die in Rede stehende

Erscheinung ist also keine vereinzelte. Ich selbst habe bei den Mitteldarmdrüsen der Katze mehrfach unzweifelhafte Fälle von Anastomosenbildung als Varietät beobachtet und diesen Befund nach den mir vorliegenden Isolationspräparaten in Zeichnungen festgehalten. Auch wird man an die ursprünglich netzartige Anlage der embryonalen Schilddrüse denken müssen. Mithin komme ich zu dem Schlusse, daß Netzbzw. Anastomosenbildung unter Drüsenröhren weit verbreitet ist und daß sie durch lokale Spaltung zustande kommt, welche ihrerseits wiederum zurückgeht auf eine im Prinzip vorhandene Teilbarkeit.

Weiterhin kann man aus der Form der vorkommenden Hemmungsbildungen auf das Teilungsvermögen zurückschließen und hier ist nun der Fall der Nasendrüse zuständig, welcher außerordentlich einfach liegt, wie wir schon dargelegt haben. Eine gewisse Rudimentierung der Drüse ist unverkennbar und spricht sich in einem angehaltenen Längenwachstum aus. Im Zusammenhang mit dieser Erscheinung, welche vielleicht nur vorübergehender Natur ist, erscheinen von den Gabelungsstellen ausgehend ungespaltene Epithelfalten, durch welche das Lumen des betreffenden Stengelgliedes verdoppelt, mitunter verdreifacht wird, so daß der Teilungsvorgang plötzlich zutage tritt.

Indessen ist nun doch ein Fall bekannt, wo die Spaltung epithelialer Röhren auf direktem Wege kontrolliert werden kann. Allerdings handelt es sich um ein entlegenes Objekt, nämlich um die Entwicklung des Urogenitalapparates der Selachier; aber dieser Gegenstand ist in dem Zusammenhange unserer gegenwärtigen Erörterung von solchem Gewicht, daß ich seine Besprechung nicht unterlassen kann. Ich lege hier die Darstellung von Felix, dem besten Kenner dieser Materie, zugrunde (O. Hertwigs Handbuch der vergl. und exper. Entwicklungslehre der Wirbeltiere, Bd. 3, Teil 1, S. 239 und 242).

Es ist bekannt, daß bei den Selachiern sich der Müllersche Gang in ganzer Ausdehnung von dem primären Harnleiter abspaltet, ein Vorgang, den auch Felix als »Teilung« bezeichnet. Da es sich hier zunächst um eine Einzelerscheinung handelt, würde ich von ihrer theoretischen Verwertung absehen, wenn wir nicht eine vielfache typische Wiederholung dieses Vorganges bei Gelegenheit der Abspaltung der Sammelröhren der Urniere vor uns hätten.

Felix schildert auf Grund der vorliegenden Literatur (Semper, Balfour, Rabl), daß von 24 oberen Querkanälchen der Urniere angefangen sich die Abspaltung der Sammelröhren in der Richtung kaudalwärts fortsetzt. Hierbei sind zwei Punkte zu beachten. Erstlich ist diese Abspaltung anfangs keine effektive, d. h. eine äußere Teilung tritt nicht ein, vielmehr bleiben die Sammelröhren eine Zeitlang mit dem primären Harnleiter zu einem gemeinschaftlichen Strang vereinigt, und zweitens ist dieser Strang nicht rundlich, sondern, weil die

Spaltungen nacheinander immer an gleicher Stelle, an der dorsalen Seite des Harnleiters statthaben, gestaltet sich der gemeinschaftliche Epithelstrang zu einem flachen Bande, dessen Querschnitt die zugehörigen Lichtungen in einer Serie nebeneinander zeigt. Eben diese flache bandartige Form beweist, daß es sich hier um innere Teilungen im engeren Sinne handelt. Denn wenn ein Muttergebilde durch Teilung sich fortpflanzt, so nehmen die Tochtergebilde der Regel nach durch Wachstum zu, und wenn ferner bei Wiederholung des Vorganges die Teilungsrichtung erhalten bleibt, so ordnen sich die Nachkommen in einer einreihigen Serie an. So auch hier. Denn der Querschnitt des vielfach in sich geteilten Harnleiters hat bedeutend zugenommen und die Lumina der Tochtergebilde liegen einreihig geordnet in einer Serie nebeneinander. Mithin ist in diesem Zustande der bandartige Strang nach unserer Terminologie ein polymeres Gebilde und entspricht den Stengelgliedern der Nasendrüse, wenn diese durch Vorwachsen der Faltungen von den Gabelungsstellen aus sich auf dem Wege der inneren Teilung zerlegt haben. Zudem ist nach den vorliegenden Beschreibungen anzunehmen, daß auch bei den Selachiern die innere Teilung des primären Harnleiters von den Einmündungsstellen der Querkanälchen, also von den »Trennungsfalten« zwischen Haupt- und Seitengang her ausgeht und sich von hier aus allmählich kaudalwärts fortsetzt. Der Vorgang der Abfaltung selbst hat sich, wie es scheint, allerdings noch nicht in genauer Weise darstellen lassen.

Angesichts aller vorliegenden Tatsachen finde ich mein Urteil bestätigt, daß die epithelialen Röhren eine immanente Spaltungsfähigkeit besitzen. Der Vorgang selbst kann ferner nur ein systematischer Akt ein. Es ist ja durchaus nicht notwendig, daß eine derartige immanente Eigenschaft überall realisiert wird, aber auf ihr beruht die Möglichkeit der Variation und die phylogenetische Entwicklungsfähigkeit innerhalb der lebendigen Natur, zunächst im Tierreiche. Wäre die immanente Teilbarkeit der Systeme nicht vorhanden, so wäre eine aufsteigende Kombination der Formwerte in höheren Ordnungen nicht möglich (vgl. auch die Nachschrift S. 113).

6. Die Zellsippschaften oder Gennen.

Wir haben oben nachgewiesen, daß die Adenomeren der Glandula Stenonis auch durch Knospung aus je einer Gangzelle entstehen können. Das Gleiche trifft offenbar zu für die Zweiglein der Glandula nasalis dorsalis; ja bei letzterer Drüse ist es mehr als wahrscheinlich, daß die in der Schleimhaut vorfindlichen Einzeldrüschen aus je einer Zelle des Epithels der Nasenhöhle hervorgehen. Vergleichsweise erwähne ich hierzu von neuem, daß auch die Schilddrüsenfollikel nach meiner Wahrnehmung ebenfalls von nur einer Zelle sich ableiten. Diese

Erfahrungen eröffnen einen weiten Ausblick auf spätere Untersuchungen nach zwei Richtungen hin. Erstlich ist die Frage, inwieweit die Zellen als teilbare Anlagekomplexe bestimmter Histosysteme angesehen werden können (A), und ferner wird zu untersuchen sein, wie die aus einer Stammzelle hervorgehenden Zellfamilien sich im weiteren Verlaufe der Entwicklung verhalten (B).

A. Anlangend die Entstehung der Drüsen aus je einer Zelle, so hat bereits Remak in seinen Untersuchungen zur Entwicklung der Wirbeltiere (1855) die einzellige Entstehung der Magendrüsen behauptet, eine These, die damals schwerlich genauer kontrolliert oder bewiesen werden konnte. Aber sie trat mir wiederum ins Gedächtnis, als ich die monozelluläre Entstehung der Schilddrüsenfollikel (im Jahre 1916) beobachtete. Teilt sich eine Zelle der ursprünglichen embryonalen Anlage der Schilddrüse, welche aus netzförmig unter sich verbundenen Zellsträngen besteht, so teilt sich damit auch der Anlagekomplex des Follikels, und man muß sich vorstellen, daß die Teilungen so lange in gleichem Sinne fortdauern, bis schließlich eine gewisse Mutterzelle daraus hervorgeht, aus deren weiterer Teilungsfolge der Follikel selbst sich bildet. Und bei der Nasendrüse kann man ebenso sagen: teilen sich die Zellen der Gänge, so teilen sich damit auch die Anlagekomplexe für die Entwicklung neuer Adenomeren durch adventive Knospung und damit auch für die Entwicklung neuer Seitenzweige, mögen diese nun später einfach oder verästigt sein.

Dieser Frage nach der monozellulären Entstehung tubulöser Drüsen bzw. ihrer Zweige kann man jedoch noch von einer anderen Seite aus näher kommen, wenn man nämlich annimmt, daß in den einfach gearteten einschichtigen Epithelien die einzelnen Zellen nicht bloß ihrem histologischen Charakter nach, sondern auch in bezug auf ihre entwicklungsgeschichtlichen Potenzen dem Ursprunge nach identisch sind. Man kann dann beispielsweise in Parallele setzen a) die Epithelien der Drüsengänge; b) die Epithelien der Nasenhöhle; c) die Epithelien des Magendarmkanales. Bei dem ersten Objekte ist die einzellige Entstehung adventiver Seitenzweige nicht mehr zu bezweifeln und ebenso ist für das zweite Objekt der Ursprung der Einzeldrüschen aus je einer Zelle als erwiesen zu betrachten, während wir im dritten Falle bisher allein auf die älteren, neuerdings nicht mehr bestätigten Angaben Remaks angewiesen sind. Sollen wir nun aber annehmen, daß verschiedene Epithelien, welche gleicherweise die Fähigkeit besitzen, tubulöse Drüsen aus sich hervorgehen zu lassen, in bezug auf die histologische Beschaffenheit der zugehörigen Anlagekomplexe sich verschieden verhalten? Ich denke: nein!

Wenn wir diesem Gedankengange eine physiologische Wendung geben, so kommen wir zu dem gleichen Resultate. In den Keimepithelien der Endgänge der Stenoschen Drüse fanden wir scharf umschriebene, von der Umgebung deutlich abgesetzte kleinste Anlagen der Adenomeren bis herab auf dreizellige Gebilde. Damals sagten wir (S. 90): das bedeutet schon die monozelluläre Entstehung der Knospen, denn wir können doch nicht voraussetzen, daß eine gewisse Summe von Epithelzellen, welche nichts miteinander zu tun haben, auf sekundärem Wege zur Bildung eines in sich begrenzten Anlagekomplexes zusammentreten. Vielmehr liegt die höchste Wahrscheinlichkeit vor, daß diese Zellen, weil sie aus dem Leibe einer Mutterzelle hervorgegangen sind, auch entwicklungsphysiologisch ab origine zusammengehörig sind. Die histodynamische Verfassung des Anlagekomplexes würde mithin aus der Stammzelle sich ableiten.

Diese Betrachtung gilt jedoch offenbar allgemein, wenigstens für alle Fälle, wo der Komplex von frühesten Anfängen an in bestimmter Weise umschrieben ist und anscheinend aus gleichartigen Zellen besteht. Denn es ist das Nächstliegendste anzunehmen, daß die embryodynamische Verfassung eines derartigen Komplexes aus einer gemeinschaftlichen zentralen Quelle stammt und von dieser ausgehend sich entfaltet hat. Demnach ergibt sich die weitere Mutmaßung, daß die monozelluläre Entstehung der Histosysteme, d. h. derjenigen Systeme, welche unter anderem auch der solidarischen Funktion der Fortpflanzung durch Teilung befähigt sind, eine weitere Verbreitung haben möchte, als bisher anzunehmen Veranlassung war. Und mehr sollte an dieser Stelle nicht dargelegt werden.

Es gibt somit im Wirbeltierkörper epitheliale Formationen, wie die Schilddrüsenfollikel und gewisse Drüschen bzw. Äste von solchen, deren Zellen monophyletischer Abstammung sind und eine Familie bilden. Derartige Familien nenne ich Zellsippschaften oder Gennen.

B. Es ist möglich, daß die Frage der monozellulären Entstehung gewisser Histosysteme noch eine weitere Beleuchtung erhält durch die Verfolgung der Schicksale der Zellsippschaften. Hier haben wir ein merkwürdiges Beispiel in dem Verhalten der Schilddrüsenfollikel, über welche ich meinen späteren Veröffentlichungen vorgreifend folgendes berichte.

Es kommen zwei differente Typen der Schilddrüse vor. In dem einen Falle (Hund und Katze) hängen die Follikel, soweit nicht bindegewebige Septen die Follikel sondern, nach allen Raumesrichtungen unter sich zusammen, entsprechend der ursprünglichen Anlage, welche aus netzartig unter sich verbundenen Epithelzylindern besteht. In dem anderen Falle sind die Follikel im wesentlichen dissoziiert, d. h. sie trennen sich voneinander und sind ringsum frei. Es sind also genau die Zellgesellschaften, welche das Vermögen der Dissoziation besitzen. Also haben wir hier ein Gegenbeispiel zu der gewöhnlich vorkommenden aufsteigenden Kombination der Histosysteme in der freiwilligen Trennung derselben, eine Erscheinung, die bei der großen Variabilität der Entwicklungsvorgänge in der Natur und bei dem Reichtum ihrer Hilfsmittel in Ansehung ihrer Zwecke nicht in Erstaunen zu setzen vermag.

Mithin wäre es möglich, daß durch sorgfältige Beobachtung des Schicksals der Histosysteme bzw. der für unser Auge hervortretenden besonderen geweblichen Verbände auch auf deren Entstehung rückwärts geschlossen werden könnte, wenn erst einmal ein größeres Material zum Vergleiche vorliegen wird.

Im übrigen mache ich darauf aufmerksam, daß die Erscheinung der Dissoziation in den verschiedenen Ordnungen der Histosysteme weit verbreitet ist (vgl. hierüber: Über die Sinnesfelder usw. 1914, S. 390).

7. Die histophysiologische Differenzierung im Verhältnis zur Entwicklung.

Die Autoren pflegen die Scheitelknospen der embryonalen Drüsen schlechthin als Acini zu bezeichnen. Dies ist meiner Meinung nach nicht ganz korrekt. Denn die Bezeichnung Acinus deckt sich im allgemeinen mit dem physiologischen Begriffe des sezernierenden Endabschnittes, wobei man absehen muß von dem Eventualfall der Verschleimung der präterminalen Gänge. Die Drüse erzeugt jedoch in den ersten Stadien ihrer Entwicklung noch gar kein Sekret. Daher sind die aufgeschwollenen Enden der Drüsenzweiglein zunächst als Embryonalorgane anzusehen, welche durch Längsteilung einerseits und durch quere Abgliederung an der Basis andererseits die Vermehrung des Drüsengeästes besorgen. Diese Embryonalorgane haben wir als teilbare Drüseneinheiten oder Adenomeren bezeichnet. Auf den frühen und mittleren Stadien der Submaxillaris haben wir demgemäß lediglich Adenomeren an den Scheitelenden des Drüsengezweiges und keine Acini. Ist jedoch die histophysiologische Differenzierung der Endknospen bereits eingetreten (also Speicherung der Granula usw.), wie wir dies in den späteren Stadien der Nasendrüse kennen gelernt haben, so kann der Name Acinus auf sie mit dem gleichen Rechte in Anwendung gebracht werden. Daher ist die Bezeichnung Adenomere der allgemeinere Begriff, unter welchen auch die Acini der funktionsfähigen Drüsen subsummiert werden können. Ihre Spaltungsfähigkeit kann eigentlich zu keiner Zeit als vollständig erloschen angesehen werden; gibt es doch auch unter den Wirbeltieren Geschöpfe, bei welchen Wachstum und Entwicklung nicht bestimmt begrenzbar sind (z. B. bei den Schildkröten).

Man soll also den histophysiologischen Begriff des Acinus und den der Adenomere auseinanderhalten. Letztere dient der Entwicklung der Formen und begreift in sich ein plurizelluläres System. Demgegenüber stellt sich die histophysiologische Differenzierung in erster Linie als eine Zellfunktion dar, nämlich als ein Entwicklungsvorgang, welcher in den besonderen Wechselwirkungen zwischen Kern- und Zelleib begründet ist, wobei jedoch der letztere allein zum Träger der spezifischen Struktur und der ihr entsprechenden Funktion bestimmt wird.

Wenn wir nunmehr die Zellen des embryonalen Drüsenbäumchens noch einmal in ihren Eigenschaften als Anlagematerial einer genaueren Betrachtung unterziehen, so ergeben sich nach dem Vorstehenden zwei Unterfragen, nämlich a) wie verhalten sich ihre Potenzen in Hinsicht auf die Entwicklung der Formen? und b) wie verhalten sie sich als Unterlage der histophysiologischen Differenzierung?

a) Anlangend das Verhältnis zur Entwicklung der Form, so haben die mitgeteilten Beobachtungen ergeben, daß die Zellen der Adenomeren und ebenso der Gänge unter sich dem Ursprunge nach völlig äquipotent sind. Denn in den ersteren wie in den letzteren sind die Anlagen unbegrenzter möglicher Verzweigungssysteme eingeschlossen. Das Resultat ist also klar. Von näherem Interesse ist nur der Fall der monozellulären Knospung, weil hierbei die Epithelien der Endgänge sich als Keimepithelien konstituieren und zahlreiche Seitenzweige liefern. Dieser Tatsache können wir den besonderen Ausdruck geben, daß die Gangzelle befähigt ist, das Ganze, nämlich das System der Drüse zu reproduzieren. Man kann demgemäß mit Recht sagen, daß in solchem Falle die Gangzelle von dem System abhängig ist, dessen Ebenbild sie in latenter Form enthält. Hier liegt die Parallele mit der Pflanzenzelle nahe, weil diese im Prinzipe befähigt ist, die Pflanze selbst in allen ihren Teilen aus sich heraus hervorzubringen, während allerdings bei der Drüsenzelle, wie wir sagen können, eine Art Hemmung eingetreten ist, indem sie nur noch das besondere Organ, dessen Teil sie ist, zu entwickeln vermag. Diese Wiederholung geschieht bemerkenswerterweise vermöge des Wiederaufbaues der Adenomere oder der teilbaren Drüseneinheit, welche ihrerseits wiederum das Werkzeug ist, durch welches gleicherweise Stengelglieder und Acini hervorgebracht werden.

b) Die histophysiologische Differenzierung, die Verwandlung indifferenter Zellen in sezernierende, tritt in der Gruppe der Speicheldrüsen in erster Linie an ganz bestimmten Stellen des Drüsenbäumchens, nämlich innerhalb der Scheitelknospen auf, und stellt sich auf diese Weise so dar, als sei sie eine Funktion des Ortes im System. Hierbei pflegen sich die Adenomeren scharf gegen die präterminalen Gänge abzusetzen und werden dann histophysiologisch gern als sezernierende Endabschnitte bezeichnet.   Geht in zweiter Linie die histophysiologische Differenzierung auch auf die Gänge über, so kann der histologische Unterschied zwischen Scheitelknospen und Gängen fast vollständig verschwinden, wie z. B. in der Glandula nasalis dorsalis, in welcher Knospen und Gänge gleicherweise die nämliche Art von Drüsenzellen entwickeln, deren Granula eine starke Schleimreaktion ergeben haben.   Auch für die reinen Schleimdrüsen vom Menschen, wie wir sie z. B. von der Radix linguae her kennen, mag es ebenso zutreffend sein, daß sich Knospen und Gänge am ausgebildeten Objekte nicht mehr bestimmt unterscheiden lassen, weil hier wie dort Verschleimung der Epithelien eintritt.   Finden wir diese in den präterminalen Gängen seröser (amphitroper) Drüsen, so sehen wir zugleich, wie die Adenomeren in die Form der Halbmonde übergehen.   Daher ist es selbstverständlich, daß letztere aus serösen (amphitropen) Zellen bestehen.   Nach R. Krause hätten wir jedoch in der Submaxillaris der Mangusten eine Umkehrung der histophysiologischen Verhältnisse, indem nämlich die Adenomeren verschleimen und die präterminalen Gänge ein Epithel seröser Drüsenzellen entwickeln.   Da hier aber die Halbmonde Sekretkapillaren aufweisen, ist es einigermaßen wahrscheinlich, daß sie ihrer Natur nach amphitrop sind wie die Halbmonde der Submaxillaris des Menschen.   Jedenfalls geht aber aus dieser kurzen Aufrechnung hervor, daß bei verschiedenen Drüsenformen der in Rede stehenden Gruppe die Verhältnisse der histophysiologischen Differenzierung anscheinend überaus wechselnder Natur sind.

Jedoch bei allem Wechsel gibt es in diesen Erscheinungen doch etwas Gemeinsames und hierauf kommt man, wenn man überlegt, daß kleinere und kleinste Drüschen regelrechte Ausführwege nicht haben, während die größeren sie besitzen.   Die indifferenten Gangwerke sind demnach im Sinne der Phylogenese sekundär erworben.   Soll ich also das genetische und embryodynamische Verhältnis zwischen Gängen einerseits und sezernierenden Endabschnitten andererseits klarlegen, so greife ich lediglich nach der zu allernächst liegenden Annahme, wenn ich behaupte, daß uranfänglich die histophysiologische Valenz aller am Aufbau der Drüse beteiligten Zellen die Gleiche war, daß aber mit dem phylogenetischen Größenwachstum des Drüsenkörpers die sekretorische Funktion eingeschränkt und gleichsam in die Peripherie zurückverlegt wurde, indem bei den voraufgehenden Gangwerken die histophysiologische Differenzierung unterdrückt wurde und sie demzufolge auf der Stufe indifferenter Röhren stehen blieben.

Legt man die besprochene Vorstellung zugrunde, so erklärt sich, 1. daß bei den großen Drüsen sich die sekretorischen Funktionen im allgemeinen auf die Scheitelknospen beschränken; 2. daß bei eben diesen gelegentlich die Sekretion über die Scheitelknospen hinaus auf die Gänge übergreift, wobei die histophysiologische Differenzierung an der Basis der Endbeere beginnt und von da aus abwärts fortschreitet; 3. daß bei den kleineren Drüschen, welche dem vorausgesetzten ursprünglichen Zustande näher stehen, wie z. B. bei den kleinen Zungendrüsen oder bei der Glandula nasalis dorsalis, die sezernierenden Epithelien über weite Strecken der Gänge hin in der Richtung basalwärts sich verbreiten. — Ich hege die Vermutung, daß auch eine Einzelerscheinung, wie das rein periphere Auftreten der Panethschen Zellen in den Lieberkühnschen Drüsen, mit der Regel der Aufwärtsverlegung der sekretorischen Funktionen in Zusammenhang stehen möchte.

Darf ich also wiederholen, so hätten wir in der allgemeinen Phylogenese der Drüsen mehrere Etappen zu unterscheiden, nämlich a) ursprüngliche Identität aller am Aufbau der Drüsen beteiligten Epithelzellen, und zwar nicht nur, wie früher schon ausgemacht wurde in bezug auf die Formentwicklung, sondern auch in bezug auf die histophysiologische Valenz; b) Auftreten der Gänge und Einschränkung der sekretorischen Funktion auf die am meisten peripher gelegenen Teile (Scheitelknospen) sowie phylogenetische Fixierung dieses Zustandes; c) weiterhin eventuell gelegentliches Übergreifen der sekretorischen Funktion von der Peripherie her in der Richtung auf die basalwärts anschließenden Gänge auch bei den größeren Drüsen.

Wir gehen nun dazu über zu begründen, inwieweit etwa die zellularhistologische Differenzierung der Drüsenzellen von dem Ganzen des Systems, in dem sie stehen, abhängig gedacht werden kann. Hier kommen wir auf eine schwierige Diskussion, welche aber an diesem Orte kaum zu vermeiden sein dürfte.

Es darf nicht mißverstanden werden, wenn vorhin gesagt wurde, daß die histophysiologische Differenzierung als eine Funktion des Ortes in dem System der Drüse erscheint, insofern nämlich die Scheitelknospen in erster Linie dazu ausersehen sind, die Leistung der Sekretion zu übernehmen. Die topographische Beziehung zum System der Drüse ist allerdings vorhanden und spricht sich beispielsweise bei der Parotis und beim Pankreas in reinster Weise aus. Aber sie ist nach unserer Auffassung nicht als ein primärer Ausdruck einer von Anbeginn an gesetzten entwicklungsphysiologischen Konstitution des Organs zu denken, sondern wegen der offenbaren ursprünglichen Äquivalenz aller Epithelzellen beruht sie gewissermaßen auf einer dauernden Fixierung der Funktion in den Scheitelknospen, während im Gegensatz hierzu die typischen Gangwerke unter einer erworbenen Hemmung ihrer histophysiologischen Potenz stehen. Die Verwandlung der Knospenzellen in Drüsenzellen ist also allerdings eine Funktion des Ortes oder besser gesagt des Systemes der Drüse, aber diese Art der Abhängigkeit vom Orte ist eine indirekt vermittelte.

Aus diesem Grunde nun wäre es möglich, ganz allgemein in Zweifel zu ziehen, daß die zellularhistologische Differenzierung der einzelnen Zelle von dem Ganzen der Drüse abhängig gedacht werden muß, und daher trifft es sich gut, daß wir in der auffallenden Erscheinung der Rückverwandlung gewisser Drüsenzellen in Gangzellen (Trennungszellen), wie sie bei Gelegenheit der Teilung der Adenomere statt hat, ein unanfechtbares Beweisstück für diese Form der Abhängigkeit besitzen.

Früher haben wir die in Rede stehende Erscheinung benutzt, um klar zu legen, daß Drüsen und Gangzellen primär äquivalent sind und wechselweise ineinander verwandelt werden können. In dem vorliegenden Gedankenzusammenhange gewinnt jedoch dieser Vorgang für uns eine neue Bedeutung. Denn die Verwandlung von Drüsenzellen in Trennungszellen ist in direkter Weise abhängig von dem Faltungsvorgange im Epithel der Adenomere, also auch abhängig von der Stellung der Zellen im Systeme, oder anders ausgedrückt, die fragliche Verwandlung ist eine zweifellose Funktion des Ortes und beweist für sich allein, daß das Schicksal der einzelnen Zelle unter Umständen von dem Ganzen des Verbandes, dem sie angehört, abhängig ist. Andererseits beweist die fortwährende Wiederholung dieses Vorganges in der Embryogenese, daß er sich phylogenetisch in sehr fester Weise eingeschliffen hat.

Diese Frage betreffend die Abhängigkeit der einzelnen Zelle vom übergeordneten Systeme kann auch noch nach anderen Richtungen hin weiterverfolgt werden. Sehr häufig sehen wir, daß innerhalb der Epithelien der Gänge sezernierende Zellen bald vereinzelt, bald scharenweise auftreten, und so wird sich fragen, ob hier lediglich Einzelleistungen der Zellen vorliegen oder Beziehungen zum Systeme feststellbar sind. Gehen wir, um diesem Probleme näher zu treten, vergleichsweise von einer isoliert im Darmepithel stehenden Becherzelle aus, so liegt die Möglichkeit vor, daß ihre Erscheinung einem lokalen, von außen her wirkenden Reize zu verdanken ist. Dann wäre die Verwandlung der Darmepithelzelle in eine Schleimzelle einem Entwicklungsvorgange zu verdanken, welcher auf das Territorium dieser Zelle selbst beschränkt ist. Aber diese Vorstellung trifft offenbar für die in den präterminalen Gängen größerer Drüsen auftretenden sezernierenden Zellen nicht zu, weil hier von äußeren Reizen keine Rede sein kann. Wenn daher der Verschleimungsprozeß in den Schaltstücken der Submaxillaris zuerst unterhalb der Acini auftritt und sich von da aus allmählich in der Richtung basalwärts verbreitet, wobei oft einzelne im Gangepithele hier und dort auftretende Schleimzellen den Vortrupp bilden, so weist dies mit Bestimmtheit darauf hin, daß eine vom System abhängige histodynamische Erregungswelle langsam innerhalb der Epithelien der Gänge sich in gleicher Richtung fortsetzt, wobei die Erregung nacheinander sich in den einzelnen Zellen lokalisiert und die histophysiologische Umdifferenzierung als eine Reaktion des Einzelsystemes der Zelle zum Vorschein kommt. Hierbei ergibt sich naturgemäß, daß die einzelnen Zellen bald früher bald später auf die in der Kontinuität der Epithelien sich fortsetzende Erregungswelle in Tätigkeit treten, so daß, wie man sagen kann, ihre »Ansprechbarkeit« oder Reaktionsfähigkeit eine verschiedene ist.

Es wäre verkehrt zu glauben, daß die Verwandlung von indifferenten Zellen in Drüsenzellen auf Nervenanstoß erfolgt; vielmehr handelt es sich bei den in Frage stehenden Vorgängen um solche der Entwicklung, nämlich um die Entstehung eines besonderen Apparates innerhalb der Zelle, welcher später durch Nervenanstoß in Betrieb gesetzt werden kann. Daher sehen wir auch in der Embryogenese der serösen Drüsen die Granulastrukturen ungemein frühzeitig auftreten, lange bevor die Sekretion in Gang kommt (vgl. oben bei Laguesse). Die Erregungswelle, von welcher gesprochen wurde, ist daher sicherlich nicht durch den Nerven veranlaßt, vielmehr kann es sich nur um einen embryodynamischen (histodynamischen) Vorgang handeln, dessen wirkliche Existenz hier bemerkbar wird. Die läppchenweise Verschleimung der Submaxillaris des Menschen spricht in ganz entschiedener Weise zugunsten unserer Auffassung; betrachtet man einen gut ausgefärbten Schnitt bei schwacher Vergrößerung, so tritt in der Verteilung der verschleimten Herde der Systemcharakter der Erscheinung deutlich zutage.

Ich lege viel Wert auf die allgemeine Vorstellung von histodynamischen Erregungswellen, welche sich in der Kontinuität der Gewebe ausbreiten und glaubte schon seit langem auch bei anderen Objekten derartige Vorgänge aus ihren Wirkungen zu erkennen.

B. Allgemeine Synthesiologie.

1. Kausalität und Zweckmäßigkeit.

Ich beabsichtige im Nachfolgenden einige allgemeine Grundbegriffe der Systemlehre zu erörtern und begebe mich dabei auf ein strittiges Gebiet, zweifle auch nicht daran, daß ich einigen Anstoß hier und dort erregen werde, ja ich muß als Autor für Einzelheiten das »Irrtum vorbehalten« in Anspruch nehmen. Aber nichtsdestoweniger ist es nötig das Folgende zur Sprache zu bringen, denn es wird sich um eine Reihe von Grundanschauungen der Biologie handeln.

Soweit meine Wahrnehmung reicht, ist unsere anatomische Wissenschaft seit einer Reihe von Jahrzehnten mit Vorliebe den physiologischen Problemen nachgelaufen und die Erklärung der Formen nach dem Lebenszwecke spielte die Hauptrolle. Zweifellos haben wir unter einer schweren Beeinflussung seitens der Betriebsphysiologie gestanden und die meisten Physiologen vertreten bis zum heutigen Tage die Anschauung, daß anatomische Untersuchungen nur dann von Wert sind, wenn sie der Physiologie dienen.

Weiterhin kam die Einwirkung der Darwinschen Theorie hinzu, welche die äußeren Formen und inneren Einrichtungen der Geschöpfe durchgehends als zweckmäßig begriffen wissen will. Ja sie behandelte die Zweckmäßigkeit aller Formerscheinungen wie ein Axiom und suchte diese dann als eine indirekte, aber auf mechanischem Wege vermittelte Folge der Existenzbedingungen hinzustellen.

Unter dem Zwange dieser Umstände haben wir das zentrale Gebiet der Anatomie verloren, indem wir zu einer Theorie der nativen, selbständigen Bedeutung der tierischen Formen nicht gekommen sind, eine Tatsache, die ich hier vor aller Augen klar zu legen wünschte.

Jeder Philosoph weiß, daß wir im Organischen zwei Arten der Erklärung haben, nach dem Zwecke und nach der Kausalität. Die Erklärung der Formen nach dem Zwecke ist ungemein bequem. Wir haben uns ihrer bisher vorzugsweise bedient, und zwar gleicherweise in der Wissenschaft wie im Unterrichte. Damit sind wir aber, wie gesagt, Diener der Physiologie geworden. Wenn wir jedoch nach der kausalen Methode verfahren, welche, wie bekannt, auf dem Gebiete der Biologie besonders durch Roux in Betrieb gesetzt worden ist, so kommen wir zu dem Schlusse, daß die Formen der Geschöpfe und ihre inneren Einrichtungen eine ureigene primäre Bedeutung haben, welche entwicklungsgeschichtlicher Natur ist und ihre Grundlage hat nicht in äußeren Lebensumständen, sondern in den komplexen Bedngungen der Entwicklung, besser: in der Dynamik der lebendigen Materie. Zweifellos ist es die zentrale Aufgabe der wissenschaftlichen Anatomie, sich mit dieser primären, genetischen Bedeutung der morphologischen Formen zu befassen, und es wird nötig sein, diesen Gegenstand eingehender zu beleuchten.

Meiner Auffassung nach ist es ein leerer Wahn zu glauben, daß die Formen der Geschöpfe sämtlich irgendeinem Lebenszweck dienen. Der Philosoph sagt: »Die Geschöpfe sind sich Selbstzweck«, und er meint damit, daß man das Leben selbst zunächst als etwas Gegebenes hinnehmen müsse. Die Grundeigenschaften des Lebens, Stoffwechsel, Irritabilität, Fortpflanzung usw. können daher niemals als zweckmäßig bezeichnet werden, weil sie in ihrer Summe identisch sind mit dem Leben selbst. Besondere Apparate jedoch, welche berufen sind,

die Grundfunktionen der Selbstunterhaltung des lebendigen Naturkörpers in günstiger Weise zu unterstützen, können wohl als zweckmäßig bezeichnet werden. Übertragen wir diese Form der Auffassung
auf die Morphologie, so kommen wir zu folgendem Urteil.

Die Existenz lebendiger Geschöpfe überhaupt kann dem Zwecke nach
nicht diskutiert werden; sind sie aber einmal da, so müssen sie irgendeine Form haben und diese leitet sich in erster Linie aus den inneren
Bedingungen der Entwicklung ab; erst in zweiter Linie und oft erst dann,
wenn die Geschöpfe, Tiere und Pflanzen, ein größeres Volumen gewinnen, kommt es zur Ausbildung von Gestaltungen, Apparaten, Einrichtungen, bei welchen die Zweckform deutlicher hervortritt, d. h. also
in obigem Sinne eine Form, welche in Rücksicht auf den Betrieb des
Lebens in besonderem Grade als nützlich oder notwendig erscheint.
Mit Recht kann man sagen, daß alle Formen und Gestaltungen des Tier-
körpers in der Dynamik der lebendigen Materie ihre Wurzel haben
müssen, daß aber nicht alle einem erkennbaren Lebenszweck dienen,
und wo ein solcher vorhanden ist, wird die Zweckform zugleich der
reine Ausdruck des zwecklosen Geschehens sein. Einige Beispiele
mögen diese Betrachtungen weiterhin erläutern.

Wir gehen im Walde spazieren und betrachten dort die Blätter
der Laubbäume, der Eiche, der Ulme, des Ahorns, der Esche, der
Linde usf. Die Form der Blätter im allgemeinen, die hautartige Ausbreitung chlorophyllführender Zellschichten, ist zweckmäßig und entspricht der Funktion. Die generische und spezifische Gestaltung der
Blätter jedoch, ihre Artverschiedenheiten, sind zwecklos und lediglich
ein Ausdruck besonderer Entwicklungsbedingungen; denn diese verschiedenen Bäume, Eiche, Esche, Ulme usf. existieren nebeneinander
an dem nämlichen Orte, wachsen, blühen und gedeihen alle in gleicher
Weise.

Oder ein anderes Beispiel: Der Stamm der Echinodermen ist fünf-
strahlig gebaut, eine Grundform in der Einteilung des Körpers, welche
jedoch gänzlich zwecklos ist. Sie tritt in den verschiedenen Ordnungen
dieses Tierstammes gleicherweise auf, bei den Seesternen, Seeigeln und
Seelilien, obwohl die äußere Gestaltung dieser Geschöpfe im übrigen
äußerst wechselnd ist. Die fünfstrahlige Form entspricht hier somit
lediglich den inneren Bedingungen der Entwicklung und einen besonderen Zweck hat sie nicht.

Ebenso ist die Metamerenbildung, wo sie auch immer im Tierreiche
auftritt, in erster Linie eine Form der Entwicklung, welche sekundär den Zwecken des Lebens dienstbar gemacht wird.

Wir können aber noch viel weiter gehen und die vorstehende Betrachtung z. B. übertragen auf die menschliche Hand. Diese ist gewiß
in außerordentlichem Grade zweckmäßig gebaut und im eigentlichsten

Sinne ein wunderbares Instrument in der Handhabung des Lebens. Ich will auch keineswegs in Frage ziehen, daß bei einem derartigen Objekte die Auslese nach Darwin, also die auf mechanischem Wege vermittelte Umsetzung auf eine zweckmäßige Form, eine gewisse Rolle gespielt haben mag. Aber in dem vorliegenden Gedankenzusammenhange muß hervorgehoben werden, daß der Anteil, den die primäre Dynamik der Entwicklung auch ohne Auslese an der typischen Gestaltung der Hand gehabt hat, leicht übersehen wird. Typisch ist m. E. an der Hand in erster Linie die fünfstrahlige Form und die Zahl der Phalangen. Es würde aber eine 6- oder 4-fingerige Hand in allen gewöhnlichen Verhältnissen des Lebens zweifellos ebenso funktionstüchtig sein als eine fünffingerige und das Gleiche gilt von einer etwaigen Vermehrung der Phalangenzahl (in geringeren Grenzen). Die Hand würde in den gedachten Fällen vielleicht etwas anders gebraucht werden als in ihrem tatsächlichen Zustande, aber zweckmäßig könnte sie in gleichem Grade sein. Die typische Gestalt der Hand in obigem Sinne ist also unserer Meinung nach auf ihre wesentliche gegenwärtige Form nicht etwa eingeengt worden durch die indirekte Wirkung der Auslese, sondern diese Form stammt schon aus den Bedingungen, welche primär in der Stammesentwicklung gegeben waren. Es liegt theoretisch betrachtet der gleiche Fall vor wie bei der Fünfstrahligkeit der Echinodermen oder der fünfstrahligen Blüte zahlloser Angiospermen.

Vorausgreifend darf ich auch noch die Bemerkung hinzufügen, daß bei derartigen Instrumenten, wie wir sie in der Hand vor uns haben, d. h. also bei Teilen des Bewegungsapparates, welche auf den äußeren Dienst eingestellt sind, die »Zweckmäßigkeit« nicht darauf beruht, daß der betreffende Apparat den äußeren Bedingungen gewissermaßen konform ist, sondern die Zweckmäßigkeit beruht auf dem Gebrauch, welchen das Geschöpf kraft seines Intellektes von dem Apparate macht. Ein solcher Apparat könnte bei gleicher Ausbildung für das Geschöpf von geringem Werte sein, wenn es kein Gefühl, keinen Sinn dafür hätte, wie der Apparat in zweckentsprechender Weise zu benutzen ist. Bemerkenswerterweise sehen wir aber immer wieder, daß die Geschöpfe selbst mit geringwertigen Hilfsmitteln zu außerordentlichen Leistungen gelangen (z. B. Nesterbau der Vögel vermittels des Schnabels). Im übrigen wäre es möglich, daß die funktionelle Anpassung nach Roux, ihre erbliche Übertragbarkeit vorausgesetzt, an der zweckmäßigen Modellierung der Hand in erster Linie beteiligt ist.

Wir wollen aber nicht auf Abwege geraten, sondern in dieser Diskussion als Leitfaden festhalten, daß die phylogenetische und ontogenetische Entwicklung für sich betrachtet ihre bestimmten Formen und ihre bestimmten Möglichkeiten hat, und in der Untersuchung dieser Möglichkeiten bzw. Wirklichkeiten

liegt das zentrale Gebiet der Anatomie. Der Begriff der Zweckmäßigkeit ist demgegenüber anthropomorph und läßt sich erst dann in günstiger Weise verwenden, wenn diese Formen in besonderem Grade geeignet erscheinen, den lebendigen Naturkörper in seinem Bestande zu unterstützen. Nach der landläufigen Auffassung der Darwinschen Theorie überlebt jedoch lediglich das Zweckmäßige[1]) und die Geschöpfe sind in dieser Theorie der Gestalt und den Einrichtungen nach gewissermaßen eine mittelbare Funktion der Existenzbedingungen. M. E. verbirgt sich hierin eine schiefe Auffassung des Tatsächlichen und ich hoffe, auch dieses klar machen zu können.

Betrachten wir ein gegebenes Areal auf unserer Erdoberfläche, also z. B. den Saum des Meeres an einer gebirgigen Küste, so sind eben dort unter »gleichen« Existenzbedingungen tausendfältige Lebensformen nicht nur möglich, sondern auch wirklich vorhanden. Wir finden dort eventuell die sämtlichen Tierstämme von den Protozoen angefangen bis zu den Wirbeltieren vertreten[2]). Das Tatsächliche liegt mithin darin, daß allerdings an einem solchen Lokal bestimmte Bedingungen physischer Natur haften; diese werden aber erst dadurch zu Existenzbedingungen, daß ebendort lebendige Geschöpfe auftreten, und je nach ihrem Bau und ihrer Lebensart werden diese Existenzbedingungen für verschiedene Geschöpfe immer wieder verschieden sein. Der Begriff der Existenzbedingungen ist somit gänzlich relativer Natur; er hat nur Gültigkeit im Verhältnis zu einem lebendigen Geschöpfe, auf welches gewisse Eigenschaften des Ortes bezogen werden können. Dies ist leicht einzusehen.

Am Meeresgrunde wird irgendein Rhizopod auf schlammigem oder sandigem Boden leben; Korallen und Aktinien werden einen felsigen Grund vorziehen. Die Geschöpfe des Planktons hingegen treiben unter der Meeresoberfläche hin und her, während Tiere mit ausgiebiger Lokomotion die Umwelt in größerem Umfange beherrschen. Das Luftmeer über dem Wasser kommt für die meisten Meeresbewohner nur als Spender des Sauerstoffes in Betracht; für den fliegenden Fisch jedoch ist

---

[1]) Darwin hat in den späteren Auflagen seiner Entstehung der Arten bereits zugegeben, daß es zahlreiche Formeigenschaften gibt, welche für das Tier weder nützlich noch schädlich sind. Ferner hat Weismann den Begriff der morphologischen Arten und Eigenschaften kreiert, welche nur aus reiner Variation, nicht aus der Naturzüchtung hervorgegangen sind.

[2]) Die Annahme mehrfacher geographischer Verschiebungen könnte eventuell für die Entstehung zusammengesetzter Faunen herangezogen werden; wenn aber feststeht, daß die Variabilität eine Grundeigenschaft der Organismen ist, welche vom Lokal primär unabhängig ist, und wenn andererseits jede reichere Fauna beweist, daß die Möglichkeit der Existenz für Tiere der verschiedensten Art an dem gleichen Orte wirklich gegeben ist, so ist die Annahme geographischer Verschiebungen im Prinzip überflüssig geworden und kann nur zur Erklärung spezieller Vorkommnisse herangezogen werden.

es eine seiner Existenzbedingungen. Wir haben mithin als wesentlich und wichtig den Umstand zu verzeichnen, daß die meisten tierischen Geschöpfe je nach ihrer Beschaffenheit den Ort sich suchen, welcher ihnen die dauernde Aufrechterhaltung ihrer Existenz sichert. So sind also die Existenzbedingungen am gleichen Lokal für den Rhizopoden, den Fisch, die Aktinie, die Planktonformen verschiedene. Als Gegenbeispiel muß jedoch hinzugefügt werden, daß selbst unter völliger Identität der Existenzbedingungen die Geschöpfe kraft der Variation zu verschiedenen Formen sich entwickeln. Man erkennt dies am besten aus dem Verhalten der Meeresalgen (z. B. der Florideen), welche am Meeresgrunde unter identischen Verhältnissen in einer außerordentlichen Fülle der Arten auftreten. Hier ergibt sich der wichtige Gesichtspunkt, daß die Grundeigenschaft der Variation im Widerspruch liegt mit der landläufigen Vorstellung, als sei das Geschöpf gewissermaßen ein Produkt des Ortes.

Selbstverständlich handelt es sich hier nur um Darlegung einiger allgemeiner Begriffe, ein Eingehen auf Einzelheiten verbietet sich von selbst. Eine genauere Untersuchung der Existenzbedingungen, z. B. der Ernährungsverhältnisse der Geschöpfe, ist hier nicht möglich. Aber auch ein weiteres Eindringen in den Gegenstand wird die Tatsache nicht zum Verschwinden bringen, daß die auf einem Gesamtareal lebenden Geschöpfe die ihnen gebotenen Bedingungen in sehr verschiedener Weise ausnützen, daß also der Begriff der Existenzbedingungen notwendig relativer Natur ist. Manche Tiere begnügen sich mit der Nutzung weniger Bedingungen des Ortes, höher entwickelte Formen gelangen zu einer umfangreicheren Verwertung ihrer Umgebung. Der Mensch sucht alle Bedingungen zu nutzen, die sich ihm bieten. Daher können die Geschöpfe in irgendeiner Landschaft äußerst verschieden sein und man erkennt leicht, daß die im Dynamischen liegende Grundeigenschaft der Variabilität in untrennbarem Zusammenhange mit der Relativität der Existenzbedingungen steht.

Auch der Begriff der Zweckmäßigkeit ist relativer Natur, denn etwas absolut Zweckmäßiges gibt es im Organischen nicht. Viele Geschöpfe sind in ihrem körperlichen Aufbau derartig benachteiligt, daß sie nur durch eine außerordentliche Fruchtbarkeit ihren Stamm zu erhalten vermögen. Letztere wirkt, wenn die körperlichen Einrichtungen nicht genügen, gleichsam wie ein Sicherheitsventil im Sinne der Erhaltung der Art.

Ganz ähnlich verhält es sich mit der Intelligenz der tierischen Geschöpfe. Diese gibt ihnen eine Art Anleitung zum passenden Gebrauch ihrer körperlichen Einrichtungen. Daraus folgt, daß ein und dasselbe Geschöpf um so zweckmäßiger gestaltet erscheinen wird, je intelligenter es ist. Ja im ganzen Tierreiche geht die aufsteigende Entwicklung unter anderem auch auf Ausbildung der geistigen Kräfte. Es gibt zwar immer noch Physiologen, welche die Tiere gerne lediglich als Reflexmaschinen auffassen möchten; jedoch der Reflex tritt bei gegebenem Reize wahllos ein, während die auf Intelligenz sich gründende Wahl der Hilfsmittel wenigstens in den oberen Ordnungen des Tierreiches eine weite Verbreitung hat.

Aus den vorstehenden Erörterungen soll nun, indem wir von Einzelheiten gänzlich absehen, kein anderer Schluß gezogen werden, als daß es überflüssig, ja sogar vom Übel ist, mit einer gewissen hartnäckigen Ausschließlichkeit den Begriff der Zweckmäßigkeit in physiologischen und biologischen Erörterungen zu verwenden, wenn es sich um das Problem der Formen handelt. Vielmehr ist es notwendig, die überragende Bedeutung jener dynamischen Bedingungen einzusehen, welche als unveräußerliche Eigenschaften in der lebenden Materie wurzeln und von dieser Seite her der Erklärung der Formen näher zu treten. Jene morphologischen Eigenschaften, von denen Weismann redet, welche mit Naturzüchtung und mit Physiologie wenig oder nichts zu tun haben, sind eben viel weiter verbreitet als bisher angenommen wurde und es ist von nun ab der dynamische Anteil der Entwicklung, wenn wir so sagen dürfen, bei allen äußeren und inneren Gestaltungen des Lebens viel ernstlicher in Erwägung zu ziehen als bisher geschehen ist.

2. System und Gestalt.

» Gestalt « ist dem Wesen nach ein mathematischer Begriff. Wir sind von unserer Schulbildung her so sehr auf die mathematische Auffassung der Formen eingestellt, daß wir leider in der Morphologie dabei hängen geblieben sind. Man umreißt eine Gestalt, eine körperliche Form, mit Linien und stellt sie im Äußeren dar, macht sich aber dabei nicht klar, daß im Organischen der lebendige Inhalt, welcher die Form erfüllt, das Wesentliche ist. Die äußerste Rückwirkung meiner Theorie auf die Gesamtauffassung der Morphologie ist nun darin enthalten, daß bei mir die lebendigen Systeme in der Gestalt sich zum Ausdruck bringen. Daher gilt der Satz: hat man das System erfaßt und beschrieben, so hat man auch die Gestalt; wenn man aber die Gestalt beschreibt, so hat man noch lange nicht das System. Letzteres kann dabei gänzlich unerkannt bleiben und war es auch bisher. Was damit gemeint ist, wird man sich leicht an der Hand der vorstehenden Arbeit über die Drüsenbäumchen klar machen können, deren Synthese ausführlich beschrieben wurde.

Anlangend den Aufbau dieser Systeme, so komme ich darauf im einzelnen nicht mehr zurück und stütze mich auf meine früheren Darlegungen. Ich lasse auch die Zelle als solche beiseite, nachdem ich mehrfach a. a. O. dargelegt habe, daß der in ihr enthaltene Strukturkomplex, soweit er von der Amöbe bis zum Neuron als in sich übereinstimmend gedacht werden kann, als ein Teilkörpersystem aufgefaßt werden muß. Hier handelt es sich vielmehr um das Verhältnis der Zelle zum Körperganzen. Meine Untersuchungen über die geweblichen Systeme haben in voller Deutlichkeit gezeigt, daß es sich bei ihnen um eine Übereinanderschichtung von Teilkörpersystemen in verschiedenen Ordnungen handelt, von denen die größeren die kleineren in sich begreifen. Diesen Zustand kann man sich durch den Vergleich mit der Gliederung der Heeresverbände klar machen. Die einzelnen Mannschaften werden zunächst vereinigt zu einer Gruppe, die Gruppen zu Zügen, die Züge zu Kompagnien, diese zu Bataillonen, die Bataillone zum Regimente usf. In einer solchen Gliederung handelt es sich nicht lediglich um den äußeren Zweck, eine Summe von Menschen zu einem großen Truppenkörper in mechanischer Weise zusammenzuscharen, sondern um eine wahre Organisation, um eine Synthese in aufsteigenden Ordnungen, wobei jede Ordnung eine besondere Verfassung besitzt und demgemäß als solche funktions- und reaktionsfähig ist. Mit jeder neuen Ordnung treten neue Funktionen, neue Möglichkeiten der Leistung hinzu, welche als solidarische Tätigkeiten, als Gemeinschaftshandlungen der betreffenden Ordnungen sich charakterisieren.

Eine derartige Gliederung besitzen — vergleichsweise — auch die lebendigen Geschöpfe, und die Funktionen, von denen die Rede ist, sind nicht die ökonomischen oder Betriebsfunktionen, sondern sie bestehen in der Entwicklung, Instandhaltung und im besonderen auch in der Regeneration der Formen. Das Mittel aber, durch welches die Systeme der verschiedenen Ordnungen zustande kommen, ist die aufsteigende Synthese (auf Grund von Teilungsvorgängen im weitesten Sinne). Dies nenne ich eine kosmische Auffassung vom Wesen des lebenden Naturkörpers, da die Form der Gliederung eine ähnliche ist wie in der Theorie des Himmels und da jede in einem festen geweblichen Verbande stehende Zelle unter den Wirkungen des Systems steht und auch selbst wiederum auf ihre Umwelt zurückwirkt.

Diese meine Auffassung vom Bau der Geschöpfe sichert die Lösung eines alten Problems, welches meines Wissens von Schleiden im Jahre 1838 zum ersten Male berührt worden ist, indem er die Frage stellte, wie es kommt, daß die Zelle einerseits ein Wesen von sehr bestimmter physiologischer Individualität ist, andererseits aber wiederum Teil eines Ganzen, Teil einer Pflanze geworden ist. Es ist bekannt und braucht nicht näher dargelegt zu werden, daß man dieses Problem durch Ausarbeitung der Theorie vom Zellenstaat zu lösen versucht hat, deren erster Urheber Milne Edwards in den 50er Jahren des vorigen Jahrhunderts war. Diese Theorie stützt sich auf das Prinzip der Arbeitsteilung und ist physiologischer Natur in dem gewöhnlichen Verstande, d. h. sie benutzt die ökonomischen Funktionen des Körpers (die Erscheinungen der Betriebsphysiologie), um die notwendige Unterordnung der verschiedenen spezifisch differenzierten und funktionierenden Zellen unter ein Ganzes zum Zwecke der gemeinschaftlichen Aufrechterhaltung des Lebens klar zu legen.

Diese Theorie hat sich indessen auf einem falschen Gleise festgefahren. Denn das Ganze des Geschöpfes ist zunächst eine bestimmte Formerscheinung mit bestimmten Gliederungen und, was erklärt werden mußte, ist das Verhältnis der einzelnen Zelle zur Form des Ganzen. Die Arbeitsteilung unter Zellen spielt hierbei eine Nebenrolle, denn es gibt besonders im Pflanzenreiche vielzellige Geschöpfe, welche als Ganzes die verschiedensten Formen haben, (z. B. unter den Algen), bei denen aber eine unterschiedliche Differenzierung der Zellen noch nicht eingetreten ist. Es wurde also übersehen, daß die Formen der Geschöpfe dem Wesen nach primärer, ursprünglicher Natur sind, und demzufolge ist das Problem des Verhältnisses vom Teil zum Ganzen nicht eine Frage der Betriebsphysiologie wie in der Lehre vom Zellenstaate, sondern sie ist entwicklungsgeschichtlicher, sagen wir: embryodynamischer Natur. Schärfer gefaßt muß die Frage lauten: wie ist es möglich, daß die Zelle, welche als einzellebendes Geschöpf rücksichtlich der Form unabhängig ist und oft eine typische, häufig sogar komplizierte Gestalt besitzt, in anderen Fällen formal unselbständig wird und als Teilstück in einer übergeordneten Form aufgeht? Die Zellperson, das einzellige Geschöpf, ist demgemäß, wie wir sagen können, automorphisch, sie besitzt Eigenform; im geweblichen Verbande hingegen ist sie hypomorphisch, der Form des Ganzen untergeordnet. Das erkennt man schon am Algenfaden. Denn die einzellebende Algenzelle mag gleichviel welche Gestalt haben, im Algenfaden muß sie notwendig als Teil der Gesamtform auftreten (vgl. auch die Gattungen *Pediastrum, Hydrodictyon* usw.).

Wir können mithin sagen: sowie eine Summe von Zellen sich dauernd zu einem größeren bestimmt geformten Naturkörper vereinigt, sinken diese auf die Stufe eines geweblichen Systemes herab und geben die unbeeinflußte Eigengestalt auf diese Weise auf (wobei zunächst nicht notwendig ist, daß die Zellen physiologisch different werden). Das Mittel der Zellvereinigung und ihrer Subsumption unter eine übergeordnete Form ist aber in unserem Sinne die embryodynamische Synthese; durch diese bildet sich ein System oberer Ordnung, welches Träger der Gesamtgestalt ist. Diese letztere fasse ich als etwas Neues auf, welches durch einen wahrhaft schöpferischen Akt der Natur in die Erscheinung getreten ist.

Die durch Synthese hervorgebrachten Histosysteme habe ich mit dem verständlichen Ausdruck der Stockbildungen näher charakterisiert. Man muß jedoch den Begriff des Histokormus in einem möglichst freien Sinne gebrauchen und dabei nicht bloß an die Drüsenstöcke und an ihre Ähnlichkeit mit den Stockbildungen der Polypen denken. Da der wesentliche Bestandteil der Drüsen epithelialer Natur ist, so verlohnt es sich, bei dieser Gelegenheit darauf aufmerksam zu machen, daß auch die Epithelien selbst im Sinne der Theorie als Stockbildungen aufgefaßt werden dürfen. Ich widerspreche dabei mit vollem Bewußtsein der gewöhnlichen Auffassung der analytisch arbeitenden Histologie, welche in den Epithelien lediglich Aggregate von Zellen sieht, indem ich hier wie überall zu einer Peripetie der Betrachtung komme und ihren synthetischen (embryodynamischen) Charakter hervorhebe. Hier kann ich mich am besten durch die Betrachtung der embryonalen Epithelien verständlich machen, weil diese in der Auswirkung ihrer embryodynamischen Valenzen begriffen sind.

Es ist also beispielsweise das Darmepithel des Embryos nach unserer Ansicht kein Aggregat, kein Mosaik von Zellen, sondern ein kompliziertes System, welches in sich zahllose Anlagekomplexe in bestimmter Verteilung enthält. Letztere manifestieren sich im Laufe der späteren Entwicklung in der Form der Zotten und Drüsen. Da diese nun, wie es scheint, beim Erwachsenen reihenweise gestellt sind, so darf man eine bestimmte latente Ordnung der Anlagekomplexe im Darmepithel annehmen und zugleich voraussetzen, daß sie Teilungsfähigkeit besitzen. Ein Vergleich mit dem embryonalen Drüsenbäumchen wird dies noch verständlicher machen. Denn das Bäumchen besteht im Grunde genommen aus einer epithelialen Fläche, welche die Gestalt sich verzweigender Röhren angenommen hat. Wenn man sich nun diese Epithelfläche vollkommen ausgeebnet denkt, so würden in dieser die Adenomeren als teilungsfähige Anlagen enthalten sein. Nicht anders stelle ich mir die embryodynamische Konstitution solcher Epithelien vor, welche später Drüsen, Papillen, Zotten, Haare usw. liefern, denn das Auftreten teilbarer Anlagen innerhalb der Epithelien der Drüsenbäumchen kann nicht eine vollkommen neue Eigenschaft derselben sein, sondern muß mit den allgemeinen Eigenschaften der Epithelien in Zusammenhang gedacht werden.

Die ältere Histologie hat demnach eine Mosaiktheorie der Epithelien vertreten (wobei es wenig ausmacht, ob es sich um ein- oder mehrschichtige Formen handelt). Dieses Mosaik wurde gedacht als ein Terrazzo aus gleichartigen Steinchen. Die synthetische Theorie der Epithelien lehrt im Gegensatz hierzu, daß diese Steinchen unter einander in einer bestimmten histodynamischen Beziehung stehen und insgesamt ein genetisches System bilden. Dieser Systemcharakter ist auch bei den Epithelien des erwachsenen Geschöpfes noch immer nachweisbar, da es zweifellos Leistungen gibt, welche dem System als solchem zugeschrieben werden müssen, wovon noch weiter unten die Rede sein soll.

3. System und histodynamischer Kreis.

Wir gehen nun über zur Dynamik der Histosysteme. Es ist selbstverständlich, daß hier nicht der Grundriß eines Lehrbuches entwickelt werden kann. Soweit sind wir noch nicht. Wohl aber ist es notwendig, aus den schon vorhandenen Tatsachen einige Begriffe allgemeiner Natur abzuleiten, welche bei histologischen, embryologischen und experimentellen Arbeiten als Leitung dienen können, um eine neue Serie von Tatsachen aufzusammeln, die schon von vornherein in der Theorie zusammenhängen.

Es ist ganz ohne Frage, daß die organisierten Systeme ihre eigene — histodynamische — Verfassung haben und daß die ihnen zugehörigen Untersysteme — Histomeren — unter der Wirkung der sie umfassenden Ordnungen stehen. Um klar zu legen, was gemeint ist, will ich zunächst wiederum den Vergleich mit der Gliederung der Heeresverbände herbeiziehen. Bei diesen hat jede Ordnung, also Gruppe, Zug, Kompagnie, Bataillon, Regiment usf. ihren eigenen Betrieb, welcher jedoch in wichtigen Beziehungen einerseits abhängig ist von den Ansprüchen der übergeordneten Verbände und andererseits die Leistungen der untergeordneten Verbände mitbestimmend beeinflußt. Dies ist ein Vergleich, welcher wie alle Vergleiche hinkt; aber in ähnlicher Art denke ich mir die Ordnung der dynamischen Beziehungen, welche innerhalb der lebenden Geschöpfe die Vorgänge der Entwicklung beherrschen. Es handelt sich also im Grunde genommen darum, dem alten Begriffe der »Korrelationen« einen neuen bestimmteren Ausdruck zu geben. Die hierher gehörigen Energien, welche sich innerhalb der Histosysteme verbreiten und aller Wahrscheinlichkeit nach zu einem großen Teile oder wenigstens dem Ursprunge nach (vgl. Pflanzenreich) ohne Vermittlung des Nervensystemes von einem lebenden Teile auf den anderen sich verbreiten, habe ich bereits früher als histodynamische Wirkungen bezeichnet. Demnach sind die Histosysteme zugleich auch histodynamische Kreise nach meiner Auffassung. Ich könnte ebensogut wie früher wiederum zum Vergleich die Theorie des Himmels herbeiziehen, indem ich jedes Sternensystem jeder Ordnung als einen dynamischen Kreis bezeichne und auf die gegenseitigen Abhängigkeiten und Beeinflussungen aufmerksam mache, welche durch Wirkung der Gravitation in den verschiedenen Ordnungen und zwischen diesen bestehen. Daher habe ich, wie erinnerlich, von einer kosmischen Auffassung des lebendigen Geschöpfes gesprochen.

Es kommt nun darauf an zu zeigen, daß die in Rede stehenden Wirkungen innerhalb der lebendigen Geschöpfe tatsächlich vorhanden sind und man wird ihrer dann gewahr werden, wenn sie als Leistungen der Histosysteme deutlich hervortreten.   Diese werden sich aber als solidarische Funktionen oder **Gemeinschaftshandlungen** aller ihrer in Zusammenarbeit begriffenen Teile darstellen.

Als solche Gemeinschaftshandlungen bezeichne ich in erster Linie 1. die Vorgänge der Teilung oder Fortpflanzung durch Spaltung, 2. die spezifische Regeneration und 3. gewebliche Differenzierungen, sofern sie in continuo durch die Systeme hindurch sich entwickeln, ungeachtet der Grenzen, welche durch die Gegenwart der Zellen gesetzt sind.

Diese drei Gegenstände sollen ihrer begrifflichen Wertung nach in dem vorliegenden und den nachfolgenden Abschnitten zur Behandlung gelangen.

Wenn irgendein geweblicher Verband durch Teilung sich fortpflanzt, so ist der Vorgang unter allen Umständen immer als ein solidarischer Akt des Systemes aufzufassen, geleitet und hervorgebracht durch korrelative, histodynamische Beziehungen oder Wirkungen, welche von einem Teil auf den anderen sich fortpflanzen.   Wenn eine Zelle der Mitose unterliegt, so haben wir einen solidarischen Akt des Teilkörpersytemes der Zelle, und wenn ein wirbelloses Tier, eine Planarie z. B., sich auf ungeschlechtlichem Wege durch Teilung in zwei Tochterindividuen zerlegt, so haben wir gleichfalls einen systematischen Akt des Körperganzen.   Genau das Nämliche gilt von der Teilung geweblicher Komplexe; ist es gelungen, einen solchen Vorgang sicher zu beobachten, wie wir ihn bei der Adenomere wahrgenommen haben, so wissen wir auch, daß in dem betreffenden Strukturkonvolute ein System vorliegt, weil der Teilungsvorgang als eine Gemeinschaftshandlung aller in dem betreffenden Konvolute zu einer höheren Wesenheit verbundenen Einzelbestandteile aufgefaßt werden muß.

Es bleibt jedoch die Frage, ob bei Gelegenheit der Beobachtung des Teilungsvorganges die Übertragung der histodynamischen Wirkung von Ort zu Ort in irgendeiner Weise bemerkbar wird.   Ohne diesen Gegenstand zu weit ausspinnen zu wollen, möchte ich darauf aufmerksam machen, daß die Verhältnisse des korrelativen Wachstums, welche der Teilung voraufgehen und nachfolgen, eine solche Übertragung sichtbar machen.

Bleiben wir bei der Adenomere stehen, so deutet schon die symmetrische Ausbreitung der Mutterknospe in der Richtung der Transversalen, welche wir beschrieben haben, auf eine dynamische Beziehung aller Teile dieses Systemes hin.   Noch deutlicher aber wird die Übertragung histodynamischer Wirkungen von Ort zu Ort nach der Spaltung der

Adenomere, da die Wachstumsbewegung sich auf den tragenden Zweig fortsetzt und dieser an Querschnitt entsprechend gewinnt; letzteres ist physiologisch selbstverständlich, weil der vorher präterminale Gang nunmehr zum ausleitenden Kanal der beiden neu zu bildenden Endgänge letzter Ordnung wird. Diese Beziehung zwischen dem Querschnitt der ausleitenden Kanäle und der Zahl der Endverästigungen ist mir am deutlichsten geworden bei den Lieberkühnschen Drüsen des Darmkanales. Denn hier kann man beobachten, daß die Querschnittserweiterung sich gleich einer Welle von dem gespaltenen Ende her in der Richtung auf die Drüsenmündung hin fortsetzt. Ich darf also dies als einen Beweis dafür annehmen, daß die histodynamische Erregung den Weg durch die Epithelien hin in gleicher Richtung nimmt. Aus diesem klaren Beispiel ersehen wir mithin genau, daß die Teilung irgendeines Systemes auch systematisch geordnete Wachstumsänderungen in den angeschlossenen systematisierten Verbänden auf weite Entfernungen hin zur Folge haben kann. Bei den Stengelgliedern der Drüsenbäumchen ist ferner wiederum die Querschnittserweiterung die Vorbedingung für die eigene Längsspaltung.

Es wurde ehemals angenommen, daß die Leistungen der Organe und Teile eine Summation der Einzelleistungen der Zellen sind, eine Vorstellung, die sich aus den Verhältnissen der Betriebsphysiologie ergeben hat. Diese Behauptung, welche übrigens schon seit den 40er Jahren des vorigen Jahrhunderts in der Wissenschaft allgemein verbreitet war, läßt sich für die embryodynamischen Funktionen nicht sicher stellen und ist für diese eigentlich nicht beweisbar. Vielmehr zeigen die Teilungsakte komplexer zellulärer Systeme, daß durch die Synthese der Zellen in den Verbänden Eigenschaften, solidarische Funktionen geweckt werden, welche neu sind und den einzelnen Zellen bzw. deren algebraischer Summation nicht zukommen. Letzteres, die Summation der Leistungen der Zellen durch Einsetzung einer größeren Zahl für die geforderte Arbeit finden wir in der Betriebsphysiologie. In der Embryodynamik liegen die Verhältnisse anders.

In diesem Gedankenzusammenhange komme ich noch einmal auf die von mir behauptete **Immanenz der Teilungsfähigkeit** aller eigentlich so zu nennenden Histosysteme zurück. Ich hoffe den Leser zu überzeugen, daß diese Hypothese nicht eine Ungeheuerlichkeit ist, sondern daß es sich eigentlich um ein selbstverständliches Ding handelt.

Gehen wir zu diesem Behufe von der Zelle aus. Diese wird als teilungsfähig angesehen, solange sie nicht etwa dem Stoffe nach metaplastisch verändert oder durch Metamorphose in eine andere Form übergegangen ist. Die alten Autoren, welche von der Zellenteilung nichts wußten, stellten sich deren Fortpflanzung anders vor. Schleiden und Schwann nahmen bekanntlich an, daß sie aus gewissen schwer qualifizierbaren allerkleinsten Anfängen allmählich durch Wachstum hervorgeht. Hätten wir die Zellenteilung nicht, so wäre gewissermaßen jedes einzelne Zellenexemplar ontogenetisch und phylogenetisch tot. Teleologisch betrachtet schlägt mithin die Natur lediglich den nächsten Weg ein, wenn sie zum Zwecke der Vermehrung der Zellen diese durch Teilung vervielfacht, und sie gewinnt dadurch unter anderem auch die Methode der Synthese.

Um etwas Ähnliches handelt es sich bei dem Teilungsvermögen der zusammengesetzten zellulären Systeme. Eine Adenomere beispielsweise, welche durch Synthese aus der Teilung einer Zelle des Nasenhöhlenepithels hervorgegangen ist, wäre gleicherweise ontogenetisch und phylogenetisch tot, keiner weiteren Entwicklung fähig, wenn sie nicht die immanente Teilungsfähigkeit besäße. Diese ermöglicht auf dem Wege der Stockbildung die fernere systematische Entwicklung des Drüsenkörpers, welcher in dieser Form auch auf die Nachkommenschaft in irgendeiner Weise übertragbar ist.

Man sage hier nicht, daß ich selbst die adventive Knospung aus je einer Zelle nachgewiesen habe und daß die Drüse auf diesem anders gearteten Wege ebensogut sich weiterhin entwickeln könne. Denn die monozelluläre Entstehung von Seitenzweigen beweist im Sinne meiner Theorie, daß die Zelle ein Geschöpf ihres Systemes ist und der Anlage nach befähigt, dasselbe zu wiederholen, und zwar durch Vermittelung der teilungsfähigen Adenomere, welche sofort im Beginne der Knospung rekonstruiert wird. Hier gilt also der Satz: exceptio firmat regulam, und aus diesem Grunde habe ich in meinen Schriften die Formen der Knospung als Formen der Teilung im weiteren Sinne aufgefaßt.

Nach meiner Ansicht liegt also die Sache so, daß die Fortpflanzbarkeit der Systeme eine integrierende Eigenschaft des Lebens ist, ebenso wie Stoffwechsel und Reizbarkeit. Man streiche in Gedanken die Teilungsfähigkeit der Histosysteme und stelle sich dann vor, was aus der Ontogenese und Phylogenese werden soll, wenn der nächste Weg eliminiert wird, welcher zur Reproduktion solcher Teile führt, die bei wesentlicher Identität der Form und Struktur zugleich in großen Mengen, sagen wir: in hoher Auflage, in unserem Körper auftreten. Jeder solche Teil (z. B. Acini der Drüsen, Alveolen der Lunge, Dünndarmzotten, Zungenpapillen, Haare usw.) müßte gewissermaßen von Grund auf komplett neu gebildet werden und jeder wäre von seinem Nachbar ontogenetisch, ja sogar phylogenetisch unabhängig, denn jeder dieser Teile müßte eine eigene Wurzel der Entstehung durch besondere Naturzüchtung besitzen.

Die Immanenz der Teilungsfähigkeit der Systeme oder ihrer Anlagen gehört demnach unlöslich zu dem Begriffe einer geordneten fortschreitenden Entwicklung, wie wir sie vor uns sehen. Fehlt diese immanente Teilungspotenz bei irgendeinem geweblichen Verbande, so hat sich die Natur ihres besten Hilfsmittels für den weiteren Ausbau der Teile beraubt. Ein Organ dieser Art kann wohl durch Wachstum zunehmen und sich funktionell in feinster Weise ausdifferenzieren (z. B. das Auge bei den Wirbeltieren). Es ist aber nicht mehr einer Vervielfältigung oder einer Zusammensetzung in komplexen Ordnungen möglich.

Schon oft habe ich darauf aufmerksam gemacht, daß die Immanenz der Teilungsfähigkeit in zahllosen Ausnahmefällen entgegen der Regel der normalen Entwicklung praktisch realisiert wird mit dem Effekte, daß an unerwarteten Stellen plötzlich Doppel- oder Spaltbildungen auftreten. Fast alle Organe können auf diese Weise verdoppelt oder gespalten vorkommen: die Gallenblase, das Ohr, die Finger, die Hand, die Extremität, die Rippen, die Milz, die Haare, die Zähne usf. Es ist nicht angebracht, Erscheinungen dieser Art als Naturspiele zu behandeln und sie theoretisch, weil unbequem, zu vernachlässigen. Vielmehr deuten die Doppel- oder Spaltbildungen, welche auch unter den mikroskopischen Gebilden ganz ungemein häufig sind, in unmittelbarer Weise auf die Teilungsfähigkeit der Systeme bzw. ihrer Anlagen hin und die sämtlichen Erscheinungen dieser Art können für die Untersuchung der Verbreitung der Teilungserscheinungen nutzbar gemacht werden.

Dies gilt, wie ich kurz hinzufügen will, auch von denjenigen Formerscheinungen, die ich unter dem Begriff der geometrischen Strukturen zusammenfassen möchte. Mit diesen hat es die folgende Bewandtnis: Die Teilungsakte pflegen im Raume bestimmt orientiert zu sein. Wenn nun bei einer Vielzahl aufeinander folgender Teilungen die Teilungsrichtung konstant bleibt, so ordnen sich die Nachkommen in regelmäßigen Figuren an, welche unter Umständen den Eindruck eines geometrischen Musters machen können. Ähnliches würde eventuell auch statthaben können, wenn ein gesetzmäßig bestimmter Wechsel der Teilungsrichtung Platz greift. Ein einfachstes Beispiel dieser Art ist der Algenfaden, bei welchem die Teilungen parallel einer bestimmten Strukturachse geordnet sind, so daß das Bild einer durchaus einsinnig geordneten Zellenfolge entsteht. Hier nun liegt die Ursache der linienhaften Aufreihung der Histomeren (Zellen) klar am Tage. Es gibt aber viele andere Fälle geometrischer Strukturen, bei welchem es sich um eine Zusammenscharung komplexer Gebilde handelt, wo nur vermutungsweise auf Spaltungsvorgänge geschlossen werden kann. Hier wären in erster Linie die Flächenstrukturen der Haut und der Schleimhäute zu erwähnen. Beispielsweise stehen die Zungenpapillen der Säuger strenge in Reihen geordnet (sehr schön beim Hunde, aber auch beim Menschen), welche etwa unter einem Winkel von 45° die Medianlinie schneiden. Legt man nun Flachschnitte durch die Zungenschleimhaut, so trifft man gelegentlich auf Spaltungsfiguren der Papillenreihen, so daß es den Anschein hat, als ob fixierte Teilungszustände vorliegen. Kurzum, es liegen Anzeichen der Bewährung unserer Theorie an Orten vor, wo man nicht für möglich gehalten hätte, dergleichen aufzufinden.

4. System und Regeneration.

Wenn wir die Prinzipien der Synthesiologie als maßgeblich ansehen, so verbietet es sich, die Regeneration nach Verwundungen lediglich als einen Akt von lokaler Bedeutung anzusehen. Vielmehr muß nach meiner Anschauung jede typisch gerichtete Regeneration eine Gemeinschaftshandlung, eine Reaktion des betroffenen Systemes sein. Da mir auf diesem Gebiete die praktischen Erfahrungen fehlen, so kann es sich hier nur darum handeln, nachzuweisen, daß die Theorie der Regeneration durch die synthetische Auffassung des tierischen Körpers in Mitleidenschaft gezogen wird.

Legt man die Vorstellung zugrunde, daß wir im lebenden Körper eine Übereinanderschichtung von genetischen Systemen verschiedener Ordnung haben und daß diese gewissen histodynamischen Kreisen entsprechen, so ist klar, daß z. B. bei Amputation eines regenerationsfähigen Teiles die Kreise der verschiedensten Ordnung durchtrennt werden. Die Regeneration würde sich demnach als eine Gemeinschaftshandlung, als eine Reaktion darstellen, bei welcher gewisse weitere Kreise ebenso beteiligt wären wie die in ihnen eingeschlossenen Kreise niederer Ordnungen. Dies ist freilich nur eine Allgemeinvorstellung, doch es liegen von alters her gewisse Anzeichen in der Erfahrung vor, daß eine derartige Auffassung zu Recht bestehen könnte, da nämlich nach den Wahrnehmungen der experimentellen Pathologie in der Umgebung einer Verletzung, z. B. epithelialer Gebilde, Mitosen auch in weiterer Entfernung von der Verwundung gefunden werden.

Da jedes Gleichnis hinkt und keines der vorgestellten Idee vollständig gerecht wird, so mag es erlaubt sein, außer dem Bilde der ineinander geschachtelten Kreise noch einen zweiten Vergleich von mehr gegenständlicher Art herbeizuziehen. Oben haben wir erwähnt, daß nach der alten Auffassung die (einschichtigen) Epithelien einem Terrazzo gleichartiger Steinchen vergleichbar sind, während sie in der synthetischen Auffassung als Systeme begriffen werden müssen. Bleiben wir bei der angestrebten Parallele und geben ihr eine etwas andere Wendung, so können wir sagen: es handelt sich nicht um ein Mosaik, bestehend aus gleichartigen Steinchen, bei welchem die Beziehungen aller Formelemente nach allen Raumesrichtungen hin von identischer Natur sein müssen, sondern jenes Mosaik enthält in sich ein Bild, ein Gemälde, ein System. Setzen wir nun den Fall, daß aus unserem Mosaikgemälde ein Stück herausgebrochen wird, so wird die Lücke nur ergänzt werden können, wenn eine sinngemäße Ergänzung der fehlenden Steinchen in die Wege geleitet wird. In diesem Falle ist mithin der Bestand des Bildes oder des Systemes die Voraussetzung für die richtige Ergänzung.

5. System und gewebliche Differenzierung.

Ich komme nun zur Besprechung einer Reihe von Erscheinungen, welche aus der Histologie allgemein bekannt sind, bisher aber unverstanden bleiben mußten, während sie unter den allgemeinen Begriffen der Systemlehre einer wissenschaftlichen Betrachtung fähig sind. Es handelt sich um den Fall, daß fibrilläre Differenzierungen sich durch zellige Gewebe hindurch über weite Entfernungen hin fortsetzen, also gewissermaßen ohne Ende verlaufen, gleich als ob Zellengrenzen überhaupt nicht vorhanden wären. Dies trifft zu für die Epithelfasern der Epidermis, für die Muskelfibrillen des Herzens, für die fibrillären Bildungen des retikulären Bindegewebes und ebenso auch für die Neurogliafibrillen.

Unter Zugrundelegung der Bausteintheorie, nach welcher die Zellen in den Geweben und Teilen des Körpers enthalten sind wie die Ziegelsteine in der Mauer, sind diese Erscheinungen unerklärlich. Nach dieser Theorie wären die Zellen physiologisch zugleich als »die Träger des Lebens« aufzufassen und die Leistungen der Organe wären eine Summation aus den Einzelleistungen der Zellen. Funktionen der genetischen Systeme in dem von uns verstandenen Sinne würde es nicht geben. Als Anhänger der Bausteintheorie könnte man darüber im Zweifel bleiben, ob beispielsweise die Epidermis ein Aggregat von Zellen ist oder nicht vielmehr ein »Synzytium«, denn Bausteine, die ab origine unter sich verbunden sind (durch die Interzellularbrücken), sind ja eigentlich unmöglich.

Nach der synthetischen Auffassung ist jedoch die Epidermis weder ein Aggregat von Zellen noch ein Synzytium, sondern als Ganzes ein Histosystem im weiteren Sinne, zu welchem als Histomeren, als Untersysteme, die Zellen gehören. Embryodynamisch betrachtet vermag mithin das übergeordnete System auch als ein Ganzes zu reagieren. Also können unter dem Einfluß von Druck und Zug die Plasmafibrillen über größere Strecken hin entwickelt werden ohne Ansehung der Zellengrenzen.

Das Gleiche hat Geltung für die anderen vorhin erwähnten Gewebeformen. In der Neuroglia beispielsweise, innerhalb der Sternzellen, welche unter sich zusammenhängen, verlaufen die Fäserchen tatsächlich »ohne Ende«. Die Zellen sind also auch hier nur die natürliche

Basis für ein zusammengesetztes System, welches einheitlich zu funktionieren vermag. Beim Myokardium möchten wir die Frage offen lassen, ob nicht ursprünglich die Fibrillen innerhalb der Herzmuskelfasern in continuo verlaufen und die Erscheinung der zelligen Gliederung durch Interposition der Schaltstücke sekundär statthat. Jedoch vom mittleren Kindesalter angefangen ist die zellige Gliederung nachweisbar und von da ab würde die weitere Entwicklung der Fibrillierung ein zusammengesetztes Histosystem zur Unterlage haben.

6. System und Variabilität.

Die Variabilität der Geschöpfe beruht auf einer typisch gerichteten Änderung ihrer Organisation auf der Basis innerer Ursachen. Sie streitet ihrem Begriffe nach gegen die aus der Darwinschen Theorie abgeleitete Auffassung, daß das Geschöpf gewissermaßen ein Produkt der Existenzbedingungen sei, denn ihr Vorhandensein beweist für sich allein, daß unter den nämlichen allgemeinen Bedingungen Geschöpfe verschiedener Art möglich sind und auch wirklich vorkommen werden. Überhaupt geht die gesamte phylogenetische Entwicklung im großen und ganzen darauf aus, die Geschöpfe von den Existenzbedingungen soweit als möglich unabhängig zu machen. So geht die Entwicklung eines Lokomotionsapparates auf Unabhängigkeit vom Orte, die Entwicklung von Eigenwärme auf Unabhängigkeit von der Außentemperatur, die Entwicklung der Sinnesapparate auf Orientierung in der Außenwelt, die Entwicklung des Seelenorganes auf Zunahme des Intellektes und mittelbar unter Zuhilfenahme der Sinnesorgane sowie des Bewegungsapparates auf Beherrschung der Umwelt. Eben diese relative Unabhängigkeit von den äußeren Bedingungen sichert der natürlichen Variation einen erweiterten Spielraum.

Die Variabilität, welche immer von typischer Richtung ist, stellt sich uns als das A und O der gesamten ontogenetischen und phylogenetischen Entwicklung dar. Sie ist gewissermaßen ein Talent; das eine Geschöpf hat sie, das andere hat sie nicht oder wenigstens nicht in ausgesprochenem Grade. Irgendeine Bakteriacee mag vor Jahrmillionen genau ebenso ausgesehen haben wie heute. Ein gleiches wird für viele Rhizopodenarten (Amöben, Foraminiferen) gelten, welche noch heutzutage in wesentlich der nämlichen Gestalt existieren wie vor unvordenklichen Zeiten. Aber auch unter den höheren Geschöpfen wird es immerhin viele Arten geben, welche in außerordentlichen Zeiträumen im wesentlichen konstant geblieben sind; so unter Cölenteraten, Mollusken, Insekten. Ein auffallendes Beispiel dieser Art bietet die Gattung *Lingula* unter den Brachiopoden dar, welche, soweit man aus den übrig gebliebenen Schalen schließen kann, im Cambrium von wesentlich der gleichen Beschaffenheit war wie heute.

Bei anderen Gattungen und Ordnungen haben wir ganz im Gegenteile eine vergleichsweise schnelle Veränderung der Formen zu verzeichnen, wie z. B. die ungemeine Labilität der Ammoniten in der Kreidezeit. Kurzum, wir haben alle Veranlassung, aus den Gesamterscheinungen zu folgern, daß die natürliche Variation ein spezifisches, eigenartiges Talent der Geschöpfe ist und auf inneren Ursachen beruht.

Nun ist diese Variation, obwohl an sich selbst zwecklos, wie das Leben überhaupt, immer eine typisch gerichtete, insofern sie nicht beliebige Gewächse, sondern gesetzmäßige Gestaltungen mit ausgesprochener proportionaler Gliederung der Teile liefert. Diese typische Richtung der Variation wird dann unverständlich sein, wenn man sich den Körper lediglich als Aggregat lebender Einzelbestandteile denkt, etwa nach Analogie der Bausteintheorie; denn in diesem Falle würden die Zellen als komplexe Mechanismen jederzeit nach allen Richtungen hin variieren und wir würden kein Moment entdecken, welches sie veranlassen könnte, gewissermaßen gleichsinnig oder nach einem gemeinschaftlichen Prinzipe sich zu verändern, so daß eine typisch gerichtete Fortentwicklung der Formen sich ergibt. Daher bin ich der Meinung, daß die Systeme, bzw. die histodynamischen Kreise der verschiedenen Ordnungen, in Wahrheit die natürlichen Unterlagen der Variation sind, weil in diesem Falle alle Histomeren und unter ihnen letzten Endes auch die Zellen von den übergeordneten Systemen abhängig gedacht werden können.

Die typisch gerichtete Variation ist daher nach unserer Meinung als eine Gemeinschaftshandlung der Systeme in dem oben verstandenen Sinne aufzufassen. Da wir in dieser vorliegenden Arbeit die Speicheldrüsen paradigmatisch behandelt haben, so mag hier erwähnt werden, daß gerade diese einer reichen Variation im Kreise der Wirbeltiere unterlegen haben.

7. System und Dissoziation.

Der Vollständigkeit halber ist es notwendig, schließlich auch die Erscheinungen der Dissoziation kurz zu erwähnen. Da der Tierkörper im allgemeinen sich embryodynamisch durch Vorgänge der Synthese aufbaut, so ist es bei dem Reichtum der Natur und der Vielgestaltigkeit ihrer Hilfsmittel kaum zu verwundern, daß die Systeme sich gelegentlich sekundär gegeneinander begrenzen und durch Dissoziation auseinanderfallen. Diese Erscheinung gelangt in den verschiedensten Ordnungen der Histosysteme zur Beobachtung.

Lassen wir die Vorgänge dieser Art, soweit sie innerhalb des Teilkörpersystemes der Zelle selbst ablaufen, beiseite, so gehört zunächst die Zerlegung zelliger Verbände in ihre einzelligen Komponenten hierher. Wir haben zahlreiche Beispiele dieser Art. So entstehen in der Area vasculosa früher Embryonen bei Vögeln und Säugern die Gefäße anfänglich als solide Zellstränge; späterhin jedoch dissoziieren sich die im Inneren befindlichen Zellen und werden zu Blutkörperchen, während nur die Zellschichte der Peripherie als Gefäßendothel in systematischem Verbande erhalten bleibt. Ähnliches sehen wir vielfach im Pflanzenreiche, z. B. bei der Pollenbildung, denn die Anthere entwickelt sich als ein parenchymatisches Gewebe, und zwar als ein System, welches in einer bestimmten Gestalt seinen äußeren Ausdruck findet. Die weitere Entwicklung verläuft jedoch so, daß die Pollenkörner von dem umgebenden Gewebe isoliert und freigemacht werden. Ähnliches gilt für die Sporenbildung bei den Kryptogamen, weil auch in diesem Falle die Zellen eines vegetativen Systemes schließlich auseinanderfallen. Auch die Entstehung der männlichen Geschlechtszellen bei den Wirbeltieren könnte man wohl im weiteren Sinne als Dissoziation innerhalb eines ursprünglich epithelial angelegten Systemes bezeichnen.

Für die Pathologie kommt die Erscheinung der Dissoziation in näheren Betracht bei der Metastase der Geschwülste. Denn die metastasierenden Geschwulstzellen entstehen unseres Erachtens durch partielle Dissoziation geweblicher Systeme.

Die gleichen Erscheinungen treten jedoch gelegentlich auch bei den Histosystemen der höheren Ordnungen auf. So finden wir bei der Schilddrüse, daß bei einigen Tieren die sogenannten Follikel nach allen Raumesrichtungen hin untereinander zusammenhängen, wie ihre Urmutterzellen in der ursprünglichen zellig-netzigen Anlage, während sie bei anderen Tieren und auch dem Menschen sich voneinander dissoziieren und ringsum frei werden. Die Follikel halte ich jedoch nach anderen Merkmalen für echte Histosysteme, da sie z. B. monozellulären Ursprung haben und sich somit als Zellgesellschaften charakterisieren. Gerade diese sind es, welche die Fähigkeit haben, durch Dissoziation sich voneinander zu trennen.

Ähnliches gilt teilweise auch von den Metameren der Würmer, welche, wie einige Beispiele zeigen, unter Umständen sich dissoziieren und auseinanderfallen.

Die Dissoziation der Systeme ist demnach das Gegenbeispiel zu ihrer synthetischen Assoziation, und es scheint mir charakteristisch zu sein, daß es sich in den meisten Fällen, wo Vorgänge dieser Art zellige Verbände oder komplexe gewebliche Systeme betreffen, um die Erzeugung von Keimkörpern, welche der Fortpflanzung dienen, handelt.

8. Zusammenfassung über den naturhistorischen Begriff des Histosystemes.

Ich kann diese Arbeit nicht abschließen, ohne noch einmal in zusammenfassender Weise auf den naturhistorischen Begriff des Histosystemes zurückzukommen. Dieser Begriff sollte nach meiner Konzeption durchaus nicht etwa eine theoretische Konstruktion sein, vielmehr war ich von vornherein der Meinung, daß seine Merkmale allmählich am Objekte selbst durch die Erfahrung aufgesammelt werden müßten. Ich habe nun in meinen ersten Schriften zur »Teilkörpertheorie« die Spaltbarkeit der Systeme, ob sie nun eine »effektive« ist oder an den Anlagekomplexen realisiert wird, vorangestellt, habe mich aber sehr bald dahin geäußert, daß die gemeinten Systeme sich späterhin aller Wahrscheinlichkeit nach durch ein ganzes Bündel von Merkmalen würden charakterisieren lassen.

Auf die Teilbarkeit als Erkennungszeichen der Systeme mußte ich in erster Linie den größten Wert legen, weil hier die Frage sich dreht um Gemeinschaftshandlungen der betreffenden Systeme, welche in der Praxis der Untersuchung verhältnismäßig leicht kontrollierbar sind. Aber man konnte voraussehen, daß noch eine ganze Reihe weiterer Gemeinschaftshandlungen der Systeme auffindbar sein würden, welche mit zu ihrer Charakteristik gehörig sind, wobei durchaus nicht gesagt ist, daß in jedem einzelnen Falle alle Merkmale auffindbar oder überhaupt vorhanden sein müssen. Die vorliegende Durcharbeitung, welche im Zusammenhang mit den Untersuchungen über die sprossenden Drüsen entstanden ist, hat mich dahin belehrt, daß die solidarischen Eigenschaften der Histosysteme in der Tat ein ganzes Bündel bilden, und ich zähle diese wie folgt auf:

1. Teilungsfähigkeit mit dem Gefolge der Stockbildung.
2. Differenzierung in der Kontinuität der Gewebe.
3. Knospung bzw. monozelluläre Entstehung.
4. Regeneration.
5. Variabilität.
6. Dissoziation.

Diese Aufzählung ist freilich eine durchaus vorläufige und es ist notwendig, sich mit diesem Gegenstande noch näher zu beschäftigen, um die in Rede stehenden embryodynamischen Eigenschaften als Funktionen der Systeme zu begreifen. Einstweilen erlaube ich mir zur Kritik dieser Aufstellung noch die folgenden Bemerkungen:

Die Erscheinungen der Regeneration und der Variabilität sind allerseits bekannt und viel studiert. Sie leisten jedoch am Objekte selbst, bei der morphologischen Untersuchung, zum Zwecke der Erkennung der Histosysteme wenig oder nichts, und wir haben diese Funktionen gewissermaßen den Systemen lediglich aufgebürdet. Wir bringen damit diese unsere Meinung zum Ausdruck, daß Regeneration und Variabilität keineswegs lokaler Natur sind, sondern aus der genetischen, histodynamischen, korrelativen Verknüpfung der Teile hervorgehen.

Dagegen ergeben jene fibrillären Differenzierungen, welche, wie wir sagten, gewissermaßen ohne Ende verlaufen, indem sie sich durch zahlreiche Zellenterritorien hindurchbilden, einen guten objektiven Anhalt für die histodynamische Zusammengehörigkeit ausgebreiteter geweblicher Gebiete. Weitgehende Schlußfolgerungen möchten wir aus diesen einfachen Erscheinungen einstweilen nicht ziehen.

Ferner sind die Erscheinungen der Knospung und monozellulären Entstehung von ausgesprochenem Systemcharakter, da durch sie die Systeme wiederholt bzw. deren Ebenbilder von neuem hervorgebracht werden. Im Falle der monozellulären Entstehung handelt es sich zugleich um die Entstehung der Zellsippschaften oder Gennen, welche ich zugleich als ausgesprochene histodynamische Kreise betrachten möchte.

Die Erscheinungen der Dissoziation, welche in der sekundären Sonderung vorher synthetisch verbundener Teile bestehen, weisen wiederum mit Bestimmtheit auf die Existenz besonderer Histosysteme hin und sie werden bei ferneren Forschungen gelegentlich ein guter Anhaltspunkt theoretischer Schlußfolgerungen sein.

Aber als Hauptgegenstand der Untersuchungen auf diesem Felde werden in der nächsten Folgezeit doch immer wieder die Teilungsvorgänge gelten müssen, deren Verbreitung in allen Ordnungen der Histosysteme festgestellt werden muß, um so mehr als in deren Gefolge die geweblichen Stockbildungen auftreten, welche die synthetischen Vorgänge der Entwicklung symbolisch zum Ausdruck bringen. Von der ausgiebigen Verfolgung der Teilungserscheinungen hängt meiner Meinung nach auch die weitere praktische Ausbildung und Begründung einer brauchbaren Theorie der (teilbaren) Anlagekomplexe ab, von welcher ich mir für die Zukunft vieles verspreche.

Literatur.

1. **Arima, H.**: Über die paradoxe Speichelsekretion bei chronischer Atropinvergiftung. Arch. f. experim. Path. u. Pharmak. Bd. 83. 1918. — 2. **Ellenberger und Baum**: Handbuch d. vergl. Anat. d. Haustiere. XI. Aufl. Berlin 1896. S. 477. — 3. **Flemming, Walter**: Über Bau und Einteilung der Drüsen. Arch. f. Anat. u. Phys., Anatom. Abt. — 4. **Flint, Jos. Marsh.**: The Angiologie, Angiogenesis and Organogenesis of the Submaxillary gland. Journ. of Anat. Vol. 2. 1903. — 5. **Heidenhain, Martin**, Über die Mallorysche Bindegewebsfärbung mit Karmin und Azokarmin als Vorfarben. Zeitschr. f. wiss. Mikrosk. u. mikr. Techn. Bd. 32. 1915. — 6. Derselbe: **Schleiden, Schwann** und die Gewebelehre. Sitzungsber. d. phys.-med. Ges. zu Würzburg. II. Sitzung vom 12. Januar 1899. (Hier ist auf S. 13 zum ersten Male das Prinzip der synthetischen Theorie der Gewebe in vollkommen klarer und richtiger Weise zum Ausdruck gebracht worden und zwar im bewußten Gegensatze zum analytischen Charakter der Schwannschen Zellentheorie.) — 7. Derselbe: Über die Struktur des menschlichen Herzmuskels. Anatom. Anz. Bd. 20. 1901. — 8. Derselbe: Über

Zwillings-, Drillings- und Vierlingsbildungen der Dünndarmzotten, ein Beitrag zur Teilkörpertheorie (NB. rechnet als Beitrag I). Anat. Anz. Bd. 40. 1911. — 9. Derselbe: Über die Entstehung der quergestreiften Muskelsubstanz bei der Forelle. Beiträge zur Teilkörpertheorie II. Arch. f. mikr. Anat. Bd. 83. 1913. — 10. Derselbe: Über die Sinnesfelder und die Geschmacksknospen der Papilla foliata des Kaninchens. Beiträge zur Teilkörpertheorie III. Arch. f. mikr. Anat. Bd. 85. 1914. — 11. Derselbe: Über die Geschmacksknospen als Objekt einer allgemeinen Theorie der Organisation. Münch. med. Wochenschr. 1918. Nr. 22. S. 579 ff. — 12. Derselbe: Über die Noniusfelder der Muskulatur. Beitrag IV zur synthetischen Morphologie (Teilkörpertheorie). Anat. Hefte. Bd. 56. 1919. — 13. Derselbe: Neue Grundlegungen zur Morphologie der Speicheldrüsen. Anatom. Anz. Bd. 52. 1920. — 14. Derselbe: Plasma und Zelle I und II. Jena, Gustav Fischer, 1907 u. 1911. — 15. Kangro: Über Bau und Entwicklung der Stenoschen Nasendrüse. Diss. Dorpat 1884. — 16. Krause, Rudolf: Zur Histologie der Speicheldrüsen. Die Speicheldrüsen des Igels. Arch. f. mikr. Anat. Bd. 45. 1895. — 17. Derselbe: Beiträge zur Histologie der Speicheldrüsen. Die Bedeutung der Gianuzzischen Halbmonde. Ibidem Bd. 49. 1897. — 18. Küchenmeister, Hellm.: Über die Bedeutung der Gianuzzischen Halbmonde. Ibidem Bd. 46. 1895. — 19. Laguesse, E.: Le pancréas. Première partie: La glande exocrine. Revue générale d'histologie. Tome I. 1905. — 20. Derselbe: Recherches sur l'histologie du pancréas chez le mouton. Journal de l'anatom. et de la phys. Année XXXII. 1896. — 21. Maziarski, S., Über den Bau der Speicheldrüsen. Extr. du Bull. de l'acad. des sc. de Cracovie. 1900. — 22. Derselbe: Über den Bau und die Einteilung der Drüsen. Anatom. Hefte. Bd. 18. 1901. — 23. Merkel, Fr., Die Speichelröhren. Leipzig, F. C. W. Vogel, 1883. — 24. Metzner, R.: Beiträge zur Morphologie und Physiologie einiger Entwicklungsstadien der Speicheldrüsen carnivorer Haustiere, vornehmlich der Katze. Verh. d. naturf. Ges. zu Basel. Bd. 20. 1908. — 25. Derselbe: Die histologischen Veränderungen der Drüsen bei ihrer Tätigkeit. Nagels Handbuch d. Phys. d. Menschen. Bd. 2. 1906—1907. — 26. Meyer: Anatomie und Histologie der lateralen Nasendrüse. Diss. Zürich 1903. — 27. Müller, Erik: Drüsenstudien. Arch. f. Anat. u. Phys., Anat. Abt. 1896. — Derselbe: Om inter- och intracellulära Körtelgångar. Stockholm 1894.

Druck von Breitkopf & Härtel in Leipzig.